謹以此書獻給我的父親馮恩堯！

香港：
打造全球性
金融中心

兼論構建大珠三角金融中心圈

馮邦彥　/　著

目錄

前言

2008 年 1 月，美國《時代周刊》（亞洲版）發表一篇由該雜誌副主編邁克爾·埃利奧特（Michael Elliott）所寫的題爲《三城記》（*A Tale of Three Cities*）的署名文章。該文章創造了一個新概念——「紐倫港」（Nylonkong），即世界上三個最重要金融城市紐約、倫敦及香港的合稱。

文章認爲，這三座城市都曾是製造業的中心，但都成功地實現了轉型，將經濟的重點轉向服務業，工廠由紐約的下東區、倫敦的帕克羅亞爾區（Park Royal）搬到了美國的「陽光地帶」（即美國南部），而散布在九龍的成千上萬的小企業搬到了廣東省珠江三角洲地區。如果說 19 世紀是帝國的時代，20 世紀是戰爭的時代，那麼 21 世紀則是金融的時代。正是銀行、投資公司、共有基金和資金管理人員，吸收了客戶的資金，將它們投向世界各地，從而構建了全球經濟今天的格局。現在大銀行都將其總部和關鍵的地區辦事處設於「紐倫港」三地，如花旗集團、高盛、匯豐銀行和摩根大通。這三地也是那些雄心勃勃的公司前往融資或謀求上市的地方。特別是香港，成千上萬希望在全球市場籌資的中國公司帶來的業務使它獲益匪淺。香港股市的資本總金額在 1996 年後的 10 年中幾乎增長了 3 倍。

文章指出一個發展中的趨勢：在經濟全球化，特別是金融全球化時代，香港金融業的重要性正迅速提升，香港有可能成爲金融全球化總體格局中的重要一級。正如《三城記》所指出，香港依託中國大陸的支持變得富裕，但這是一座只有 700 萬人口的城市。中國最大的城市上海有超過 2,000 萬人口，大陸還有許多其他新興的城市都渴望在世界的舞臺嶄露頭角。香港必須繼續加大自己的籌碼，以便保持對迅速發展的中國經濟的重要性。

《三城記》及其所創造的「紐倫港」（Nylonkong）一詞引起了全球業內人士，乃至政商界、學術界人士的熱議：香港能成爲像紐約、倫敦那樣的全球性金融中心嗎？

無論是持肯定或者否定意見的人士，都不否認《三城記》所指出的一個事實，即過去十年來香港的金融業取得長足的發展，香港國際金融中心的地位正逐步上升。基於此，2007 年 3 月，倫敦城公司發布的《全球金融中心指數》（GFCI）報告，將香港排在全球 46 個金融中心的第三位（684 分），僅次於倫敦（765 分）和紐約（760 分）；緊隨其後的是新加坡（第四位）、東京（第九位）和上海（第二十四位）。報告稱倫敦和紐約堪稱全球絕無僅有的兩個金融中心，而香港仍然只能算是「國際」金融中心。香港在人力因素方面得分很高，在專業服務領域形成強大的專業特長。香港擁有的註冊金融分析師有近 3,000 名，數量排名全球第四，僅次於美國、加拿大和英國。此後幾年來，GFCI 報告大都將香港列爲全球金融中心排名的第三位，只有個別時候是新加坡的得分超過香港。

根據我對香港經濟的觀察，1997 年回歸以來，受到亞洲金融危機的衝擊，香港經濟的發展走了一個「U」字形的軌跡，就整體而言香港經濟的轉型升級並未取得突破性的進展；但是，這一時期，香港卻在金融業包括資本市場、基金管理、人民幣離岸業務等領域取得了矚目的發展，金融業成爲香港在區域合作，尤其是與內地合作中最具戰略價值的行業。2009 年，我承擔了廣東省金融工作辦公室的一項課題，題爲《深化粵港澳金融合作專題調研報告》。爲此，我先後訪問了香港特區政府財政司有關部門、澳門金融管理局、廣東省港澳辦、中國人民銀行廣州分行、廣東省銀監局、廣東省證監局、廣東省保監局、中國人民銀行深圳中心支行、深圳市銀監局、深圳市證監局、深圳市保監局，以及廣州、深圳、珠海、佛山、東莞等市金融辦等有關機構。2010 年，我又承擔了香港金融管理局金融研究中心的一項課題，題爲《在國家金融開放和金融安全總體戰略下推進粵港金融合作「先行先試」專題研究》，在該項研究中，我得到了香港金融管理局助理總裁何東博士、金融研究中心經理陳紅一博士，以及他們的相關研究人員的大力支持。2011 年，我再承擔了廣東省高校人文社科重點課題《「先行先試」政策下深化粵港澳金融合作研究》。

在上述一系列的研究中，我逐步形成一個觀點：隨著中國經濟的進一步崛起，世界經濟重心進一步轉向亞太地區，香港有可能在未來數十年間，透過依託亞洲，特別是中國內地的廣大經濟腹地，逐步發展成爲與紐約、倫敦並駕齊驅的全球性金融中心；不過，前提條件是：香港與其經濟腹地廣東必須充分利用《珠江三角洲地區改革發展規劃綱要（2008-2020）》所授予廣東的關於建立「金融改革創新綜合試驗區」的權限，以及 CEPA 在廣東「先行先試」等制度安排，突破金融業合作的制度、體制、機制障礙，最終實現三地金融資源的自由流動，進而形成以香港爲龍頭，以深圳、廣州爲兩翼，以珠三角城市爲支點的大珠三角金融中心圈。在一個偶然的場合，我把這些研究告訴三聯書店（香港）有限公司副總編輯李安小姐，獲得三聯的支持，遂推動了本書的出版。

本書在寫作過程中，得到廣州暨南大學經濟學院區域經濟學博士、碩士研究生的大力協助，他們是：博士研究生段晉苑、覃劍、彭薇、尹來盛，碩士研究生任郁芳、程新華、何曉靜、陳娜、戴俊杰、林嘯、鄧浩美、葉初初、周芸、胡娟紅、蘇育楷、林曉凱。他們或者隨同作者調查訪問，或者協助作者收集文獻資料，或者參與研究討論，其中，博士研究生覃劍撰寫了本書第 2 章初稿，彭薇撰寫了第 4 章第 2 節《香港與倫敦、紐約全球性金融中心的比較》初稿，段晉苑參與了第 7 章部分章節的撰寫工作；碩士研究生鄧浩美、葉初初、周芸參與了第 5 章初稿撰寫，胡娟紅、蘇育楷、林曉凱參與了第 6 章初稿撰寫。對於他們對本書研究寫作過程中所做的努力、貢獻，筆者在此表示衷心的感謝！

在本書即將出版之際，筆者還要衷心感謝本書責任編輯李浩銘先生及設計陳曦成先生，沒有他們的全力支持、熱誠幫助和辛勤努力，本書實難以順利出版。

最後，筆者還要藉此機會衷心感謝我的家人——妻子馮心明和兒子馮韜，這麼多年

來是他們一直陪伴著我，支持著我，使我能夠順利走到今天。對於他們多年來付出的艱辛、細緻的關照，以及精神上的鼓勵，筆者將永遠銘感於心。

由於筆者水平所限，本書定有不少疵誤和錯漏之處，懇請讀者批評指出！

馮邦彥謹識
2012 年 2 月

CHAPTER 1.

導論：
研究背景與
研究目的

1.1 / 研究背景

1997 年香港回歸以來，香港先後遭遇了金融風暴、房地產泡沫和科網股泡沫相繼爆破及 SARS 衝擊，香港作為亞太區國際金融中心，也受到來自東京、新加坡，甚至上海的挑戰。不過，依託「中國因素」的支持，作為香港首要支柱產業的金融業，仍然取得了長足的發展，香港作為國際金融中心的地位躍居至全球第三位。數據顯示，目前，香港已成為全球第七大、亞洲第三大股票市場，全球第十五大、亞洲第三大國際銀行中心，全球第六大外匯交易中心，全球最開放的保險中心之一、亞洲保險公司最集中的地區，以及亞洲區內主要的資產管理中心。然而，香港要成為與倫敦、紐約並駕齊驅的全球性金融中心，仍然受到經濟規模細小、經濟腹地有限等因素的制約。香港要發揮其金融業的比較優勢，躋身全球性金融中心行列，必須突破制度上的制約，有效拓展其龐大經濟腹地，特別是廣東珠三角地區。

從廣東方面看，20 世紀 80 年代中後期至 90 年代初，廣東金融業曾一度取得快速發展。不過，受到 1997 年亞洲金融危機的衝擊，廣東金融業損失慘重，先是 1998 年 10 月廣東國際投資信託公司破產，粵海集團債務重組，其後又有上千家包括地方其他國投、城信社、農金會等中小金融機構發生人民幣支付危機。當時，廣東省地方非銀行金融機構的人民幣債務，高達 1,000 多億元人民幣。為解決危機，廣東省向中央銀行「一攬子」借款 380 億元人民幣；同時中央銀行向中國人民銀行廣州分行增撥 70 億元人民幣再貸款額度，專項用於解決人民銀行自辦地方金融機構的遺留問題。到 2000 年 10 月，在不到一年時間內，廣東省政府對 147 家城信社 1,063 個分支機構，16 家國投及 14 家辦事處，國投下屬 48 家證券營業部，以及 843 家農金會實施停業整頓。自此，在其後相當長一段時間內，廣東省部分官員出現「談金（金融）色變」的現象，逐漸影響了廣東金融業的健康發展。

進入 21 世紀，隨著經濟的持續快速發展、經濟總量的迅速擴大，廣東金融發展滯

後的情況日趨明顯、突出，已影響了宏觀經濟的全面、協調發展。據統計，2005年，廣東金融業佔第三產業及 GDP 的比重分別為 6.77% 和 2.93%，大幅低於上海（14.61% 和 7.38%）、浙江（12.80% 和 5.12%），甚至低於全國平均水平的 8.12%和 3.29%。2007 年，廣東省召開金融工作會議，提出「金融強省」的戰略，大力發展金融業，金融業在第三產業和 GDP 的比重才有了較大幅度的提升，2009 年分別上升至 12.65% 和 5.78%，但是仍然低於上海（20.20% 和 11.99%）和浙江（19.15%和 8.26%），滯後於客觀經濟發展的需要（**圖表 1.1、圖表 1.2**）。國務院頒布的《珠江三角洲地區改革發展規劃綱要（2008–2020 年）》（以下簡稱《規劃綱要》）明確提出：發展與香港國際金融中心相配套的現代服務業體系，加強與港澳金融業的合作，並且賦予廣東建立「金融改革創新綜合試驗區」和《內地與香港關於建立更緊密經貿關係的安排》（以下簡稱 CEPA）「先行先試」的權限。這些都為深化粵港澳金融合作提供了重要的制度安排。

圖表 1.1　｜　廣東省歷年金融業對第三產業和 GDP 的貢獻率

年度	GDP（億人民幣）	第三產業（億人民幣）	金融業（億人民幣）	金融業 / 第三產業	金融業 / GDP
1990	1,559.03	558.58	82.46	14.76%	5.30%
1991	1,893.30	694.63	94.83	13.65%	5.00%
1992	2,447.54	881.39	122.79	13.93%	5.02%
1993	3,469.28	1,205.70	149.29	12.38%	4.30%
1994	4,619.02	1,673.52	199.84	11.94%	4.33%
1995	5,933.05	2,168.34	229.27	10.57%	3.86%
1996	6,834.97	2,592.22	264.86	10.22%	3.88%
1997	7,774.53	3,091.81	302.87	9.80%	3.90%

年度	GDP（億人民幣）	第三產業（億人民幣）	金融業（億人民幣）	金融業 /第三產業	金融業 /GDP
1998	8,530.88	3,469.21	306.39	8.83%	3.59%
1999	9,250.68	3,882.67	331.1	8.53%	3.58%
2000	10,741.25	4,755.42	443.69	9.33%	4.13%
2001	12,039.25	5,544.35	450.81	8.13%	3.74%
2002	13,502.42	6,343.94	454.65	7.17%	3.37%
2003	15,844.64	7,178.94	534.28	7.44%	3.37%
2004	18,864.62	8,364.05	602.68	7.21%	3.19%
2005	22,557.37	9,772.50	661.81	6.77%	2.93%
2006	26,587.76	11,585.82	899.91	7.77%	3.38%
2007	31,777.01	14,076.83	1,705.08	12.11%	5.37%
2008	36,796.71	16,321.46	1,972.40	12.08%	5.36%
2009	39,482.56	18,052.59	2,283.29	12.65%	5.78%
2010	45,472.83	20,267.90	2,420.29	11.94%	5.32%

資料來源

《廣東統計年鑒 2010》；
《2010 年廣東國民經濟
和社會發展統計公報》

註 | 本表按當年價格計算

圖表 1.2 | 部分省市金融業對第三產業和 GDP 的貢獻率比較

	2005 年		2009 年	
	金融業 /第三產業	金融業 /GDP	金融業 /第三產業	金融業 / GDP
廣東省	6.77%	2.93%	12.65%	5.78%
江蘇省	7.45%	2.65%	11.72%	4.63%
浙江省	12.80%	5.12%	19.15%	8.26%
上海市	14.61%	7.38%	20.20%	11.99%
全國	8.12%	3.29%	11.98%	5.20%

資料來源

《廣東統計年鑒 2010》；
《江蘇統計年鑒 2010》；
《上海統計年鑒 2010》；
《上海統計年鑒 2007》；
國研網統計數據庫

註 | 本表按當年價格計算

從全國的宏觀層面看，2006 年底，我國加入世界貿易組織（WTO）的過渡期結束，國家全面取消了對外資金融機構的地域和服務對象的限制，給予其國民待遇，金融對外開放的大門打開。2007 年 1 月，第三次全國金融工作會議召開，標誌著我國金融改革發展進入了新的歷史發展機遇期和重要的攻堅階段。2008 年全球金融海嘯後，我國加快了金融開放和人民幣國際化步伐。特別是近年來，中國的銀行面向美國客戶開放人民幣交易、世行首次發行人民幣計價債券、跨境貿易結算擴大至全國範圍、中俄實現雙邊貿易本幣結算和兩國貨幣直接掛牌交易、境外機構可在境內開設人民幣結算賬戶、港交所推出人民幣匯率期貨合約及發行人民幣計價股票、國家外匯中心開展人民幣對外匯期權交易、《金磚國家銀行合作機制金融合作框架協議》首度提出推動五國貿易本幣結算等，一系列事件標誌著人民幣國際化進程已經開始「加速跑」[01]。然而，由於我國金融業存在著市場體系不健全、監管水平不高、利率和匯率形成機制不完善、金融機構自身核心競爭力和抗風險能力不強等眾多問題，國家在實施金融開放戰略的過程中，實際上存在著很大的風險。

粵港澳金融發展基礎雄厚，具有「一國兩制」的制度性差異，極具試驗優勢。以粵港澳金融合作爲試點，可爲國家實施金融開放戰略探索出一條既推進金融改革創新、擴大對外開放，又有利於保持金融安全的新路徑。同時，深化粵港澳金融合作，可以試點推進人民幣的區域化、國際化進程，並使人民幣在一個更加市場化的環境建立更穩定的匯率形成機制，從而有利於國家實施貨幣穩定政策和人民幣國際化戰略。正如中國人民銀行貨幣政策委員會委員、國務院發展研究中心金融研究所所長夏斌指出：「香港具有紐約、倫敦不能比的優勢，也具有上海、深圳不能比的優勢。在一定的制度安排下，香港可成爲中國內地與亞洲經濟、與美元、與世界金融融合的橋梁。」因此，香港金融市場是中國金融有序開放戰略的重要支點，香港應借助人民幣離岸中心的特殊角色之力，在繁榮自身經濟的同時，成爲亞洲金融合作的紐帶和平臺。夏斌亦指出，加強香港與內地之間的金融合作，將不斷幫助釋放中國資本賬戶開放的各種壓力，促進開放中各種條件的形成，進一步加速國家金融戰略的實現[02]。

01
石建勛著：《人民幣國際化「加速跑」》，《人民日報》海外版，2011 年 5 月 5 日。

02
《央行專家：香港是中國金融有序開放戰略重要支點》，中新網，2011 年 2 月 7 日 http://www.china. com.cn/economic/ txt/2011-02/07/ content_21875634. htm。

1.2 | 研究目的

本研究的目的，是要在國家金融開放和金融安全的總體戰略下，探討粵港澳三地如何充分利用國務院頒布的《規劃綱要》所授予廣東的關於建立「金融改革創新綜合試驗區」的權限，以及 CEPA 在廣東「先行先試」的制度安排，突破粵港澳金融業合作的制度、體制、機制障礙，擴大對香港、澳門金融業的開放；通過深化粵港澳金融合作，促進三地金融資源的自由流動，實現粵港澳金融業的全面融合，構建粵港澳金融共同市場，並形成以香港為龍頭、以深圳、廣州為兩翼、以珠三角城市為支點的大珠三角金融中心圈，進而提升香港作為全球性國際金融中心的戰略地位，加快推進廣東金融業等現代服務業的發展，並為國家實施金融開放和金融安全戰略，實施人民幣國際化戰略探索新路徑，積累統籌金融改革創新與金融開放協調發展的新經驗。

CHAPTER 2.

國際金融中心的
理論研究與
實踐演進

2.1 | 國際金融中心發展的理論與文獻綜述

2.1.1 / 國際金融中心的內涵與分類

回顧相關文獻，有關金融中心的界定大致從兩個方面展開：

第一，從功能的角度，如 Kindleberger（1974 年）就是最早從這一視角界定金融中心概念的。他認為，金融中心不僅可以平衡私人、企業儲蓄和投資，以及將金融資本從存款人轉向投資者，而且也可以影響地區之間的存款轉移。香港學者饒餘慶（1997年）認為，金融中心是一個金融機構和金融市場所群集，並進行各種金融活動與交易，如存款、放款、匯兌、資金轉移、外幣買賣、證券買賣、黃金買賣等等的都市。謝太峰等（2006 年）認為，金融中心是交易成本最低、交易效率最高、交易量最大的一個資金交易集聚地，具有貨幣結算、籌資、投資、重組資產及信息傳遞等功能。

第二，從地理的角度，將地理概念引入到金融中心定義當中。Dufey & Giddy（1978年）指出，金融中心是一個金融機構高度集中的大都市，是一國範圍內或區域範圍內金融交易的清算地。Porteous（1995 年）認為，金融中心是高端金融功能和服務的區域，而「區域」通常是一個城市，但往往也是城市中的更小的地域，如紐約的華爾街、倫敦的倫敦城。它們所提供的往往不是分支銀行給予小區域內居民的零售金融服務，而是服務於大區域、國家，甚至全球經濟的更大空間尺度的具有特殊性的、高端的金融服務。Gunter & Sohnke（1997 年）給金融中心更明確的定義：金融中心是面積不大的一個地理區域，在那裏建立了數目龐大的銀行及其他金融機構的總部及分支機構；相應地有大量金融業務集中在金融中心開展；並由於專業分工及規模經濟而大大降低了交易成本。

概括來講，金融中心是指金融機構聚集，金融市場發達，金融服務全面高效，金融信息傳遞通暢、靈敏，資金往來自由的資金集散地，彙集了為數眾多的金融企業和金融機構，聚集了大量的資金，具有一定的資金輻射和資金吸引功能，因而成為資

金融通中心和資金集散地。國際金融中心是金融中心的進一步擴展，那些能夠提供最便捷的國際通訊手段、最有利的地理區位、最有效的外國支付清算系統、並能為進出口業務提供融資的「國內金融中心」被定義為「國際金融中心」[01]。顯然，國際金融中心和國內金融中心是一組相對改變，兩者可以通過金融交易者的不同而區分：國內金融中心主要為國內交易者提供媒介；國內儲蓄者（投資者）通過國內金融機構或有組織的證券市場為國內票據發行者（借款人）提供資金。而在國際金融中心，還存在其他三類交易：外國借款人與本國貸款人；本國借款人與外國貸款人；外國借款人與外國貸款人。

01
Bartram, S. M., Dufey, G. (1997). The impact of offshore financial centers on international financial markets. *Thunderbird International Business Review, 39 (5)*, 535-579.

根據不同的角度和標準，國際金融中心可劃分為不同的具體類型：

（一）地理分類法

這一分類法是根據金融活動發生和影響的範圍而進行界定。Johnson（1976 年）將金融中心分為地區性金融中心和國際金融中心，國際金融中心所提供的金融服務不限於臨近的國家或地區，而是覆蓋到全球或者全球的絕大多數地區。Geoffrey Jones（1992 年）從地域角度將金融中心劃分為三類：一是次區域金融中心（Sub-regional Center），主要側重為所在國經濟與周邊國經濟、貿易提供金融服務；二是區域性金融中心（Regional Center），這類金融中心主要為洲際地區提供服務，如法蘭克福、香港、新加坡等歐洲或亞洲的金融中心；三是全球性金融中心（Global Center），提供廣泛的全球性金融服務，如倫敦、紐約。Roberts（1994 年）將國際金融中心劃分為四類：一是國內金融中心，主要為國內或者國內某一特定區域客戶提供金融中介服務的金融中心，金融交易主要以本幣為主。二是區域性國際金融中心，主要為某一國際區域的客戶提供金融服務，金融交易本幣和外幣兼用。三是全球性國際金融中心，向全球客戶提供金融中介服務的中心。四是離岸金融中心，主要向境外投資者、境外存款人和境外借款人提供金融中介服務，與所在國國內金

融體系關聯性較低。

（二）功能分類法

McCarthy（1979 年）從國際金融中心的性質角度把金融中心劃分為簿記中心（Paper Center）和功能中心（Functional Center）。簿記中心只是一個記錄交易的地點，幾乎沒有實際的銀行業務和金融交易發生，只是為了避稅和降低成本，如一些太平洋上島國和地區。功能中心具有實際的投融資功能。Jao（1997 年）將「功能性中心」再分為「一體化中心」（Integrated Center）和「分離型中心」（Segregated Center）兩大類。前者指一些對本國與外國銀行與金融機構一視同仁，容許其進行任何境內或境外金融活動的中心。後者指一些將境內與境外業務嚴格區別，只容許外國銀行或金融機構從事境外業務的中心。因此，後者又被稱為「離岸中心」（Offshore Center）。

（三）發展階段分類法

Dufey & Giddy（1978 年）根據金融中心的形成和發展階段，把金融中心分為三類：一是傳統金融中心（Traditional Center），通過銀行貸款、證券上市、包銷、配售等活動向世界輸出資本，稱為世界淨債權者或淨資本輸出國，比如紐約、倫敦和東京；二是金融轉口中心（Financial Entreport），將其本國或本地區金融機構與金融市場的服務提供給境外居民和非居民，但並不是淨資本輸出者，比如 20 世紀 60 年代的倫敦、70 年代末的紐約；三是離岸金融中心（Offshore Financial Center），主要為非居民提供金融中介服務，本國（或地區）居民雖亦可以有限參與離岸金融活動，但政府會運用各種法律、法規將國內市場與國際市場分開，例如，新加坡、香港、巴拿馬、開曼群島等。

（四）資金來源和流向分類法

韓國學者 Park（1982 年）根據金融中心資金來源和流向將其劃分為四類：一是主要金融中心，存在於發達國家，擁有雄厚的經濟實力，資金來源和運用範圍都是全球性的，服務對象為全世界，比如紐約、倫敦和東京；二是記賬金融中心，擁有優惠的稅率和寬鬆的監督，被國際金融機構作為存款、放款的記賬中心，實際交易並不在此完成，比如巴哈馬和開曼群島；三是集資金融中心，主要扮演內向型金融中介角色，從境外引進資金為境內使用或借貸給周邊地區使用，比如新加坡從歐美和

中東籌資後提供給亞洲地區使用；四是託收金融中心，籌集本國或周邊地區剩餘資金貸放給國外借款人，比如巴林將中東石油國過剩的資金籌集起來貸放給其他國家或地區。

（五）參與者分類法

可將國際金融中心劃分為在岸型和離岸型兩類：在岸型金融中心允許居民和非居民共同參與交易活動，如紐約、倫敦等；離岸型金融中心則將各項交易活動嚴格限制在非居民客戶之間，如盧森堡、開曼群島等。

（六）經營業務分類法

根據主營業務的不同側重點，Dufey & Sohnke（1997 年）將金融中心劃分為四類：一是批發銀行業務中心（Wholesale Banking Centers），主要從事銀行間的清算、支付等大筆交易，在此基礎上形成基準利率（Benchmark Interest Rate），如 LIBOR；二是私人銀行業務中心（Private Banking Centers），主要為中小型企業和高收入階層提供保密性強、安全、合法的交易環境，主要業務有信託、資產管理、養老金管理、房地產投資、外匯交易、保管等；三是證券發行中心（Securities Issuing Centers），這樣的金融中心具有企業發行股票的成本較低、股息紅利毋須徵收個人所得稅或公司所得稅、與其他國家或地區簽訂有雙重避稅協議等優勢；四是共同基金投資中心（Centers for Collective Investment Undertakings），共同基金、信託基金是該中心的主要產品。通過制定複雜的規則，既為基金管理公司提供靈活的投資渠道，又有效地保護投資者的利益[02]。

在倫敦金融城發布的「全球金融中心指數」系列報告中，根據三個指標，將金融中心劃分為全球性、區域性和地區性金融中心（**圖表 2.1**）：一是「連接性」（Connectivity）：一個金融中心在世界範圍內的知名程度，以及它如何與其他金融中心發生聯繫；二是「多元性」（Diversity）：一個金融中心業務廣度；三是「專業性」（Speciality）：一個金融中心某些業務的質量和深度。

02

楊長江、謝玲玲著：《國際金融中心理論研究》，復旦大學出版社，2011 年。

圖表 2.1 | *The Global Financial Centres Index 8* 對金融中心的分類

全球金融中心	全球領袖型金融中心	倫敦、紐約、香港、新加坡、蘇黎世、芝加哥、多倫多、法蘭克福
	全球多元型金融中心	阿姆斯特丹、都柏林、巴黎
	全球專業型金融中心	北京、杜拜、日內瓦、上海
	全球金融中心競爭者	莫斯科
區域金融中心	老牌區域金融中心	波士頓、愛丁堡、墨爾本、舊金山、首爾、悉尼、東京、溫哥華、華盛頓
	區域多元型金融中心	布魯塞爾、哥本哈根、吉隆坡、馬德里
	區域專業型金融中心	巴林、英屬維京群島、直布羅陀、根西島、漢密爾頓、馬恩島、澤西島、盧森堡、深圳、臺北
	區域金融中心競爭者	曼谷、孟買
地方金融中心	老牌地方金融中心	約翰內斯堡、大阪、聖保羅
	地方多元型金融中心	雅典、格拉斯哥、赫爾辛基、里斯本、墨西哥城、米蘭、蒙特利爾、慕尼黑、奧斯陸、羅馬、斯德哥爾摩、維也納、華沙
	地方金融節點	巴哈馬、卡塔爾、馬耳他、毛里裘斯、摩納哥、開曼群島、里約熱內盧、威靈頓
	地方潛在金融中心	布達佩斯、布宜諾斯艾利斯、伊斯坦堡、雅加達、馬尼拉、布拉格、雷克雅未克、利雅得、聖彼得堡、塔林

資料來源

The Global Financial Centres Index 8

2.1.2 / 國際金融中心的形成機理

長期以來，「國際金融中心」已經成為一個人們耳熟能詳的名詞，但是關於其產生、演化和影響等問題卻是非常複雜 [03]。在全球範圍內，國際金融中心往往集中於某些大都市內，如紐約、倫敦和東京等，甚至是城市中某一塊更小的區域，如華爾街、倫敦城、陸家嘴等。各種不同層級的國際金融中心共同構成了看似相對穩定的全球金融體系，但是實際上變化確實隨時隨刻的發生。那麼，隨之而來的問題就是為什麼某些地域能夠吸引臨近區域，乃至全球的金融資源進而形成國際金融中心？國際金融中心的形成到底需要何種條件？下一個國際金融中心將會於何地產生？這些問題的回答就構成了國際金融中心形成機理的相關研究。

03

Reed, H. C. (1981).
The Preeminence of International Financial Centres. New York: Praeger.

（一）金融供求理論對國際金融中心形成機理的研究

有關國際金融中心形成機理的研究是從沿襲傳統經濟學的「供求」思路開始，經過金融發展理論的不斷充實，國際金融中心的形成被經濟學者們歸結為兩種類型：需求反應型國際金融中心和供給引導型國際金融中心。前者認為金融體系的產生、變化、發展取決於經濟的發展，經濟的增長產生了對金融業新的需求，國際金融中心是以經濟發展需求或者是市場為驅動力，諸如紐約、倫敦和香港等；後者認為金融體系並非經濟發展到一定階段的產物，而是通過國家或地區有關部門的人為設計、強力支持而產生，供給引導型國際金融中心的形成深深的烙著「政府製造」的標籤，諸如東京和新加坡等。從國際金融中心發展史來看，需求反應型國際金融中心一般出現在老牌資本主義國家，是市場經濟長期自由發展的結果；而供給引導型國際金融中心多產生於二戰以後新興的工業國家或地區。由於兩種模式的國際金融中心的產生方式不同，其目標任務、作用發揮、政策取向上也有很大的區別。

那麼，兩種國際金融中心到底孰優孰劣呢？Sassen（1999 年）認為全球城市體系建設的供給引導因子已經成為國際金融中心形成的普遍解釋。持有相反的觀點，閻彥明（2006 年）則認為政府推動的國際金融中心在發展初期能夠在短時間內吸引許多金融資源的落戶，但是當國際金融中心發展到一定程度，政府的干預往往會限制了金融資源的發展，並阻礙了金融資源流動的靈活性。市場主導的國際金融中心的金融市場開放度、自由度都比較高，不僅能夠激發金融創新，而且能夠增強對各類金融產品和服務的吸引力，從而能夠獲得長遠、高質量、不斷增長的資源；此外，這些國際金融中心在長期發展中形成完善的市場機制，促使實體經濟也得到了巨大的發展。

還有學者認為是供給要素和需求要素的共同作用導致了國際金融中心的產生。Scholey（1987 年）指出國際金融中心運行需包含三個要素：資本盈餘（即供給來源）、資本不足（即需求來源）和中間人或中介過程（即供給與需求的匹配）。馮德連、葛文靜（2004 年）以「供給因素」為推動力，以「經濟發展」為拉動力構建了頗有影響力的國際金融中心成長的「輪式模型」。相似的思想還見於香港學者饒餘慶（1997 年）對香港地區成為亞太國際金融中心成功經驗的總結與分析之中。鑒於此，楊長江、謝玲玲（2010 年）認為區分需求反應型和供給引導型已經不再有意義。

（二）金融區位論對國際金融中心形成機理的研究

20 世紀初以來，區位理論逐漸興起，雖然 von Thünen（1826 年）的農業區位論、Weber（1909 年）的工業區位論、Christaller（1933 年）的中心地理論並未針對金融業，但卻成為研究國際金融中心理論的根本。事實上，在現實經濟世界中實際的金融景觀完全是不同質的，具有極端的異質性和不規則性，因而對於國際金融中心的形成就有從地理意義上解釋的必要 [04]。由於受到經濟學分析方法的影響，區位理論在分析國際金融中心的形成機理時，仍然吸納了供求理論並企圖加以融合。根據研究對象的不同，金融區位論對國際金融中心形成機理的研究分為兩類：

第一類是研究金融企業的選址行為（在此稱為微觀區位論）。國際金融中心產生的原因是「金融企業選擇了同一個區位，但在競爭性的產業環境中，只有部分空間具有適合金融產業的空間要素，這種特殊的場所被 Markusen（1996 年）稱為『光滑空間中的粘結點』（Sticky Places in Slippery Space）。這種獨特的場所之所以成為金融產業集聚的合適溫床，就在於具有獨特的空間區位。空間區位是金融產業集聚的基本要素」[05]。區域經濟學者 Davis（1990 年）在首次把企業選址理論應用到國際金融中心形成的研究中去，從供給因子、需求因子和外部經濟三個角度分析了金融企業如何進行選址。Bindemann（1999 年）指出區位理論對供給、需求、沉澱成本、內部和外部規模經濟，以及不規模經濟、交通成本、心理成本、信息和不確定問題等因素的考察，使之成為解釋國際金融中心形成和發展的重要基礎理論之一。在 Davis 的基礎上，潘英麗（2010 年）將關於金融服務企業選址的供給方面因素、需求方面因素和沉澱成本（Sunk Cost）進行詳細的列舉、歸類和說明。

第二類是研究國際金融中心的區位特徵，在此稱為宏觀區位論。Gehrig（1998 年）指出國際金融中心應該在「地理」意義上進行界定，地理區位的選擇是影響國際金融中心形成和發展的主要因素，區位成本和區位優勢是決定國際金融中心競爭力的重要因素。Laulajainen（1998 年）認為紐約、倫敦和東京國際金融中心地位的形成在一定程度上是由其在全球國際金融中心鏈條間的時差決定的。Kaufman（2001年）認為，國際金融中心城市或地區的興起與衰落，在一定程度上與這些地方作為主要商貿中心、交通樞紐、首都和中央銀行總部所在地點的地位變遷，以及戰爭的影響有關。馮德連、葛文靜（2004 年）指出國際金融中心需要有地理優勢，主要為：一是時區優勢：國際金融中心的營業時間和其他地區的國際金融中心銜接，成為促使國際金融市場連續運轉的一個重要環節；二是地點優勢：國際金融中心處於或靠

04′

Laulajainen, R. (1998). Financial geography: a banker's view. *GeoJournal, 48 (2),* 146-147.

05′

程書芹、王春艷著：《金融產業集聚研究綜述》，《金融理論與實踐》2008 年第 4 期。

近那些實行工業化並且正在迅速發展，從而要求擴大對外借款的國家；三是交通優勢：國際金融中心應具有連接鄰近國家的良好的交通運輸設施及電話、電傳等通訊設施；四是政策優勢：中心所在地政府對金融業採取自由化和國際化政策，並提供稅收方面的優惠。

（三）金融集聚論對國際金融中心形成機理的研究

嚴格來說，區位理論屬於靜態的分析方法。微觀區位論只能說明金融企業作為理性經濟人如何在既定的環境和條件下，遵循利益最大化原理進行一次性的區位選擇；宏觀區位論也只是分析了全球範圍內哪些地方具有成為國際金融中心的自然區位優勢。這顯然不能從動態角度對國際金融中心的形成、發展和衰落過程作出解釋。鑒於此，側重於過程分析的金融集聚論得到了極大的關注。金融集聚考察金融資源與地域條件協調、配置、組合的時空動態變化，金融產業成長、發展，進而在一定地域空間生成金融地域密度系統的變化過程，形成一定規模和密集程度的金融產品、工具、機構、制度、法規、政策文化在一定地域空間有機組合的現象和狀態[06]。對於國際金融中心的形成和發展過程，金融集聚論者始終堅信，金融集聚催生了國際金融中心，而國際金融中心的產生則強化了金融資源的空間集聚。在過去幾十年的時間裏，金融資源在全球層面不斷整合，金融企業的總部設置越來越明顯地傾向於少數大城市，而這些城市就是我們所熟悉的國際金融中心。

06′

黃解宇、楊再斌著：《金融集聚論：金融中心形成的理論與實踐解析》，線裝書局，2006 年。

對於國際金融中心的形成，Kindleberger（1974 年）認為銀行和高度專業化金融中介的集聚形成了國際金融中心，而國際金融中心通過跨地區支付效率和金融資源跨地區配置效率的提高強化了集聚效益。Gehrig（1998 年）指出對信息較為敏感的金融交易更可能集中在信息集中與交流充分的中心地區，從而形成國際金融中心。Panditetal（2001 年）認為金融服務產業總是以企業集聚的形式出現，而國際金融中心就是金融企業高度集聚的產物。徐明棋（2004 年）指出國際金融中心的種類有多種多樣，但其最核心是金融機構積聚此地並引起金融資源和資金流彙聚於該地進行高效率的配置，從而對生產和經濟活動產生決定性的影響。

對於國際金融中心的衰落，金融集聚論者使用「向心力」和「離心力」加以解釋。如閻彥明（2006 年）認為金融資源的集聚與擴散是對立統一的過程，兩種方式的金融資源流動的比例、形態和空間分布等的組合，決定了一個國家、城市在國際金融業中的地位和作用，並最終決定著國際金融中心的崛起、發展、衰落和演替。潘英

麗（2010年）對國際金融中心形成的向心力和離心力進行了梳理，認為促進國際金融中心形成的向心力因素除了傳統的勞動力市場的外部性、對於「中間服務」的需求和技術的外溢效應之外，還有信息的外溢效應、社會制度與文化因素的外部性、相對寬鬆的監管制度；而不利於金融集聚的離心因素主要體現為：國際金融中心所在城市的經營成本十分高昂，大都市的交通擁擠、環境的污染、生活的不舒適、信息的空間不對稱導致國際金融中心城市的金融機構在周邊或外圍地區業務上的競爭處於不利地位和時區的作用等。

除此之外，與供求理論對國際金融中心形成的兩分法相似，金融集聚論者也認為金融產業集聚促使國際金融中心形成有兩個典型途徑：一是借助歷史和特殊事件等偶然性因素所形成的路徑依賴，依託所在實體經濟的發展積累，自發吸引金融企業遷移而形成集聚，進而形成國際金融中心；二是依賴國家的相關扶持性產業政策促使金融產業集聚於某一城市或地區，進而形成國際金融中心[07]。

（四）規模經濟理論對國際金融中心形成機理的研究

金融集聚必然會導致聚集規模經濟，規模經濟是國際金融中心持續得以壯大的原因。因此，在研究國際金融中心的大部分文獻中，規模經濟理論常常和集聚經濟聯繫在一起，成為國際金融中心研究的基礎理論[08]。一方面是規模經濟作為一種狀態能夠進一步促進金融集聚，進而引致國際金融中心的產生。Martin & Ottaviano（2001年）指出集聚經濟必然以一定的規模為前提，通過金融機構的內在規模經濟得以實現。黃解宇、楊再斌（2006年）認為外部規模經濟是促成生產和經營單位空間集聚的主要動因之一。金融集聚外部規模經濟效應不僅通過直接作用於金融產業本身從而促進金融集聚的進一步發展，而且還可促進其他產業的發展進而又反作用於金融產業，推動金融集聚的深化。另一方面是金融集聚及國際金融中心催生了規模經濟的出現。如潘英麗（2003年）指出國際金融中心的建立可以產生外部規模經濟：（一）節約周轉資金餘額，提供融資和投資便利；（二）提高市場流動性，降低融資成本和投資風險；（三）金融機構合作得以開展，輔助性產業得以共享等。

鑑於規模經濟和金融集聚相生相容，很多學者把規模經濟看作國際金融中心形成的有效推動力。Park（1982年）指出，國際金融中心是銀行家們在他們的國際運營中受益於規模經濟的自然反映。Grote（2000年）認為，由於受勞動力市場、基礎設施，以及與其他銀行家面對面接觸等因素的影響，外部規模經濟將對國際金融中

07
梁穎、羅霄著：《金融產業集聚的形成模式研究：全球視角與中國的選擇》，《南京財經大學報》，2006年第5期。

08
王力、黃育華著：《國際金融中心研究》，中國財政經濟出版社，2004年。

心未來體系的塑造起到主要作用。Deida & Fattouh（2000 年）則建立了一套用以研究國際金融中心的產生和發展，並以香港為例進行檢驗的理論，其結論是：由於存在金融中介規模經濟，國際金融中心將為外國投資者提供相對於其國內市場更高收益。我國學者薛波（2007 年）也指出規模經濟（無論是內部的還是外部的）都可看作是國際金融中心產生和發展的主要推動力，集聚經濟是國際金融中心存續的重要原因，規模經濟學理論是區位經濟學理論在聚集經濟效應方面的擴充性說明，它強調了在影響國際金融中心形成的諸多因素當中，集聚所帶來的巨大效益。

（五）金融地理理論對國際金融中心形成機理的研究

金融地理學的思想淵源始於 20 世紀 50 年代，但直至 80 年代才開始興起，並成為新經濟地理學的一個分支。金融地理學實現了「空間」和「金融」的有效結合，其研究範圍涉及貨幣地理、金融產品流動性和金融信息等問題的研究。金融地理學之所以在解釋國際金融中心的興衰變更方面比以往的解釋更有說服力，關鍵在於通過對「信息外在性」（Information Externalities）、「信息腹地」（Information Hinterlands）、「不對稱信息」（Asymmetric Information）、「國際依附性」（International Attachment）和「路徑依賴」（Path Dependence）等核心概念的演繹為解釋國際金融中心的形成提供了新的工具，因而也被廣泛稱為「信息流國際金融中心理論」[09]。該理論認為金融網絡是由社會主體之間交易所產生的信息所構成，是一個由時間、空間和信息組成的互動網絡；國際金融中心提供專業及高附加值的中介服務很大程度上依存於信息。一方面，國際金融中心具有收集、交換、重組和解譯信息的能力，另一方面信息流是國際金融中心發展的先決條件；「不對稱信息」、「非標準化信息」與「信息腹地」是國際金融中心形成的最為關鍵的因素。此外，信息流理論還認為國際金融中心的產生源自歷史上的某個偶然事件，其發展具有自我增強的機制，從而鎖定特定的結構和發展路徑[10]。

金融地理學還從實證上對國際金融中心進行研究。Porteous（1995 年）以蒙特利爾、多倫多、悉尼、墨爾本和現代的離岸國際金融中心為對象，分析了信息流影響金融集聚的主要機理，指出路徑依賴的累積效應是金融集聚持續發展的根本原因，而信息的空間不對稱和信息腹地變動則是導致金融集聚弱化、金融分散強化的直接原因。Gehrig（1998 年）通過大量的實證研究發現，某些金融活動在地理上的聚集趨勢與另外一些金融活動在地理上的分散趨勢並存。他同時論述了金融市場的離心力與向心力，探討了國際金融中心的未來。近年來，金融地理學理論也被引入探討中國

09

薛波、楊小軍、彭晗蓉著：《國際金融中心的理論研究》，上海財經大學出版社，2009 年。

10

Zhao, X. B., Zhang, L. & Wang, T. (2004). Determining factors of the development of a national financial center: the case of China. *Geoforum*, 35 (4), 127-139.

的國際金融中心問題。如趙曉斌（2002 年）通過對香港、北京、上海、廣州、深圳公司總部區位資料的分析，指出信息已成為中國城市金融集聚的決定性因素。賀瑛（2006 年）認為北京是中國金融業最大的信息源，上海要建設國內乃至國際金融中心，就必須積極拓展信息腹地，以彌補作為信息源的劣勢。馮邦彥、譚裕華（2007 年）則以信息流理論為基礎提出我國的國際金融中心的功能分工和空間層級體系的構建方案。潘英麗（2008 年）還區分了計劃式信息和市場化信息，並認為擁有市場化信息優勢的城市將會成為國際金融中心。

（六）金融制度理論對國際金融中心形成機理的研究

長久以來，有關國際金融中心形成的研究都只以「有形要素」為基礎。然而，21 世紀伊始，制度和制度變遷在分析經濟活動區位選擇方面的作用越發明顯，為國際金融中心形成和發展的理論研究提供了新的視角。單豪傑、馬龍官（2010 年）通過歷史和國際比較的分析方法，結合金融業的特質性，運用制度經濟學和金融地理學的基礎理論，探索建設國際金融中心的有效路徑，研究發現，在其他條件相對穩定的情況下，制度建設對國際金融中心的發展至關重要。總體而言，可以將制度經濟學對國際金融中心形成機理的研究分為兩類：

一類是以路徑依賴理論為研究出發點。隨著通訊和信息技術的發展，「地理已死」等觀點並未成為現實，Thrift（1994 年）認為正是由於社會和文化因素存在，才能使已形成的國際金融中心其大部分功能不會分散到「流的空間」中去。在全球化和信息化的背景下，國際金融中心的存在得益於其文化氛圍具有地域根植性（Territorial Embeddedness）。因此，在習慣的力量、顧客的忠誠或者簡單的慣性等作用下，國際金融中心一旦建立，就顯示出生存的巨大能量，並形成自我發展的制度機制。這表明在制度的作用下，國際金融中心的演化具有路徑依賴特徵，在初始狀態，當某個城市或者地區內在價值較高時，該城市或者地區將能持續吸引到金融機構的進入，並且企業一旦選擇某一區域，將很難再次遷移，因此國際金融中心具有穩定性 [11]。事實上，金融地理學也十分重視對路徑依賴的分析，Porteous（1995 年）就指出「路徑依賴」有效地解釋了為何某城市能長久地在區域內維持優勢，而「不對稱信息」理論和「信息腹地論」又進一步解釋了為何「路徑依賴」優勢會被改變或削弱。關於制度、路徑依賴和國際金融中心相互作用關係，Martin（2000 年）如是總結：制度是歷史的攜帶者，把路徑依賴傳授到經濟過程，不同地區制度路徑不同，從而導致金融景觀產生差異。結合制度環境和制度安排及兩者關

11

Anderson, P.W., Arrow, K.J., & Pines, D. (Eds.). (1988). *The Economy as an Evolving Complex System* (pp.9-31). New York, NY: Addison-Wesley.

係，可以更好解釋國際金融中心的形成及其演化路徑。而制度的路徑依賴可以解釋為何有些城市能夠在區域內長久維持競爭優勢。薛波等（2009年）正是借助路徑依賴和蝴蝶效應，建立一個國際金融中心形成的框架，分析了歷史發展中的重要經濟政治事件對國際金融中心發展的影響。

另一類則是以制度要素及其影響作為分析對象。這一研究範疇所涉及到的制度要素極其廣泛。Budd（1995年）考察二戰後全球國際金融中心體系，認為嵌入性的自由主義體制、領土嵌入性、地方化規則，以及集中化的貿易和聯合經濟等，對於諸如倫敦、紐約和東京等國際金融中心的穩定性和持久性具有相當重要的作用。Hudson（1996年）還通過例證說明了社會法律和信任等在塑造金融地理中的重要性，全球範圍內主要的離岸國際金融中心大都具有寬鬆的監管環境。Kaufman（2001年）進一步發展了Hudson的觀點，指出良好透明的監管環境和具有嚴格信息披露制度和較為完備的法律體系，是形成國際金融中心應該具備的最重要條件。陳祖華（2010年）認為國內外諸多學者均承認經濟金融制度和政策因素是影響金融資源集聚和擴散過程，以及國際金融中心國際化程度的重要因素，良好的金融、法律、產權制度保障在國際金融中心建設中，可能比區位等因素的作用更為明顯和重要。總之，如果不對經濟金融活動賴以運行並受其改變的多種多樣的制度因素給予應有的關注，就無法充分理解國際金融中心的形成與演變過程。

（七）其他理論對國際金融中心形成機理的研究

除上述的因素之外，還有其他理論也對國際金融中心的形成機理進行研究：一是城市經濟學者從城市發展理論的角度對金融產業集聚進而國際金融中心的形成與發展進行論述，他們認為國際金融中心是城市發展的高級階段。特別是世界城市，其形成的象徵之一就要具有擁有對全球資本的「掌控」功能，全球城市布局具有層次性，這反映了不同資金積累水平的差異盈餘，進而形成了全球國際金融中心體系；二是在城市經濟學的基礎上，有學者開始關注城市群對國際金融中心形成的支撐作用。尤哲明（2010年）指出全球其中三大國際金融中心——紐約、倫敦、東京所處的空間位置，均是世界三大城市群的中心城市。這種國際金融中心與城市群中心相耦合的現象並非偶然，因此有必要將國際金融中心的研究與城市群（或都市圈）相關研究結合，分析城市群中的其他城市——金融腹地又是如何與國際金融中心相互作用，促使其成為國際金融中心；三是金融地域運動理論，以我國學者張鳳超的研究最為典型。他認為是遵循最優化配置原則的金融資源地域運動導致了中心城市逐漸演進

12'

張鳳超著：《金融地域系統研究》，人民出版社，2006年。

為金融支點、金融增長極和國際金融中心等城市類型[12]；四是金融生態論，自周小川（2004年）提出金融生態理論以來，我國學者也圍繞如何優化金融生態環境、促進國際金融中心建設進行了諸多的研究。

回顧已有的研究，相關理論為國際金融中心形成機理提供了不同角度的解釋：微觀區位論通過闡明金融企業如何進行選址決策進而解釋了國際金融中心形成的微觀機制；金融集聚論和規模經濟論則是從中觀層次解釋了金融產業如何實現自我壯大，並暗示了不同層級的國際金融中心有不同的規模和邊界；宏觀區位論和金融地理論則把地理優勢與信息優勢作歸納為國際金融中心形成的必要條件；金融制度理論和金融生態理論側重於對影響國際金融中心形成的軟環境進行解釋。

2.2.1 / 萌芽時期（14–18 世紀）

這一時期，意大利、西班牙、葡萄牙、荷蘭是世界上經濟和金融最為繁榮的國家。隨著中世紀後期西歐商業的快速發展，跨地區貿易規模上升極快，為了解決支付問題，商業銀行應運而生。13–16 世紀，意大利銀行和猶太人錢鋪壟斷了西歐商業銀行業務，其主要原因是由於整個中世紀，基督教禁止有息借貸，但這一點並沒妨礙意大利人，特別是意大利的倫巴第人（Lombards）去從事放貸和商業銀行業務。從那時開始，歐洲人把「倫巴第人」和「商業銀行」視為同義詞，連英文中的銀行「Bank」一詞都來自意大利文的「Banco」（意思是「板凳」，因為銀行業者最初是坐在板凳上經營錢幣業務的）[13]。葡萄牙和西班牙是伊比利亞半島（Iberian Peninsula）上的兩個「小國」，但是「地理大發現」使其成為改變世界格局中的歷史創造者。16 世紀，兩國海外殖民和商業高度繁榮，他們從美洲源源不斷地把大量黃金和白銀運回歐洲大陸，在一定程度上緩解了歐洲的金融危機[14]。隨著歐洲的經濟中心從地中海沿岸向大西洋沿岸轉移，在 17 世紀，荷蘭擁有世界上最大的船隊，幾乎壟斷了全球的遠洋貿易，被喻為「海上馬車夫」。以強大的經濟體系作為依託，荷蘭創造了許多金融工具，荷蘭的金融家發明了最早的操縱股市的技術，例如賣空、賣空襲擊、對敲、逼空，進行期貨、期權、商品投機、股票投機、政府債券投機等。

這一時期，威尼斯、佛洛倫斯等意大利城邦形成了國際金融中心的最早雛形。在歷史上，威尼斯曾經是歐洲金融資本集聚之地。14 世紀時，威尼斯共和國是意大利最強大、最富有的城邦國度，並且是世界上第一個金融國家。1171 年，世界上第一家私人銀行「威尼斯銀行」在此誕生。1262 年，威尼斯政府把眾多短期債合到一起，由一種意大利文稱為「Mons」的長期債券基金持有，然後再把該基金的份額按股份證券的形式分售給投資者，並允許在公眾市場上自由轉手交易。這是現代資產證券市場及共同基金的前身。12 世紀末到 13 世紀初，威尼斯商人已控制了歐洲大多數的金幣，歐洲的商人們因為金幣匱乏而被迫前往威尼斯共和國進行轉賬交易，實際

13
《大國崛起的金融地圖》，《領導文萃》，2008 年 第 12 期，第 142-145 頁。

14
江曉美著：《海上馬車夫——荷蘭金融戰役史》，中國科學技術出版社，2009 年，第 1、3 頁。

上演變成了威尼斯銀行家麾下的經理人 [15]。15–16 世紀時，隨著意大利商人迅速積累起巨大的財富，佛洛倫斯作為資金的國際清算中心也快速崛起 [16]。1338 年，佛洛倫斯就有大約 80 家獨立的「商業銀行」。

從歷史發展的角度看，荷蘭的阿姆斯特丹是世界近現代歷史上第一個真正意義上的國際金融中心。1609 年成立的阿姆斯特丹銀行是歷史上第一家取消金屬幣兌換義務而發行紙幣的銀行，同時它也是第一家現代意義上的中央銀行和世界上第一個多邊支付體系的中心。阿姆斯特丹還建立起了穩定匯率體系，其匯票是萬能的通行券，幾乎世界各地都能承兌。一位經濟學家曾這樣描述過阿姆斯特丹的信貸能力：「阿姆斯特丹的 10 名或 12 名頭等批發商聚會研究一項銀行信貸業務，他們當場能夠讓 2 億多弗羅林的紙幣在歐洲流通，並且比現金更受歡迎。沒有一個國家的君主能辦到這種事情。這種信貸使這 10 名或 12 名批發商能夠放手地在歐洲各國施加影響。」[17] 1613 年，阿姆斯特丹成立了股票交易所，這也是歷史上第一個股票交易所。據統計，1750 年，阿姆斯特丹交易所不僅交易 25 個荷蘭公共債券與 3 家荷蘭公司的股票，而且還提供 13 個外國政府債券和 3 家英國公司股票。1772 年交易的證券數量已增加到 57 隻荷蘭證券和 39 隻外國證券。到 18 世紀 80 年代，阿姆斯特丹市場不僅交易荷蘭、英國和法國的證券，而且還交易奧地利、丹麥、波蘭、俄國、西班牙、瑞典、美國，以及德國各邦國發行的證券。1800 年有 14 個國家的 70 種證券在阿姆斯特丹交易所上市，使阿姆斯特丹處於國際金融網絡的正中心 [18]。

這一時期，影響金融中心形成的重要因素主要包括：（1）優越的區位：當時，海運是聯通區域和世界的主要方式，因此金融中心往往出現在濱海或港口城市。如威尼斯是意大利東北部亞得里亞海海邊的小島，也是亞得里亞海威尼斯灣西北岸重要港口。佛洛倫斯處於河流的渡口上，坐落在通往米蘭、威尼斯、熱那亞和海邊十分便利的交叉路口。阿姆斯特丹位於大西洋沿岸，有連接大西洋、北海、波羅的海的

15ʼ
江曉美著：《水城的泡沫——威尼斯金融戰役史》，中國科學技術出版社，2009 年，第 1、5、7、29 頁。

16ʼ
潘英麗等著：《國際金融中心：歷史經驗與未來中國（上卷）》，格致出版社，2009 年，第 23 頁。

17ʼ
孫健、王東編著：《每天讀點金融史 IV：金融霸權與大國崛起》，新世界出版社，2008 年，第 87 頁。

18ʼ
王志軍、李新平著：《國際金融中心發展史》，南開大學出版社，2009 年，第 10 頁。

萬里通道；西班牙和葡萄牙的崛起也是因為地理大發現。（2）擁有強大的國家主權和統治力作為後盾：威尼斯和佛洛倫斯都是意大利實力強大的城邦國度，荷蘭則是著名的「海上馬車夫」，他們通過殖民掠奪控制了區域或者世界的經濟貿易，進而推動金融中心的形成。（3）雄厚的經濟基礎：當時的威尼斯、熱那亞、佛洛倫斯商業和手工業十分發達，人民生活富庶；荷蘭也是 17 世紀的商業霸主。（4）大金融家族和機構發揮著重要作用。（5）金融創新引致金融經濟的持續繁榮：當時佛洛倫斯和阿姆斯特丹已經創造出各種信用工具，迎合人們對規避風險和增加收益的需求。

2.2.2 / 早期發展階段（19 世紀中期－20 世紀 50 年代）

從 19 世紀中後期開始，由於歐洲及北美國際貿易和國際投資的發展，對金融服務的跨國需求大大增加。國際性的融資、保險、外匯交易活動開始集中於歐洲一些大城市，形成了一批地區性乃至全球性的金融中心。其中，倫敦憑藉英國的經濟實力全面崛起，成為首屈一指的國際金融中心。巴黎曾在這一時期一度挑戰倫敦的地位，兩者甚至被並稱為兩大全球性金融中心。除此之外，法蘭克福、布魯塞爾、日內瓦、柏林及美國一些城市亦開始面向國際社會提供金融服務，成為二級國際金融中心。期間，由於受到第一次世界大戰和經濟大蕭條的影響，這些金融中心的發展經歷了短暫的停滯或衰退。總體上，1945 年以前，全球地區性國際金融中心已達數十個；而在第二次世界大戰結束後充當過國際金融中心（包括地區性）的城市有：紐約、倫敦、法蘭克福、巴黎、盧森堡、蘇黎世、阿姆斯特丹、米蘭、東京、香港、新加坡、悉尼、巴林、巴哈馬、開曼群島、巴拿馬等，其中紐約是國際金融中心的領導者。

倫敦位於英格蘭東南部的平原上，跨泰晤士河，距離泰晤士河入海口 88 公里。1688 年，英國新興資產階級進行光榮革命（Glorious Revolution）並建立了君主立憲制度，完成第一次工業革命，日趨繁榮的經濟為倫敦金融市場的發展奠定了基礎。進入 17 世紀，倫敦的金融市場已經初步成型，有活躍的商業票據市場，有可以滿足非商業信貸要求的一系列工具，也有廣泛的金融產品。隨著 1780－1784 年的英荷戰爭及拿破崙率領軍隊佔領荷蘭，阿姆斯特丹走向衰弱，而以倫敦為中心的英國金融體系漸趨完善，為倫敦金融中心的崛起提供了良好的基礎 [19]。進入 18 世紀後，倫敦彙集了英國國內超大多數銀行和金融機構的總部，以及許多外國銀行的分支機構，其外匯交易額居全球之首，平均成交額達 5,911.63 億美元，佔全球交易量的

19′

王志軍、李新平著：《國際金融中心發展史》，南開大學出版社，2009年，第 14 頁。

31.1%，高於紐約和東京市場交易的總和，世界各國均通過倫敦進行國際結算、資金彙集和金融交易[20]。19 世紀初，倫敦已經成為歐洲乃至整個世界的貿易都會，在全球各金融中心中居於首位。從 19 世紀中期開始，倫敦逐漸脫離英國經濟成為全球性金融中心。據估計，1865 年到 1914 年期間，有 41 億英鎊（平均每年 8,200 萬英鎊）以債務證券的形式從倫敦向 150 個國家流動，倫敦在國際資本市場中成為貨幣流動的中心。在銀行業方面，1912 年世界共有 1,132 家銀行在倫敦設有代理行[21]。

不過，第一次世界大戰後，倫敦的地位很快受到紐約的挑戰。第一次世界大戰前，美國的經濟總量已位居世界第一，這為紐約發展成為國際金融中心奠定了基礎。然而，與其他重要金融中心的路徑不同，紐約一直是資本輸入型國際金融中心，這使得其融資能力大大依賴於倫敦，無法成為健全的全球性國際金融中心。第一次世界大戰改變了這一格局，倫敦、巴黎和柏林金融業務在戰後收入普遍減少，而美國卻從債務國變成了債權國，在美國堅持美元可兌換的政策下，紐約成為了國際金融資本的輸出中心。不僅如此，紐約的大型銀行開始迅猛成長。1930 年，紐約五大商業銀行（大通、花旗、紐約擔保信託公司、紐約第一國民銀行、歐文信託公司）佔美國銀行資本金的 11.4%。紐約股票交易所也一舉成為世界上規模最大的交易所。在 20 世紀 20 年代後期，在紐約募集的外國發行證券比在倫敦的還要多 50%。當時，美國總統威爾遜表示：「美國現在在世界金融和商業上所佔地位和必須佔有的地位，其規模是過去所未曾夢想到的。」[22] 此時，紐約已經超越倫敦成為了世界第一大金融中心。雖然，在 1931 年到 1933 年的經濟大蕭條中，紐約的國際金融交易急劇萎縮，國際金融中心地位一度受到嚴重衝擊。但是，緊接而來的第二次世界大戰和布雷頓森林體系（Bretton Woods System）在全世界建立了以美元為中心的資本主義體系，美元成為世界最主要的儲備貨幣和國際清算貨幣。大量的外資金融機構雲集紐約，幾乎全世界的大銀行和其他金融專業機構都在紐約設有代表處。紐約聯邦儲備銀行作為執行美國金融政策的主要機構，其一舉一動皆影響著全球金融市場利率和匯率的變化。

這一時期，影響金融中心形成的重要因素主要包括：（1）強大的經濟實力仍然是國際金融中心的基礎，紐約和倫敦地位之間的此消彼長實際上反映了美國和英國在經濟實力上相對變化；而其他二級金融中心也往往形成於經濟發展相對較好的國家。（2）貨幣地位：倫敦和紐約國際金融中心形成，在一定程度依靠英鎊和美元作為國

20′

王巍、李明著：《國際金融中心的形成機理及歷史考評》，《廣西社會科學》，2007 年第 4 期，第 65-68 頁。

21′

王志軍、李新平著：《國際金融中心發展史》，南開大學出版社，2009 年，第 74-77 頁。

22′

孫健、王東編著：《每天讀點金融史 IV：金融霸權與大國崛起》，新世界出版社，2008 年，第 167 頁。

際貨幣的地位而帶來源源不斷的金融資源。（3）金融制度適時變革以適應經濟發展需求：第二次世界大戰後，美國制定美元可兌換的政策成功擠掉英鎊的國際貨幣地位；20世紀60年代和70年代針對資本跨國流動的需求，倫敦塑造了寬鬆的金融環境和開放的金融市場，從而實現復興。（4）金融創新和金融自由化：無論是倫敦還是紐約，在其鼎盛時期都奉行金融自由化政策，而一旦實行資本管制，其地位就會下降。（5）國際金融中心的建立仍然殘留一定的帝國主義痕跡，突出表現英國利用金本位制和美國運用布雷頓森林體系對國際金融秩序的統治。

2.2.3 / 多元化發展階段（20 世紀 60-80 年代）

20世紀60年代，美國採取了一系列措施限制資本流出，由此也推動了歐洲美元市場和離岸金融業務的發展。這成為國際金融發展的歷史轉折點：紐約國際金融中心地位相對美國經濟及美元地位而弱化，倫敦借助自由化改革止住頹勢並成功實現復興，兩者攜手成為全球金融中心的主導者。同時，戰爭中立國和戰後經濟發展迅速的國家，其金融業也得到了長足的發展。

這一時期，歐洲的蘇黎世、日內瓦、法蘭克福、巴黎、盧森堡等，以及亞洲的東京、新加坡、香港等先後成為世界主要的新興國際金融中心。二戰後，歐洲主要交戰國經濟不同程度的陷入了困境，這為中立國瑞士金融業發展帶來了難得契機，並促使瑞士法郎成為世界上最強的貨幣之一。當時，瑞士法郎是唯一可以和美元自由兌換的貨幣。自1947年5月布魯塞爾的一家電話電報公司的證券首次在瑞士進行外國發行以來，1950年到1959年期間發行總額達到24億瑞士法郎。這些發行主要集中在蘇黎世進行，使其成為當時繼紐約之後的第二大貸款中心，與倫敦大體相當。此外，蘇黎世還在其他極具國際競爭力的小市場部分，如外匯交易、貴金屬交易及財富管理佔有優勢。例如，蘇黎世利用倫敦黃金市場關閉的間隙期，迅速發展成為世界主要的黃金市場[23]。

23′

王志軍、李新平著：《國際金融中心發展史》，南開大學出版社，2009年，第156頁。

法蘭克福金融中心地位形成於第二次世界大戰後。1948年英美軍事佔領當局決定將德國中央銀行的總部設在法蘭克福，1958年正式更名為聯邦銀行。從50年代開始，法蘭克福銀行業開始興起，德國3大銀行德意志銀行、德累斯頓銀行和德國商業銀行均將總部設立在此。到60年代，馬克的國際地位不斷提高，甚至超越英鎊。儘管德國通過各種管制措施防止了馬克成為國際儲備貨幣，然而馬克的強勢還是加強了以法蘭克福為基地的德國大銀行的實力，它們直接以存款形式收集希望投資與馬克

標價債券的資金，使它們能夠在歐洲馬克市場發揮積極的作用，通過募集歐洲債券，然後是通過加入包銷銀團（Underwriting Syndicate）。在德意志銀行的牽頭下，它們比較快的就在外國債券和歐洲債券發行牽頭行的國際排名中處於前列[24]。

在亞洲，伴隨著二戰後日本經濟實力的快速提升，東京迅速發展成為亞洲重要的金融中心，在股市、基金管理和外匯交易等方面均在亞洲居於領先地位。到 20 世紀 80 年代，東京的銀行資產、資本市場規模已經超過紐約和倫敦。1984 年全國銀行信貸餘額的 45.8% 集中在東京都地區，比存款餘額的集中程度（34.6%）要高超過 11 個百分點。無論是短期市場中的票據交易市場，還是長期市場中的股票、債券市場都集中於東京地區[25]。此外，外國金融機構進駐東京，設在東京的外國銀行分行從 1970 年的 45 家增加到 1980 年的 76 家，日本五大銀行也在 1980 年進入世界 20 強。到 1985 年底，80.8% 的外國銀行分行與辦事處都集中在東京都的千代田區。

1968 年，新加坡政府推出了一項對其金融中心發展至關重要的金融稅收改革和金融結構改革，宣布廢除離岸外幣存款的利息稅，允許經營亞洲貨幣單位的資金相對自由流動。20 世紀 70 年代，新加坡政府進一步加大促進金融發展的政策措施：1971 年頒布新的銀行法例，成立具有中央銀行性質的金融管理局；1973 年宣布新加坡元和馬來西亞幣脫離關係、將亞洲貨幣單位境外貸款利息所得稅從 40% 大幅削減為 10%，並免徵非居民亞洲美元債券利息所得稅；1975 年制定商業銀行的儲備金比例及流動資產比率，規範商業銀行的發展；1977 年削減離岸業務稅收；1980 年免徵亞洲美元債券存單印花稅。通過金融開放和自由化改革，新加坡吸引大量外資金融機構爭相進入，各類金融工具得到不斷創新和廣泛使用，創立了具有特色的亞洲美元貨幣市場、證券市場、外匯市場、離岸金融市場和金融衍生品交易市場，迅速發展成為亞洲公認的國際金融中心[26]。

香港開始成為亞太地區重要的金融中心，一般認為始於 1969 年。當時，外資銀行通過收購，在香港建立據點，以便在亞洲地區開展業務。隨著外資金融機構的增多，香港成為海外機構用作發展銀團貸款和基金管理功能的基地。20 世紀 70 年代中期，香港實施一系列金融自由化措施：1972 年 7 月，放棄英鎊匯兌制，實行港元與美元的首次掛鉤；1974 年開放黃金自由進口、實行自由浮動匯率制；1978 年，恢復頒發銀行牌照，對外資銀行一視同仁，引進大量外資銀行進駐香港；1982 年 2 月和 1983 年 10 月，先後撤消外幣存款利息稅及港元存款利息稅[27]。到 20 世紀 80 年代

24

王志軍、李新平著：《國際金融中心發展史》，南開大學出版社，2009 年，第 167 頁。

25

王新奎著：《東京金融市場的崛起與西太平洋經濟（上）》，《國際商務研究》，1990 年第 1 期，第 15-18 頁。

26

潘英麗等著：《國際金融中心：歷史經驗與未來中國（中卷）》，格致出版社，2009 年，第 265、273 頁。

27

孫健、王東編著：《每天讀點金融史 IV：金融霸權與大國崛起》，新世界出版社，2008 年，第 282 頁。

28

周天芸著：《香港國際金融中心研究》，北京大學出版社，2008 年，第 82 頁。

中期，香港已發展成為地區性金融中心，擁有眾多的市場參與者，他們成為商業銀行和投資銀行產品交易的基礎，金融服務成為經濟的支柱[28]。

20 世紀 60 年代–70 年代，發達國家對金融業採取了一系列嚴厲的管制措施，導致了眾多離岸金融中心的興起。在亞洲，新加坡開設了亞洲美元市場；日本則建立了日本離岸市場。在歐洲，盧森堡實施所得稅低稅率政策，不開徵利息和紅利收入預扣稅，從而使跨境資產快速增長。在中東，巴林通過頒布銀行法和給國際銀行的註冊提供稅收優惠等政策成為中東石油美元盈餘的資本輸出中心。此外，原屬發達國家殖民地或附屬國，戰後得以獨立的一些島國為促進經濟發展和改善國際收支，也通過制定優惠的稅收政策、放寬金融機構設立的門檻、採取極為寬鬆的監管模式等措施，吸引非居民前來註冊成立金融機構開展離岸金融業務，如巴哈馬、巴林、開曼群島、巴拿馬、馬恩島、澤西島、百慕達等[29]。根據國際貨幣基金組織的統計，1977–1985 年世界主要離岸金融中心資產規模從 8,896 億美元增加到 29,840 億美元，年均增長率高達 16.3%[30]。

29

原毅軍、盧林著：《離岸金融中心的建設與發展》，大連理工大學出版社，2010 年，第 44 頁。

這一時期，促進新興國際金融中心發展的主要因素有：（1）良好的經濟基礎：縱觀東京、香港、蘇黎世等，戰後其經濟明顯是進入了一個黃金發展期，而此時也是其金融中心形成的關鍵時期。（2）充裕的儲蓄和國內資本：如東京和法蘭克福，這使得這些地區成為資本籌集中心和輸出中心。（3）金融自由化：相比於紐約和倫敦等老牌國際金融中心，新興國際金融中心都實行低稅率、寬鬆監管環境、放鬆外匯管制等政策。（4）貨幣國際化：在這一時期，瑞士法郎、德國馬克和日元都具有強勢貨幣的特徵，並走出國門，在國際貨幣市場上成為被追逐的對象。（5）政府的強力推動：把金融立國作為一項重要的政策，政府通過建立良好的制度和優越的環境，推動了國際金融中心的產生，這也是戰後國際金融中心形成的最主要模式和路徑。

30

潘英麗等著：《國際金融中心：歷史經驗與未來中國（中卷）》，格致出版社，2009 年，第 138 頁。

2.2.4 / 逐漸形成金融中心圈層發展階段（20 世紀 90 年代至今）

20 世紀 80 年代以來，在金融自由化和金融創新為主旋律的背景下，是新興金融中心一個大發展時期，尤其是亞太地區的金融發展形勢較為迅猛，全球金融中心層級分布格局更加明顯。

根據倫敦金融城 2011 年 3 月 *Global Financial Centres Index 9*（GFCI9）報告，倫敦、紐約、香港的實力已經較為接近，構成全球金融中心的主導者；而很多新興

國際金融中心的份值相近並不斷上升,成為次一級的國際金融中心;此外還有一系列更低層級的國家金融中心和區域金融中心。這種分布格局具有以下幾種特徵:

第一、點狀金融中心、帶狀金融中心和圈狀金融中心並存:如在亞洲,新加坡、香港、東京、上海、深圳、北京、臺北、首爾、大阪、吉隆坡、雅加達、馬尼拉等金融中心主要呈點狀分布;在歐洲,為吸收倫敦金融城的金融外溢,愛丁堡、都柏林、格拉斯哥等專業金融中心環繞倫敦建立,通過合作分工共同構築歐洲的金融密集區。此外,阿姆斯特丹、法蘭克福、維也納、布達佩斯等金融中心則沿著萊茵河和多瑙河分布,具有明顯的帶狀分布特徵。

第二、綜合型金融中心和專業型金融中心並存:在歐洲,除了倫敦、巴黎、阿姆斯特丹、哥本哈根、馬德里等城市是多樣化的綜合性金融中心外,還有許多專業金融中心——盧森堡、愛丁堡、都柏林是世界基金管理中心;法蘭克福是歐洲貨幣政策中心、衍生品交易中心;蘇黎世和日內瓦是私人銀行和資產管理中心;布魯塞爾是世界級金融交易處理中心;莫斯科是銀行中心。除了一些功能型的金融中心外,歐洲還有許多為了規避管制和避稅而產生的離岸金融中心,如摩納哥、直布羅陀、英屬維京群島等。另外,歐洲還有一些具有專業技能的離岸金融中心,如馬恩島是世界最大的離岸人壽保險管轄區、專屬自保保險業中心、基金管理中心;澤西島是專業離岸銀行中心;開曼群島是離岸對沖基金中心[31]。

第三、城市群與國際金融中心的整合性和協同性越來越明顯:世界六大城市群(美國東北部大西洋沿岸城市群、北美五大湖城市群、日本太平洋沿岸城市群、歐洲西北部城市群、英國以倫敦為核心的城市群、長江三角洲城市群)分別孕育出紐約、芝加哥、東京、巴黎、倫敦和上海這樣的國際金融中心。

31

王文越、楊婷、張祥著:《歐洲金融中心布局結構變化趨勢及對中國的啟示》,《開放導報》,2011年第3期,第27-31頁。

2.3.1 / 國際金融中心圈層發展的實踐進展

從世界金融中心發展軌跡看,二戰以來,為了突破金融管制的限制,國際金融界推動了大規模的金融創新,並由此導致了金融自由化的推進。在此進程中,國際金融中心從倫敦、紐約、蘇黎世向全球各主要中心城市擴散,並出現眾多的離岸金融中心。然而,20 世紀 90 年代以來,由於金融創新推動金融衍生工具市場的大發展,高風險需要市場規模巨大的容量承載,國際金融業務——特別是金融衍生工具業務開始向最具競爭優勢的全球性金融中心聚集,這對眾多的金融中心形成了挑戰。

在這種背景下,全球主要的國際性金融中心都出現了一些區域金融分工的趨勢:一方面,隨著金融中心城市規模的不斷擴張,由於其要素成本不斷提高,金融產業鏈條過長,因此金融業的運行效率有所降低;另一方面,金融中心城市周邊的二綫城市,開始大力發展金融基礎設施,努力承接金融中心城市的部分金融產業轉移,尤其是金融後臺產業。國際金融中心發展格局出現從以大城市為基礎的點式金融中心發展模式向以全球性金融中心為龍頭的圈層發展模式轉變。

(一)大倫敦金融中心圈

歐洲是全球範圍內金融中心最為密集的區域。在國際金融發展史上,阿姆斯特丹、巴黎、法蘭克福和蘇黎世都曾是國際金融中心。然而,鑒於來自以美國為首的美洲地區金融業的巨大競爭壓力,歐洲各金融中心之間越來越重視合作。正如張望所指出,在幾百年的發展過程中,歐洲各類金融中心逐漸形成了自身的獨特優勢,並且根據這些優勢形成了各具特色、多層次的分工格局[32]。事實上,歐洲已經形成以倫敦為中心,輔之以巴黎、法蘭克福、蘇黎世、盧森堡、布魯塞爾等次級金融中心的國際金融中心格局[33]。也許正是借助歐洲這種優勢分工與合作競爭所產生的力量,倫敦在英國經濟規模相對有限的境況下依然保持著全球領先者的地位,並逐漸拓展成為更具競爭力的大倫敦金融中心圈,即圍繞倫敦國際金融中心,形成了若干個專

32

張望著:《金融爭霸:當代國際金融中心的競爭、風險和監督》,上海人民出版社,2008年。

33

高長春著:《戰略金融》:機械工業出版社,2007年,第156頁。

業化或多樣化的區域金融中心，通過產業分工與合作共同構築了綜合實力更加強大的地域綜合體（**圖表2.2**）。

從目前的發展格局看，大倫敦金融中心圈以倫敦為中心包括兩個圈層：第一個圈層包括澤西島、根西島和馬恩島三個離岸金融中心，愛爾蘭的都柏林，蘇格蘭的愛丁堡；第二個圈層包括盧森堡、巴黎、蘇黎世、布魯塞爾等次級金融中心。這些金融中心各具有不同的優勢特徵，它們在金融業的不同領域構築了強大的競爭優勢和國際輻射力，共同構造了大倫敦金融中心圈的綜合競爭力（**圖表2.2**）：

圖表2.2　|　大倫敦金融中心圈

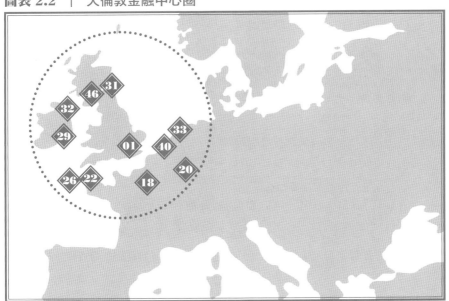

資料來源 ▾

The Global Financial Centres Index 8

01- 倫敦；**18-** 巴黎；**20-** 盧森堡；**22-** 澤西島；**26-** 根西島；**29-** 都柏林；**31-** 愛丁堡；**32-** 馬恩島；**33-** 阿姆斯特丹；**40-** 布魯塞爾；**46-** 格拉斯哥

註　|　序號為全球排名

1. **澤西島、根西島和馬恩島：**它們共同組成英國的三個皇家屬地。澤西島、根西島位於英吉利海峽之中，靠近歐洲大陸，故其業務集中在歐洲國家。馬恩島距離英國本土最近因而與英國聯繫比較緊密，其輻射區域是英國並向中東和東亞地區延伸。三者之間有競爭的一面，但因為地理位置及歷史沿革的因素，形成了事實上的分工，各有競爭優勢，各有市場側重。這三個離岸金融中心集中了全球眾多的資本並將之提供給倫敦金融市場。其中，澤西島是具備一流專業配套設施的優質司法管轄區，是離岸銀行監管機構集團成員，也是第一個簽署和加入國際證券事務監察委員會組織（International Organization of Securities Commissions，簡稱 IOSCO）多邊協議的離岸中心。

馬恩島也是全球著名的離岸金融中心之一，目前該島業務除公司註冊外，已擴展到信託管理、保險業及基金業。馬恩島的基金可以直接對英國散戶投資者發行，這大大促進了馬恩島基金業的蓬勃發展。過去幾年中，在倫敦證券交易所的主板市場、創業板市場和其他資本市場上市的馬恩島企業呈空前上升的趨勢。馬恩島的各項專業服務收費相對英國本土比較低廉，且服務迅捷，是外國企業於倫敦上市的最佳選擇。

根西島的離岸金融業是該地區的支柱產業，約佔 GDP 總額的 55%。在該地區約 30,000 名勞動者中，有 23% 的人從事離岸金融業。

2. **愛丁堡：**愛丁堡是英國繼倫敦之後的第二大經濟中心，是全球主要的基金管理中心之一。在這裏集中了全球最多的基金公司和最龐大的基金經理群落。他們直接管理著超過 7,700 億英鎊的資產，全球超過 10,500 億歐元的保險金和養老金，並為超過 7,000 億歐元的各種資產提供相關服務。愛丁堡擁有中國最大的 QFII（合格境外機構投資者）馬丁可利，以及 Baillie Gifford、安本、AEGON、弗蘭克林鄧普頓，以及富達等大名鼎鼎的基金管理公司。

3. **都柏林：**1987 年，經歐盟批准，愛爾蘭政府在都柏林設立國際金融服務中心。目前有四百五十餘家國際機構在此經營金融業務，另有七百餘個獨立實體經營相關業務。全球銀行 50 強中有一半以上在此設有機構，包括花旗集團、美國銀行、摩根大通、美銀美林等。另外，還有很多跨國公司，如 IBM、摩托羅拉、福士汽車、輝瑞製藥、愛立信、百時美施貴寶等，在此建立其財務服務機構和公司銀行，為其集團所屬公司提供各種各樣的金融服務。公司財務管理已成為都柏林金融服務業中最

活躍的領域。此外，保險業和基金業也有長足的發展，處於世界領先地位。

4. 盧森堡：盧森堡是歐洲第三大金融中心（僅次於倫敦和巴黎）。盧森堡與紐約、倫敦、巴黎、法蘭克福不同，其優勢不在貨幣清算、國際貿易或證券交易領域，而是以私人銀行業務、投資基金管理、歐洲債券發行與買賣，以及相關的銀行間業務見長。盧森堡在私人銀行業務佔據全球市場份額的8％，排名第五；在投資基金管理領域，盧森堡是世界第二、歐洲第一的基金管理中心；在歐洲債券發行領域，佔有80％的市場份額；在銀行間業務領域，是歐洲第四大銀行間業務市場，在全球排名第九。

圖表 2.3 | 大倫敦金融中心圈主要城市金融專業分工

城市	定位	優勢
倫敦	全球性金融中心	世界最大的貨幣市場、資本市場、外匯市場和保險市場；歐洲最大的證券交易中心及金融衍生品交易中心
澤西島	離岸金融中心	英國主要的離岸銀行中心、擁有全球領先的信託業
馬恩島	離岸金融中心	擁有蓬勃發展的信託管理、保險業及基金業
根西島	離岸金融中心	離岸金融業
愛丁堡	專業性區域金融中心	全球最主要的基金管理中心
都柏林	專業性區域金融中心	金融後臺服務中心，擁有最活躍的公司財務管理業務
盧森堡	專業性區域金融中心	歐洲國際銀行業中心
巴黎	多元化國際金融中心	公司債券發行和交易中心
阿姆斯特丹	多元化國際金融中心	以銀行業與股票交易相互結合為主要特點
布魯塞爾	多元化區域金融中心	歐盟的金融決策中心

（二）大紐約金融中心圈

經過多年的發展，北美也形成了以紐約為龍頭的大紐約金融中心圈，該中心圈層：以紐約為中心包括新澤西、波士頓、華盛頓，以及芝加哥、多倫多、蒙特利爾等次級金融中心。當然，從廣義看還可整合美國和加拿大金融資源而構建，包括休斯頓、舊金山、洛杉磯、溫哥華等（**圖表 2.4、圖表 2.5**）：

圖表 2.4　｜　大紐約金融中心圈

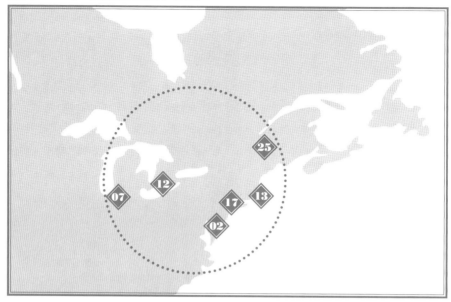

資料來源

The Global Financial
Centres Index 8

02- 紐約；**07-** 芝加哥；**12-** 多倫多；**13-** 波士頓；**17-** 華盛頓；**25-** 蒙特利爾

註　｜　序號為全球排名

1. 新澤西： 新澤西緊靠紐約，開展貿易、融資等都非常便利，加之所得稅低、居住條件好，經營費用省，吸引了不少原設在紐約的公司遷移到該州，承擔了紐約曼哈頓金融中心的大部分金融後勤功能。九一一事件後，為了保障業務安全，同時也為了適應新的金融業務流通和服務模式，紐約越來越多的金融機構將後勤服務系統從總部分離到新澤西等周邊城市，如高盛就在新澤西建立了新的業務總部大樓，至少有兩個後援交易系統可用。

2. 波士頓： 歷史上，波士頓是共同基金的鼻祖，目前仍是美國最大的基金管理中心，個人投資信託業極為發達。全球第一大基金管理公司富達就在這裏誕生。20 世紀 80 年代以來，隨著美國金融管制的逐步解除，許多金融機構、銀行、經紀公司、基金公司、保險及退休管理公司相繼進駐波士頓，特別是基金公司，為政府、企業、社會組織和個人管理大量資產，成為當地金融業的主角。

3. 芝加哥： 芝加哥是美國僅次於紐約的第二大金融中心，與紐約主導全球股票市場和能源期貨不同，芝加哥主導了全球商品期貨和金融期貨市場，2003 年佔全球期貨期權交易總量的 60% 以上。1898 年成立的芝加哥商品交易所至今仍然是全球最大

的商品期貨交易市場，進行大宗的豬肉、黃豆、玉米、小麥、牲畜等商品期貨交易。芝加哥還設有全球頂級的期權交易所和證券交易所。

4. 華盛頓：作為美國的首都，華盛頓擔當著美國金融決策中心的主要角色。全球性金融機構，包括世界銀行、國際貨幣基金組織和美洲發展銀行的總部均設在這裏。美國兩大金融中心紐約和芝加哥之間的任何紛爭都會在華盛頓討論及仲裁。

5. 多倫多、蒙特利爾：多倫多和蒙特利爾分別在人壽保險、能源、礦產和金屬貿易金融和銀行業方面具有獨特的優勢，且加拿大歷來也以發達的金融信息技術、業務流程外包和擁有世界上教育程度最高的勞動力而著稱。

圖表 2.5　│　大紐約金融中心圈各城市金融專業分工

城市	定位	優勢
紐約	全球性金融中心	世界最重要的銀行業中心；世界共同基金管理公司、養老基金管理公司、對沖基金、私募基金等資產管理最大的中心；世界最大的經營中、長期借貸資金的資本市場
新澤西	專業性區域金融中心	金融後援基地、金融備份中心
波士頓	老牌區域金融中心	美國最大的基金管理中心
芝加哥	多元化國際金融中心	金融衍生品交易中心、全球最大的期貨期權交易中心
華盛頓	老牌區域金融中心	美國金融決策中心
多倫多	多元化國際金融中心	以人壽保險、能源、礦產和金屬貿易金融、綜合風險管理等為特色業務

（三）中東杜拜金融中心圈

雖然在融資規模、基金管理的資產規模、外國銀行數量、保險市場規模等方面，杜拜、卡塔爾、巴林和利雅得等金融中心的實力還遠未能與倫敦、紐約等全球性金融中心相提並論，但近年來，為提升地區金融水平和整體經濟實力，以杜拜領銜的中東海灣地區金融圈也逐漸走向資源整合以聯合圖強的道路（**圖表 2.6、圖表 2.7**）。

圖表 2.6 | 杜拜金融中心圈

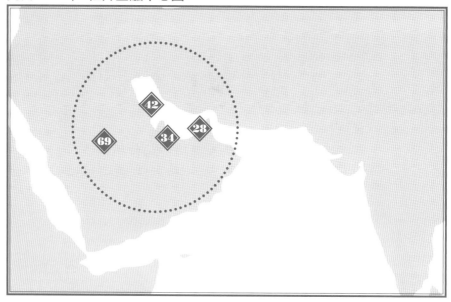

資料來源╯

*The Global Financial
Centres Index 8*

28- 杜拜；**34-** 卡塔爾；**42-** 巴林；**69-** 利雅得

註 | 序號為全球排名

其中至少有三個方面的內容令人關注：一是作為本地區金融中心的領導者，杜拜集合了新西蘭、歐洲和加拿大的制度優勢而構建相對自由的金融體系框架，並雄心勃勃的致力成為全球金融技術和設施的提供者，以及國際金融時區的連接點；二是海灣地區的各個主要金融市場，對國際上的最優金融運作方法和標準的吸納能力，早已有目共睹，這在客觀上推動區域資本市場的發展[34]。海灣各國也在政府層面上積極尋求金融業協同發展，籌劃成立的海灣中央銀行將是一個不隸屬於任何政府和組織、在制定和執行貨幣政策方面完全獨立的中央銀行，並為海灣國家最終實現統一貨幣打下基礎；三是海灣地區位於東西方金融中心之間的「真空地帶」，在時間上能彌補東方股市收盤和西方股市開盤之間的「股市空缺」，這一地理優勢正在不斷增強海灣金融中心系統的全球影響力。

34╯
Seese, D., Weinhardt,
C., & Schlottmann,
F. (Eds.). (2008).
*Handbook on
Information Technology
in Finance.* Germany:
Springer.

圖表 2.7 | 杜拜金融中心圈主要金融中心的專業分工

金融中心	定位	優勢
杜拜	區域性國際金融中心	離岸金融中心、金融服務市場輻射25 個國家

金融中心	定位	優勢
卡塔爾	專業性地區金融中心	致力於建設資產管理、再保險、專業自保三個核心市場
巴林	專業性地區金融中心	離岸及伊斯蘭銀行業區域中心
利雅得	新興地區金融中心	海灣中央銀行總部所在地

2.3.2 / 國際金融中心圈層發展模式的理論分析

前文論述的金融地理學考察了國際金融中心的地理分布特徵。Laulajainen（1998年）指出，當前全球金融業的一個基本特徵就是形成分別以北美洲、歐洲和亞太區為中心的相互聯繫的時區，而中東海灣地區作為全球離岸金融中心之一成為非常重要的資金來源地。金融集聚理論為金融中心的形成和發展提供了較為系統的分析。然而，截至目前，對於國際金融中心圈層發展這一新趨勢，不僅缺乏相應的實證和經驗研究，更無相關的理論解釋。鑒於此，在國際金融中心圈層發展實踐進展的基礎上，本文集成了區域經濟學、產業經濟學、金融地理學和系統科學的理論成果，建立基於金融地域運動理論、專業分工理論和中心地理理論的三元理論分析框架，嘗試對其產生的原因和運行的機制進行探討（圖表 2.8）。

圖表 2.8　｜　國際金融中心圈層發展模式的三元理論分析框架

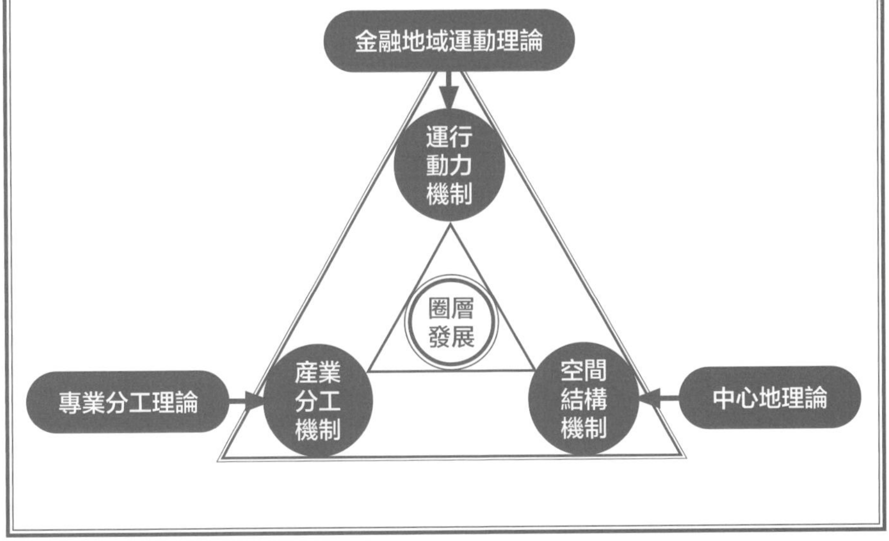

（一）國際金融中心圈層發展的運行動力機制

金融地域運動是指金融資源遵循特殊規律進行的地域流動、配置、組合的時空變化過程，也可以稱作金融運動的地域選擇和落實過程，其實質是金融效率的空間調整和提高。金融地域運動理論源於金融地理學，結合了金融學和地理學的相關思想，因而國際金融中心圈層體系的內涵特徵及其動態演化機制具有較好的解釋力。

國際金融中心圈層發展模式的定義可以界定為：隨著金融區域一體化程度的加快，金融資源在經濟地域系統內運動而形成一種以單極金融中心為主導、以多維次級金融中心為依託而構成的空間網絡體系，並以其獨特的空間結構、運行機制、規模等級和功能作用，在全球金融地域系統中展現出強大的綜合競爭力。它具有系統性、層次性、開放性和動態性等主要特徵。

在國際金融中心圈層發展模式中，根據金融產業的相對性優勢，依託圈層體系的系統性、層次性、開放性、動態性特徵，金融資源在地域內進行流動、配置和組合的時空變化過程。這一機制內蘊含著三大動力：一是尋求安全，即微觀金融主體在地域內分散化布局以降低高度集中所產生的系統風險和意外風險[35]；二是降低成本，即金融機構在某一金融中心高度集聚導致擁堵、地租上漲、勞動力成本上升、缺乏專業化供給等，集聚成本上升致使微觀金融主體向其他次級金融中心遷移；三是規避競爭，國際金融中心體系的垂直競爭佔據主導地位，在一定程度上促使頂級國際金融中心分散並「雪藏」其部分金融職能，以減少來自圈層體系內外的競爭壓力。

（二）國際金融中心圈層發展的空間結構機制

理解國際金融中心圈層體系發展的一個重要理論工具是中心地理論。作為人文地理學最重要的貢獻之一，中心地理論的思想如今已經廣泛滲透到或衍生出區域經濟集聚與擴散理論、中心—外圍理論、城市群整合理論等。張鳳超（2005 年）就是運用了中心地理論的思想分析了金融等別城市及其空間運行規律[36]。我們的分析思路是：中心地系統中的中心地和擴散域共同構成了一個完整的圈層等級格局；內核引力、網絡結構、系統功能、實體規模和外圍邊界是構成圈層空間結構的基本要素。核心中心地與外圍中心地，以及基層聚落通過空間聯繫網絡形成圈層等級結構演化路徑[37]。

在中心地理系統內部機制的作用，國際金融中心圈層體系演化將經歷四個階段：第一階段，在某一地域內已存在若干不同等級的金融中心，但彼此之間缺乏聯繫，即

35

當代國際主要金融中心都遭遇過各種意外風險，較為具代表性的案例有：英鎊危機、次貸危機、九一一事件、倫敦恐怖襲擊危機、安然事件醜聞等。

36

張鳳超著：《金融等別城市及其空間運動規律》，《東北師大學報（自然科學版）》，2005 年第 1 期，第 125-129 頁。

37

王士君、馮章獻、張石磊：《經濟地域系統理論視角下的中心地及其擴散域》，《地理科學》，2010 年第 6 期，第 803-809 頁。

點狀金融中心發展模式；第二階段，核心中心地進入極化過程，少數金融中心迅速膨脹並在地域系統中佔據主導地位；第三階段，核心金融中心開始對外擴散，外圍次級金融中心承接其轉移出的金融產業，次級金融中心之間實施差異化、專業化發展戰略；第四階段，多級核心中心地形成，原先的佔絕對主導地位的核心金融中心也走向專業化道路，與其他中心地實現更深層次的專業分工，城市群體系將成為地域金融產業競爭力的載體。

（三）國際金融中心圈層發展的產業分工機制

國際金融中心邁向圈層式發展模式，金融產業實現空間適度分離，這亦是產業的地域分工過程。楊小凱（2001 年）建立的「自給自足─局部分工─完全分工」分工演進模型為分析國際金融中心圈層的分工原理提供了極大的幫助。Clark & O' Connor（1997 年）將金融產品劃分為透明、半透明和不透明三類，並指出其不同的區位指向則為國際金融中心圈層的分工規律提供了借鑒。Grote（2009 年）提及的歐洲金融中心系統垂直和水平競合模型為國際金融中心圈層的分工體系提供了啟發。

在這些研究的基礎上，我們認為，制度變遷、交易費用、交易效率和路徑依賴構成分工原理的四大基石。首先，根據制度變遷理論，制度變遷引起技術的進步，普惠性技術的進步意味著國際金融中心圈層體系內部基礎設施等硬件環境的改善，金融技術的進步意味著金融產品的先進性的提高，兩者都能有效地降低交易費用也即提升交易效率。其次，交易效率的提高促進了分工的形成和發展，並形成了圈層體系中的分工格局。再者，由於存在路徑依賴效應，分工格局一旦形成，這種分工結構將在一定時期內得以不斷穩固和加強。國際金融中心圈層體系內部分工主要基於金融產品交易所需的信息和專業化要求而進行。一般的，透明的──也即標準化的金融產品將集中於圈層體系中的頂級金融中心，次級金融中心將主要生產和交易半透明的金融產品，其他層次的金融中心則致力於提供不透明的金融產品[38]。

38
不透明的金融產品更需要接近客戶，因此分散化的趨勢更為明顯。

39

汪增群、張玉芳著：《分散化：紐約倫敦金融機構布局新特點》，《銀行家》，2007年第1期。

長久以來，國際金融中心都被視為「點狀」實體。正當人們還在討論金融集聚產生的規模效應和外溢效應時，倫敦、紐約這樣舉世公認的全球性國際金融中心的金融產業卻開始向周邊地區分散化布局 [39]。如今，紐約金融業從華爾街走向全國，並領銜建立北美的金融秩序；倫敦金融業前、中、後臺業務分布趨於分散化，並帶領歐洲構建全球最密集的國際金融中心區域；中東海灣地區正聯合成為全球金融體系的重要時區之一。這些地區的主要金融中心之間為應對區外競爭，不斷加強彼此的分工協作程度，以作為金融地域系統的形式展現出空間的強大競爭力。隨著經濟、金融全球一體化的深入，「點狀」金融中心受制於狹小地理空間和有限金融資源的短板效應將進一步凸顯，因此，謀求與周邊城市或不同等級金融中心的合作已經成為解除瓶頸的現實選擇。由此看來，我們有理由相信在可預見的未來，國際金融中心「圈狀」發展將逐步佔據主流地位。與歐洲、北美金融一體化發展相比，亞洲卻波瀾不驚。正如中國人民大學金融與證券研究所課題組（2006年）所言：「回視亞洲，與歐洲和美洲的一體化進程相比，無疑是落後了，如同一串散落的珍珠」。

著眼長遠，亞太地區亟待產生一個新的頂級國際金融中心，領銜建立亞洲國際金融中心圈層，從空間布局上與北美的大紐約金融中心圈和歐洲的大倫敦金融中心圈形成穩定的三角均衡，使全球金融網絡結構更趨合理。著手眼下，正如王瑞傑（2010年）所言：「亞洲國家每一個金融中心的定位可以很不同，各個金融中心也都有各自優勢，沿著這種不同定位建設的金融中心，可以為未來建設一個要素更自由流動、更加相互依賴的亞洲打下基礎」。

亞洲國際金融中心龍頭地位之爭由來已久，卻從未能蓋棺定論；位於同一層級的香港、新加坡、東京實力相當，各有優勢。而今，鑒於國際金融中心圈層發展模式的新動向，這些潛在的國際金融中心也試圖通過區域整合以實現綜合實力的快速提升：新加坡正與周邊的馬來西亞、菲律賓和泰國，甚至澳大利亞加強合作；東京與大阪、

名古屋、橫濱等次級金融中心的聯繫也越來越緊密；上海正大力拓展金融腹地，積極整合長三角地區的金融資源，與中國金融決策中心北京的合作也已取得了較大的成效。面對亞洲金融中心次區域整合趨勢，香港要想發展成為全球性國際金融中心，就必須從戰略的高度考慮建立區域性金融中心圈層。在近期，拓展珠三角地區金融腹地，依託廣東省經濟規模優勢，與廣州、深圳等區域金融中心形成分工和互補關係；在中長期與上海、新加坡實現協調、錯位發展。

圖表 2.9　｜　亞洲主要金融中心圈

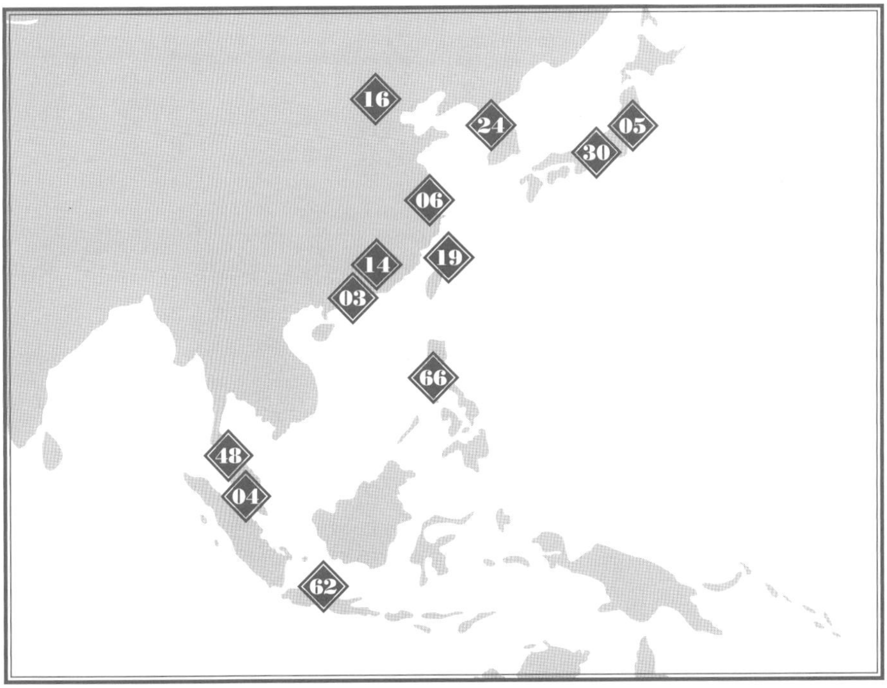

資料來源

The Global Financial
Centres Index 8

03- 香港；04- 新加坡；05- 東京；06- 上海；14- 深圳；16- 北京；19- 臺北；24- 首爾；30- 大阪；48- 吉隆坡；62- 雅加達；66- 馬尼拉

註　｜　序號為全球排名

CHAPTER 3.

••••••••••••••••••••••••••

香港國際
金融中心的
崛起與發展

3.1 | 香港國際金融中心的形成與發展

3.1.1 / 香港國際金融中心的崛起和確立

根據美國學者 Reed 的研究，香港作為國際金融中心的起源，可追溯至 20 世紀初。他在其關於國際金融中心的著作中，使用 9 個變數（可能是由於缺乏其他金融數據的原因，9 個變數均為銀行變數）進行分析發現，從 1900 年至 1980 年這段時期中，香港除了 1970 年和 1980 年外，其餘每隔 5 年香港都在「十大國際銀行中心」之列 [01]。

01

Reed, H.C. (1980). The ascent of Tokyo as an international Financial Center. *Journal of International Business Studies, 11 (3)*, 19-35. 轉引自：饒餘慶著：《香港──國際金融中心》，商務印書館，1997 年，第 37 頁。

不過，香港作為亞太區國際金融中心的崛起，則是從 20 世紀 60 年代末期開始的。20 世紀 60 年代期間，香港作為地區性金融中心，經歷了兩次重大挫折：其一是 1965 年的銀行危機，它一度動搖整個金融體系。當時，香港政府認為本地銀行數量太多，決定暫時凍結頒發銀行牌照，直至 1978 年才解凍，使得大批跨國銀行無法進駐香港。其二是新加坡作為亞洲美元市場的崛起。20 世紀 60 年代末，部分美資跨國銀行有意在香港設立亞洲美元市場，作為歐洲美元市場在亞洲時區的延伸。可惜的是，當時香港政府不願取消外幣存款利息稅，而新加坡政府則決定以免稅等各種優惠政策吸引外資銀行，結果成功建立起亞洲美元市場，新加坡作為亞太區國際金融中心亦乘勢而起。

20 世紀 60 年代末期以來，隨著香港經濟的蓬勃發展和大量企業的崛起，香港的金融業開始邁向多元化、國際化。首先發展起來的是證券市場。20 世紀 60 年代末 70 年代初，遠東交易所（1969 年）、金銀證券交易所（1971 年）和九龍證券交易所（1972 年）相繼成立，與 1891 年成立的香港證券交易所一道形成所謂的「四會時代」。這一時期，香港證券市場進入空前牛市，大批新興公司紛紛在香港掛牌上市，香港市民掀起投資股市的空前熱潮，反映股市走勢的恒生指數從 1971 年底的 341.4 點攀升至 1973 年 3 月 9 日的 1,774.96 點的（當時）歷史高峰，在短短一年多時間內升幅達 419.9%。

當時，為配合證券市場的發展，香港不同類型的金融機構，諸如投資銀行、商人銀行、國際資金銀行，以至本地小型財務公司紛紛成立，改變了以往由單一銀行主導的局面，這些金融機構經營的業務也與傳統的商業銀行迥然不同，包括多種貨幣存款、公司融資、股票認購包銷、銀團貸款、債券發行、策劃收購兼併、分期付款租購租賃等。直至 1980 年，香港在各類零售及大規模銀行業務方面，例如國際及本地銀行業務、外匯買賣、信用保證，以及其他不屬銀行系統的金融機構（如互惠基金等），成為獲利最豐的領域[02]。

這種發展態勢，吸引了大批跨國金融機構進入香港。當時，在政府凍結頒發銀行牌照的背景下，外國金融機構進入香港主要有兩個途徑：

一是收購本地持牌銀行：1965 年銀行危機後，本地中小持牌銀行為求自保，以便在英資銀行與外資銀行的夾縫中生存，紛紛向外資銀行求援；在港府凍結頒發銀行牌照的條件下，一些有意進入香港的外資銀行也想方設法對香港本地持牌銀行進行資本滲透、控制和收購。1973 年，美國歐文信託公司收購永亨銀行 51% 股權，日本三菱銀行收購廖創興銀行 25% 股權，就是外資銀行透過這種途徑進入香港的先聲。據不完全統計，至 1987 年 10 月 12 日止，至少有 22 家本地持牌銀行被外資收購部分或全部股權（**圖表 3.1**）。

02

SRI 國際公司項目小組：《共建繁榮：香港邁向未來的五個經濟策略》，SRI 國際公司，1989 年，第 7 頁。

圖表 3.1 ｜ 香港銀行被收購情況（截至 1987 年 10 月 12 日）

	被收購銀行	收購者或接收者	收購股權（%）
1	廣東銀行	美國太平洋銀行	100.0
2	京華銀行	國際商業信託銀行集團	92.0
3	東亞銀行	法國興業銀行 中國建設投資（香港）有限公司	5.99 4.0

	被收購銀行	收購者或接收者	收購股權（%）
4	浙江第一銀行	日本第一勸業銀行	95.0
5	香港商業銀行	日本東海銀行 泰國盤谷銀行	10.0 10.0
6	大新銀行	英國標準渣打銀行	7.5
7	道亨銀行	馬來西亞豐隆集團	100.0
8	遠東銀行	國際亞洲集團有限公司 華美國際有限公司（中美合資）	65.0 10.0
9	恒隆銀行	香港政府	100.0
10	恒生銀行	匯豐銀行	61.0
11	康年銀行	第一太平投資有限公司	100.0
12	香港華人銀行	美國華通銀行	99.7
13	香港工商銀行	香港大新銀行	100.0
14	嘉華銀行	中國國際信託投資有限公司	92.0
15	廣安銀行	日本富士銀行	55.0
16	廖創興銀行	日本三菱銀行	25.0
17	海外信託銀行	香港政府	100.0
18	上海商業銀行	美國富國銀行	20.0
19	新鴻基銀行	阿拉伯銀行集團	75.0
20	永亨銀行	美國歐文信託公司	51.0
21	永安銀行	恒生銀行	50.3
22	友聯銀行	香港新思想有限公司（中美合資）	61.0

資料來源

香港華商銀行公會研究
小組著、饒餘慶編：《香
港銀行制度之現況與前
瞻》，香港華商銀行公
會，1988 年，第 61 頁。

二是在香港開設接受存款公司：由於通過收購本地持牌銀行進入香港金融業的成本越來越高昂，而且可收購的對象有限，不少跨國銀行改以財務公司（Finance Company）的形式來港設立附屬機構，參與毋須領取銀行牌照的商人銀行或投資銀行業務，從事安排上市、包銷、收購、兼併等業務。這一時期，一批商人銀行（Merchant Banks）先後在香港創辦，其中最著名的包括怡富、施羅德、獲多利

公司（現為匯豐投資銀行）等 [03]。與此同時，財務公司如雨後春筍般湧現，主要從事與股票、地產有關的貸款業務，由於並非持牌銀行，它們不受「利率協議」（於 2001 年全面撤消）的限制，可以高息吸引存款，因而獲得快速發展。據估計，到 1973 年股市狂潮期間，在香港營業的財務公司竟多達二千餘家 [04]。20 世紀 70 年代中後期，香港政府為監管各類迅速發展的「非銀行金融機構」，於 1976 年制訂接受存款公司條例。然而，這些被統稱為接受存款公司的金融機構，由於不受銀行公會利率協議的限制，政府的管制並未能遏止它們業務的擴張，接受存款公司從 1976 年條例通過時的 179 家增加到 1980 年底的 302 家，公眾存款比率也高達 32.7%，開始威脅到持牌銀行的地位。1981 年，香港政府修訂接受存款公司條例，將該類公司劃分為持牌與註冊兩級，由 1983 年 7 月 1 日正式生效。這次修訂間接削弱了接受存款公司競爭存款的能力，維持了金融體系的穩定性，並形成金融業由持牌銀行、持牌接受存款公司、註冊接受存款公司組成的所謂三級體制（**圖表 3.2**）。

圖表 3.2 | 1976-1985 年三級體制金融機構的發展概況

年份	持牌銀行		持牌接受存款公司	註冊接受存款公司
	銀行數目	分行數目		
1976	74	685	—	179
1977	74	730	—	201
1978	88	790	—	241
1979	105	906	—	269
1980	113	1,033	—	302
1981	121	1,181	—	350
1982	128	1,346	22	343
1983	134	1,397	30	319
1984	140	1,407	33	311
1985	143	1,394	35	278

1978 年 3 月，在跨國銀行的壓力及新加坡的競爭下，香港政府宣布重新向外資銀行頒發銀行牌照，結果大批國際銀行湧入香港。20 世紀 80 年代初，香港政府又宣布

03

馮邦彥著：《香港金融業百年》，三聯書店（香港）有限公司，2002年，第 178-179 頁。

04

Jao, Y. C. (1984). The Financial Structure In D. Lethbridge (Ed.), *The Business Environment in Hong Kong* (p. 125). Oxford: Oxford University Press.

資料來源

呂汝漢著：《香港金融體系》，商務印書館，1993 年。

了一系列自由化政策，包括 1982 年 2 月撤消外幣存款 15% 的利息稅，並將港幣存款利息稅減至 10%；1983 年 10 月完全取消港幣存款利息稅等。這些措施進一步吸引外資銀行的進入。據統計，1978 年以前，香港的海外註冊外資銀行僅 40 家，到 1986 年已增加到 107 家（尚不包括在中國內地註冊的 9 家銀行）。

3.1.2 / 香港國際金融中心的演變和發展

20 世紀 80 年代香港金融業又經歷了兩次重大的危機：一次是 1982 年至 1986 年香港財務公司和銀行連串倒閉的危機：1982 年英國首相戴卓爾夫人訪問北京，香港前途問題表面化，觸發地產、股市崩潰。受此影響，曾大量向地產業貸款的銀行和財務公司因壞賬而損失慘重，部分更出現資金周轉問題。1982 年 11 月，香港其中一家最大的金融機構大來財務宣告無力償還債務，其後危機波及多家相當活躍的財務公司和銀行，結果使恒隆銀行、海外信託銀行、新鴻基銀行、工商銀行、康年銀行、嘉華銀行、永安銀行及友聯銀行先後被政府接管，股權重組或被收購。金融危機再次暴露了香港監管方面的問題，香港政府對銀行條例進行全面檢討，以英美等先進國家的制度為藍本，重新制定一套完備的監管制度，並以此為基礎，於 1986 年制訂頒布新的銀行條例。新《銀行業條例》引進巴賽爾協定的規定，將香港的監管水平提高到國際標準。

另一次危機是 1987 年全球股災引發的香港期貨交易所瀕臨破產的危機。危機過後，香港政府展開善後工作，推動香港證券市場的改革，全面加強對金融業的監管，並提高其國際形象。這些措施進一步推動香港國際金融中心的發展。

到 20 世紀 80 年代中期，就海外註冊銀行數量而論，香港已成為世界第四大金融中心，而就銀行體系的對外資產而論，香港亦是世界第十一大金融中心；在亞洲，香港作為國際性金融中心的地位，則排名第三，僅次於東京和新加坡[05]。根據香港華商銀行公會研究小組的研究，20 世紀 80 年代中期香港作為亞太區國際金融中心的發展，主要表現在以下幾方面[06]：

（一）亞洲區域性資本輸出中心

1985 年底，香港銀行體系外幣對外資產達 970 億美元，其中 80% 是對海外銀行貸款，其餘 20% 是對非銀行顧客貸款；而新加坡、日本、英國和美國就佔香港向海外銀行外幣貸款的 50%，對非銀行顧客的貸款中，大部分集中於韓國、巴拿

05

香港華商銀行公會研究小組著、饒餘慶編：《香港銀行制度之現況與前瞻》，香港華商銀行公會，1988 年，第 3 頁。

06

香港華商銀行公會研究小組著、饒餘慶編：《香港銀行制度之現況與前瞻》，香港華商銀行公會，1988 年，第 8-11 頁。

馬、印尼等。在資金來源方面，主要資金供應者是亞洲美元所在地的新加坡，約佔 25%，其他增長較快的來源包括日本、韓國、美國和瑞士。

（二）亞太區銀團貸款中心

根據 *Euromoney*（1987 年 7 月號）的統計，1980 年至 1986 年間，香港簽定的銀團貸款及歐洲票據融資達 665 次，貸款總額達 357.2 億美元。以簽定次數計，僅次於倫敦（2,216 次）和紐約（886 次）而排名第 3 位，在亞太區超過東京（328 次）和新加坡（239 次）；若以貸款計，香港（357.2 億美元）則在全球排第四位，僅次於倫敦（2,213.4 億美元）、紐約（2,193.4 億美元）和巴黎（703.7 億美元），而超過東京（273.4 億美元）和新加坡（181.6 億美元）**（圖表 3.3）**。

圖表 3.3 ｜ 銀團貸款及歐洲票據融資中心（1980–1986 年）

	城市	簽訂次數	貸款總額（億美元）
1	倫敦	2,216	2,213.4
2	紐約	886	2,193.4
3	巴黎	536	703.7
4	香港	665	357.2
5	東京	328	273.4
6	新加坡	239	181.6
7	法蘭克福	204	164.4
8	舊金山	189	133.2
9	巴林	162	127.7
10	布魯塞爾	157	118.4

資料來源

Euromoney，1987 年 7 月號，轉引自香港華商銀行公會研究小組著、饒餘慶編：《香港銀行制度之現況與前瞻》，香港華商銀行公會，1988 年，第 9 頁。

（三）主要的證券化中心

證券化是 20 世紀 80 年代以來銀行將資產負債表主要項目轉化為可轉讓證券的發展趨勢，是當時金融業的重要創新。到 20 世紀 80 年代中，香港金融市場上最盛行的工具是港幣可轉讓存款證和短期商業票據，估計已發行總額為 44 億美元，在亞洲僅次於日本。

（四）亞洲第二大外匯市場

香港的外匯市場，由於資金進出完全自由以及跨國金融機構群集，發展迅速，到 1986 年時估計每天成交額達 200 億美元，在亞洲區僅次於東京而略微超過新加坡（**圖表 3.4**）。當時，香港外匯市場主要是現貨市場，交易最活躍的分別為美元對德國馬克和美元對日圓，分別佔每天交易總額的四成和三成，而活躍的金融機構約有百餘家。

圖表 3.4　|　主要外匯交易中心每日成交額估計（單位：億美元）

	1979 年	1984 年	1985 年	1986 年
倫敦	250	490	900	1,150
紐約	170	350	500	─
蘇黎世	100	200	─	─
法蘭克福	110	170	180	200
東京	20	80	480	─
新加坡	30	80	130	190
香港	30	80	100	200
巴黎	40	50	─	─
澳大利亞	─	30	80	110
總計	750	1,530	2,800	3,200

資料來源

G30 Working Group. (1985). *The Foreign Exchange Market of the 1980s*, Washington, DC: Group of Thirty. 轉引自香港華商銀行公會研究小組著、饒餘慶編：《香港銀行制度之現況與前瞻》，香港華商銀行公會，1988 年，第 11 頁。

（五）國際黃金交易中心

1974 年撤消黃金管制後，香港迅速演變為世界黃金交易中心，每日成交量約為 100 萬金衡盎斯，僅次於倫敦、紐約、蘇黎世而排名第四位。香港的黃金市場包括三個部分：金銀業貿易場的現貨市場、在倫敦交收的國際黃金市場，以及期貨黃金市場。1985 年，香港的黃金期貨交易達 5,977 宗，總值 1.97 億港元。據估計，紐約商品交易所的黃金期貨合約，有 20% 源自香港。

香港作為亞太區國際金融中心的迅速發展，原因是多方面的。從內部條件看，主要是戰後以來，香港政治與社會穩定，經濟自由，法制健全，政府負責且高效、稅制

簡單而稅率較低，監管成本低，基礎設施較為完備，人力資源充沛，信息自由，經濟高速成長；再加上 20 世紀 70 年代以來，香港政府實行了一系列金融自由化政策，對外資銀行及金融機構實行「國民待遇」，以及英語的使用等等。從外部因素看，主要是香港在全球所處的時區，中國因素，亞太區經濟的高速增長，以及跨國銀行的海外擴展[07]。

07

饒餘慶著：《香港——國際金融中心》，商務印書館（香港）有限公司，1997 年，第 80-93 頁。

3.1.3 / 香港國際金融中心地位的鞏固和提升

20 世紀 80 年代初，受國際石油危機衝擊，香港經濟急劇惡化，資產價格下跌；而隨著美元的大幅升值，港元貶值壓力加大。1982 年 9 月，英國首相戴卓爾夫人訪問北京，對於香港前途問題的談判拉開序幕。在其後一年裏，中英兩國談判陷入僵局，政治氣氛轉趨緊張，觸發港人信心危機。人們紛紛在金融市場拋售港元資產，搶購美元及其他外幣資產，一些大銀行和外國公司也陸續開始將部分資產撤離香港，種種因素都加劇了港元貶值的壓力。1983 年 9 月 24 日，港元兌美元匯率跌至 1 美元兌 9.60 港元的歷史最低水平，比 1982 年底 1 美元兌 6.49 港元大幅下跌 48%，港匯指數亦進一步跌至 57.2 的新低位，整個金融體系已岌岌可危。

面對港元危機，香港政府決定改革貨幣制度，以挽救急跌中的港元匯率。1983 年 10 月 15 日，香港政府宣布改變港鈔發行機制，廢除自 1974 年以來實行的浮動匯率制度，改為實行與美元掛鈎的聯繫匯率制度。新措施從 1983 年 10 月 17 日起生效。該制度自實施以來，香港已經受了一系列嚴重的政治、經濟事件的衝擊，包括 1984–1987 年間 5 次港元投機風潮，1987 年全球股災，1989 年政治性擠提，1991 年國際商業銀行倒閉事件，1992 年中英政治爭拗，1994 年墨西哥金融危機觸發的亞洲股市風暴及巴林銀行倒閉事件等。然而，這一期間港元兌美元的最低價僅為 7.950，最高價為 7.714，波幅未超過 2%，港元與美元的市場匯率平均為 7.7796，較 7.8 的聯繫匯率僅高出 0.26%，表現出相當強的穩定性。

1983 年實施的港元聯繫匯率制度，儘管從理論上分析透過銀行間的套戥和競爭的相互作用可以實現自動調節，然而這一自動機制在當時的條件下並未能有效運作。在聯繫匯率制度下，過去基於內部經濟或對外收支不平衡所產生的調節壓力，從匯率轉移到貨幣供應及利率水平上來。因此，在聯繫匯率制度實施初期，香港利率水平的變動相當頻繁。1983 年 10 月 – 1984 年 12 月，香港最優惠利率在短短一年多時

間內先後調整了 19 次，1985 亦調整了 9 次。期間，利率波幅亦甚為可觀，影響到從 M1 到 M3 的整個貨幣供應，不利於資金的有效配置和經濟的穩定。在這一時期，香港更面對空前的「走資潮」、「移民潮」的衝擊，包括怡和遷冊百慕達，匯豐淡出「準中央銀行」（Quasi Central Bank）角色等 [08]。

為鞏固和改善聯繫匯率制度、穩定香港的金融市場，自 1988 年起香港政府對原來的金融架構進行了一系列重大變革，主要包括：1988 年 1 月設立負利率機制；1988 年 7 月建立新會計制度；1990 年起開始發行外匯基金票據和債券；1991 年 2 月成立外匯基金管理局；1992 年 6 月設立「流動資金調節機制」（Liquidity Adjustment Facility）；1993 年 4 月將外匯基金管理局和銀行監理處合併成立香港金融管理局（Hong Kong Monetary Authority，簡稱 HKMA）；1994 年 5 月授權中國銀行參與發鈔；1996 年 12 月建立實時支付結算系統（Real Time Gross Settlement System，簡稱 RTGS），以取代原來的結算制度和新會計制度。[09]

1997 年 7 月，驟起於泰國的亞洲金融風暴，對香港經濟造成空前的衝擊，作為香港貨幣金融政策的基石和核心的港元聯繫匯率制度，曾先後於 1997 年 10 月、1998 年 1 月、6 月及 8 月 4 次受到嚴重衝擊，期間，香港銀行同業隔夜拆息率一度攀升至 280 厘的歷史高位，股市、地產連番暴跌。1998 年 8 月，香港特區政府先後動用 1,181 億元外匯基金入市干預，與國際大炒家抗衡。同年 9 月，香港特區政府推出 40 條新措施，以改善聯繫匯率制度及穩定金融市場。這些改革措施的核心有兩點：一是撤消流動資金調節機制，設立貼現窗制度，制定基本利率；二是以貨幣發行局制度的原理來進一步改善聯繫匯率制度的運作。

20 世紀 90 年代，隨著金融全球化的推進，香港金融市場呈現了一系列新的發展趨勢，主要是：

（一）香港股票市場進一步國際化、全球化

香港金融市場以股票市場的發展最為蓬勃。1997 年，香港的股票市場資本市值達 32,030 億元，是全球第 6 大股票市場，在亞洲區排第 2 位，僅次於東京。該年，股票市場的成交額達 37,890 億港元，平均每日成交額達 155 億港元，比 1996 年分別增長 168% 及 173%。20 世紀 90 年代，隨著科技的進步及股票市場日趨全球化，世界各地證券交易所掀起了連串的合併浪潮。在這種大趨勢下，1999 年 3 月，特區

08

馮邦彥著：《香港英資財團（1841-1996）》，三聯書店，1996 年，第 287-352 頁。

09

馮邦彥著：《香港金融業百年》，三聯書店（香港）有限公司，2002 年，第 293-308 頁。

政府發表《證券及期貨市場改革政策文件》，建議將香港聯交所、期交所和結算公司進行股份化及合併，以建立一個現代化的市場結構。2000 年 3 月，聯交所、期交所和結算公司合併成立香港交易及結算所（Hong Kong Exchanges and Clearing Limited，簡稱 HKEx），並於同年 6 月在香港上市。

（二）債券市場獲得進一步發展

1990 年，香港金融管理當局發行外匯基金票據及債券，推動了債券市場的發展。外匯基金票據及債券市場催生了 1990 年債券工具中央結算系統的產生，活躍了債券第二市場，並形成了可供其他機構發行債務工具的基準孳息曲綫，對債券市場的發展產生重要影響。1996 年，金融管理局發表《香港作為國際金融中心的策略文件》，明確將「建立一個蓬勃而高效的債券市場」列為發展金融中心的重點目標。這一時期，特區政府採取了一系列有效措施，推動了債券市場的迅速發展，包括：

1. 發展第二按揭市場： 1997 年 10 月，由外匯基金全資擁有的香港按揭證券有限公司（The Hong Kong Mortgage Corporation Limited，簡稱 HKMC）開業，到 2000 年底已發行 11 批合共 66 億元的債券，促進了債券市場的發展。

2. 推行強制性公積金計劃： 1998 年 9 月，根據《強制性公積金條例》，特區政府成立強制性公積金計劃管理局（Mandatory Provident Fund Schemes Authority，簡稱 MPFSA），並於 2000 年 12 月全面推行強制性公積金計劃，為港元債券市場提供新的需求。

3. 推出美元即時支付結算系統： 2000 年 8 月，金融管理局根據港元即時支付結算系統的經驗，推出美元即時支付結算系統，9 月並與港元支付系統聯網。在多種因素的推動下，香港債券市場獲得長足的發展。1999 年，認可機構債券發行額比上年增加超過 1 倍，本地公司發行額比上年增加接近 3 倍，非多邊發展銀行的海外發債體發行額增加 2.4 倍[10]。到 2000 年底，未償還港元債券額達 4,730 億元，比 1999 年增加 7%，其中，外匯基金票據及債券佔 23%。

（三）創業基金起步發展，政府並推出創業板市場，以配合經濟結構的轉型

亞洲金融風暴後，特區政府積極推動香港經濟結構的轉型，一批新興的資訊科技企業乘時而起。為配合這些高科技企業的融資，香港的創業基金也起步發展。一些較具

10

《1999 年港元債務市場的發展》，《金融管理局季報》，2000 年第 5 期，第 11-12 頁。

規模的公司，如盈動（電訊盈科的前身）、香港電訊等開始設立創業基金，對高風險的新興項目進行投資。一些規模較小的創業基金，也相繼成立。1999 年 11 月，香港聯交所為配合經濟的轉型，推出了與主板市場具同等地位的另一集資市場——創業板（Growth Enterprise Market）。到 2000 年底，共有 54 家科技公司在創業板掛牌上市，集資約 172 億港元，市場總市值約 673 億港元，平均每日成交額為 3.41 億港元。

（四）放寬金融監管、加強金融安全保障、致力建設公平競爭的市場環境

1998 年，香港金融管理局委託顧問公司畢馬威會計師行就香港金融業進行研究，以制定未來 5 年發展策略。同年 12 月，顧問公司發表題為《香港銀行業新紀元》的報告，認為目前窒息香港銀行業競爭環境的三大障礙，分別是「一間分行」政策、餘下的利率協議，以及金融三級制。報告建議逐步解除這三方面的管制，為香港銀行業提供更公平的競爭環境 [11]。有見及此，香港金融管理局於 1999 年放寬「一間分行」限制，同時分兩階段撤消利率協議，從 2000 年 7 月 1 日起首先撤消 7 天以下定期存款利率上限，2001 年 7 月 1 日起撤消往來存款及儲蓄存款利率上限，並實施二級發牌制度。在新的環境中，銀行業的資金成本上升，息差收窄 [12]，競爭更趨激烈。為減低銀行風險，2000 年，香港金融管理局委聘顧問公司就加強香港存款保障進行了研究。2004 年 5 月，《存款保障計劃條例》被立法會通過，規定管理存款保障計劃的成立及運作。同年 7 月，香港存款保障委員會（Hong Kong Deposit Protection Board，簡稱 HKDPB）成立，負責設立及管理存款保障計劃。這成為香港金融安全網發展的一個重要里程碑。

20 世紀 80 年代中後期以來，圍繞聯繫匯率制度和金融市場的一系列改革，鞏固和提升了香港作為亞太區國際金融中心的地位。香港金融業從 70 年代起迅速發展，到80 年代初達到高峰，1982 年金融業創造的增加價值達 129.26 億港元，佔香港本地生產總值的 7.1%。不過，其後受到銀行危機的影響，1985 年金融業在本地生產總值中所佔比重一度跌至 5.6%。80 年代後期，金融業開始穩步發展，到 90 年代中期呈蓬勃發展態勢。據統計，1997 年，香港金融業創造的增加價值達 1,245.05 億港元，佔本地生產總值的 10.1%（**圖表 3.5**），已成為香港經濟中僅次於進出口貿易業、房地產業的第三大產業。

11
畢馬威會計師行、Barents Group LLC 著：《香港銀行業新紀元——香港銀行業顧問研究報告（概要）》，1998 年，第 22-27 頁。

12
據畢馬威的研究報告，全面放寬利率協議將使本地銀行的淨息差下降 49 基點（0.49%）。見畢馬威會計師行、Barents Group LLC 著：《香港銀行業新紀元——香港銀行業顧問研究報告（概要）》，1998 年，第 33 頁。

圖表 3.5 | 1980-1997 年金融業在香港本地生產總值中的比重

年份	增加價值（百萬港元）	佔本地生產總值的比重（%）
1980	8,760	6.5
1981	11,487	7.0
1982	12,926	7.1
1983	13,103	6.5
1984	14,177	5.9
1985	14,278	5.6
1986	18,362	6.0
1987	23,763	6.2
1988	26,057	8.6
1989	29,781	6.0
1990	34,600	8.6
1991	54,142	9.5
1992	69,602	10.0
1993	83,272	10.0
1994	88,785	9.3
1995	94,487	9.4
1996	112,300	9.9
1997	124,505	10.1

資料來源
香港政府統計處

註 | 本表按當年價格計算

根據香港大學饒餘慶教授的研究，到 20 世紀 90 年代中期，綜合考慮各方面因素，香港作為國際金融中心的排名，在全球約居第六、七位，在亞太區居第二位，落後於東京，但領先新加坡（**圖表 3.6**）。饒餘慶認為：「香港之崛興為一國際金融中心，是第二次世界大戰結束以來，香港經濟的兩大成就之一（另一成就是從一轉口埠轉變為一富裕的工業經濟體）[13]。

13

饒餘慶著：《香港——國際金融中心》，商務印書館（香港）有限公司，1997 年，第 3 頁。

圖表 3.6　｜　香港作為國際金融中心的評估（1995 年）

尺度	亞太區排名	世界排名
銀行業		
外資銀行數目	1	2
銀行海外資產	2	4
銀行海外負債	2	5
越境銀行同業債權	2	6
越境銀行同業負債	2	4
越境對非銀行企業信貸	1	2
銀團貸款及承銷票據融資（1994 年）	1	4
外匯市場		
每日淨成交量	3	5
衍生工具市場		
每日淨外匯合約成交量	3	5
每日淨利率合約成交量	4	8
每日衍生工具總成交量	3	7
股票市場		
總市值	2	9
成交量	4	11
本地公司上市數目	7	16
黃金市場	1	4
保險業		
註冊保險公司	1	—
保費	5	27
合格精算師	1	—
基金管理	2	—

資料來源

饒餘慶著：《香港——國際金融中心》，商務印書館（香港）有限公司，1997 年，第 73 頁。

3.2.1 / 20 世紀 50 年代香港銀行業的轉型

香港金融業的發展是從銀行業開始的。從香港開埠之初到 1941 年日軍佔領香港的 100 年間，香港銀行業經歷了兩次發展高潮：第一次是一批以英資銀行為代表的外資銀行進入香港，比如 1865 年 3 月匯豐銀行創立；第二次是 19 世紀末至 20 世紀初中期，隨著香港商業和貿易的發展，以法國東方匯理銀行（1895 年）、橫濱正金銀行（1890 年）、花旗銀行（1900 年）、荷蘭小公銀行（1905 年）為代表的一批外資銀行進入香港，而一批將西方銀行先進的經營方法與傳統銀號結合起來的華資銀行，包括廣東銀行（1912 年）、東亞銀行（1919 年）等也相繼成立。到 1941 年日軍侵佔香港前夕，香港擁有的各類銀行已達 40 家左右。這些銀行的業務多以匯兌、押匯、僑匯為主，以配合香港作為地區性商業中心和貿易轉口港的地位。1939 年出版的《香港華僑工商業年鑒》指出：「本港銀業，可謂極一時之盛。」[14]

20 世紀 40 年代後期，中國大陸爆發內戰，政局動亂，通貨膨脹嚴重，使得大量資金湧入香港，香港各種類型的銀行如雨後春筍般建立起來。由於沒有法律管制，任何人、任何公司，特別是金銀首飾店、匯兌公司，甚至旅行社，只要有一定的資本、一定的業務聯繫，都可以登記為銀行，在香港開設銀行、銀號、找換店或可供存款的店鋪。在這種歷史背景下，1948 年 1 月 29 日，香港政府制定《銀行業條例》，首次對銀行業發展進行規範。根據條例，香港政府向銀行發放牌照，領取牌照的銀行共有 143 家。其後，香港銀行數目逐漸下降，銀行的素質也逐步提高，到 1954 年香港的持牌銀行減到 94 家。

20 世紀 50 年代，隨著經濟的轉型，香港銀行業的業務開始發生重大轉變，從過去戰前單純的貿易融資逐漸轉向為迅速發展的製造業和新興的房地產業提供貸款。主要原因是：

14

《香港略志》，載《香港華僑工商業年鑒》，1939 年，第 3 頁。

第一，銀行業傳統的押匯、僑匯及匯兌業務日漸衰落：1949年10月，中華人民共和國成立。這一事件改變了遠東地區的政治、經濟格局，並對香港產生了深遠的影響。新中國成立後，實施極嚴屬的外匯管制，所有與中國的業務往來只能通過指定的若干家銀行進行。及至朝鮮戰爭爆發，聯合國對中國實行貿易禁運，香港的轉口貿易迅速萎縮，銀行的押匯業務更加一蹶不振。在這情況下，海外華僑對國內的形勢心存疑慮，不敢放心前往投資，加上各國政府實施外匯管制並限制華僑匯款歸國，由世界各地匯來香港或轉入內地的僑匯銳減。據統計，1950年寄到香港的海外僑匯總額僅及前兩年的30-40%，到1951年海外僑匯的總額進一步萎縮至1950年的20-30%，而1953年海外僑匯又比1951年減少60%[15]。匯兌業務的情況也大體相若。這對香港的銀行業，尤其是那些一貫以來依靠大陸業務往來的銀號，造成了嚴重的打擊，有不少就此一蹶不振。

第二，製造業、房地產業迅速崛起，為銀行業的發展提供了新的業務。20世紀40年代末50年代初，受到中國大陸解放戰爭的影響，上海以及中國內地其他城市的一批企業家移居香港。這些企業家以及所帶來的資金、設備、技術、人才、市場聯繫，加上大批湧入香港的廉價勞工，使香港經濟在資源的組合上發生了重大的變化，推動了香港工業化的進程。這一時期，香港政府通過一系列立法刺激了房地產業的發展。20世紀60年代初，香港人口激增至超過300萬，經濟起飛使市民收入提高，刺激了他們對自置住房的需求，地產業蓬勃發展，物業交投暢旺，地價、樓價、租金大幅上漲，而商業樓宇、廠房貨倉則成為新興的地產市場。據統計，20世紀60年代初中期，香港每年的物業交投平均在12,000宗以上，比50年代的8,000宗，大幅增加50%。

在上述兩個因素的推動下，香港銀行業的業務開始發生重大轉變，從過去戰前以押匯、僑匯及匯兌為主逐漸轉向為迅速發展的製造業和新興的房地產業提供貸款。正

15′

華僑日報編印：《香港年鑑（1951）》上卷《金融》篇，第17頁；

《香港年鑑（1952）》上卷《金融》篇，第9頁；

《香港年鑑（1953）》上卷《金融》篇，第17頁。

16

Ghose, T. K. (1987). *The Banking System of Hong Kong* (pp. 65-66). Charlottesville, VA: Lexis Law Publishing.

17

King, F. H. H. (1988). *The History of the Hongkong and Shanghai Banking Corporation: Volume IV, The Hongkong Bank in the Period of Development and Nationalism, 1941-1984* (pp. 351-352). Cambridge: Cambridge University Press.

如經濟學家 Ghose（1987 年）所指出，香港的工業化「使經濟結構發生了決定性的變化，無論消費領域還是本港企業，都成為了銀行的主要市場。」[16] 匯豐銀行是香港銀行界中首先轉型的銀行之一。1948 年，匯豐打破了近百年的傳統慣例，首次對香港紡織業提供貸款，直接和來自上海的華人實業家打交道，向他們提供發展工業所急需的資金 [17]。

從 20 世紀 50 年代初–60 年代中，香港銀行業因應工業化的進程取得了非凡的發展，這是香港銀行業的蛻變時期。這一時期，銀行業的發展呈現了以下一些特點：

第一，銀行數目減少，但所開設的分行大幅增加，銀行之間爭奪存款的競爭日趨激烈。《銀行業條例》實施初期，香港的持牌銀行有 143 家，到 1972 年減至 74 家。與此同時，各大小銀行為爭奪迅速增長的存款紛紛開設分行，從 1954 年的 3 間急增至 1972 年的 404 間。銀行開設分行的原因，主要是 50 年代中期以後工業化快速推進，帶動了整體經濟起飛，使國民收入大幅提高，而香港居民又具有較高的儲蓄傾向，加上同期有大量外資、熱錢流入，種種因素導致銀行存款迅速增加。據統計，1954 年至 1972 年間，香港銀行體系存款總額從 10.68 億元增加到 246.13 億元，18 年間增長 22 倍，平均名義年增長率接近 19%。

第二，銀行的信貸迅速擴張，貸款的用途趨向多元化，但銀行體系的安全性下降。據統計，1954–1972 年，銀行貸款總額從 5.10 億元增加到 177.26 億元，名義年均增長 21.7%，實際年均增長 17.8%；同期銀行存款名義年均增長 19.0%，實際增長 16.2%，銀行信貸的擴張速度要快於存款的增長速度。隨著工業化的推進，銀行體系的貸款也趨向多元化，部分本地中小銀行更是大幅加強了對地產業和股票市場的投入。這一時期，銀行體系的安全性明顯下降，1955 年香港銀行體系的流動資產比率是 53.0%，但到 1972 年已降至 23.0%；同期銀行體系的貸款佔存款比率從 55.6% 上升到 72.0%。當時銀行體系已面臨相當大的風險，一場震撼業界危機已在醞釀。

3.2.2 / 兩次銀行危機與香港銀行業的整固

二戰後以來，香港銀行業先後爆發兩次銀行危機，分別發生在 20 世紀 60 年代和 20 世紀 80 年代。1961 年 6 月 14 日，廖創興銀行受到不利傳聞和謠言的困擾，遭到大批存戶擠提，據報導，首三天前往提款的存戶多達 2 萬人以上，被提走的存款接近 3,000 萬港元。廖創興銀行被擠提，當時曾被稱為「本港有史以來最大一次」，是「空

前的銀行風暴」。不過，它只是更大銀行危機的序幕。1965 年春，受不利傳聞的衝擊，明德銀號、廣東信託商業銀行相繼被迫停業，擠提風潮迅速蔓延到恒生、廣安、道亨、永隆、遠東和有餘等銀行。這次風潮的結果導致當時最大的華資銀行恒生銀行的控制權轉手匯豐銀行。該年，受銀行危機的影響，香港因破產而正式經過法庭封閉拍賣的工商企業達到 435 家。

危機導致了「利率協議」的產生和《銀行業條例》的修訂。廖創興銀行危機後，香港各大小銀行為爭奪公眾存款展開了激烈的利率戰。1963 年，利率戰達到高潮，據報導，有的小銀行甚至將利率提高到 10% 以上。在種種壓力下，香港外匯銀行公會和非外匯銀行代表小組委員會達成一項「利率協議」，從 1964 年 7 月 1 日正式實施。根據「利率協議」，所有參加協議的 86 家銀行，分為外國銀行和本地銀行兩大類；本地銀行根據存款數額的多少再分成四組。外國銀行對不同期限的定期存款所提出的利率成為基礎利率，本地銀行各組所提出的利率在基礎利率的基礎上分別增加年息 0.75%、1.25%、1.5% 及 1.75%（**圖表 3.7**）。利率協議僅限於對存款利率的約束，各銀行可以自由制定各種貸款利率[18]。按照傳統，幾家發鈔銀行為其最好客戶所制定的「最優惠利率」，成為香港貸款市場價格制定的標準。

18

只要不違反 1911 年債人條例第 24（1）條有關年息不得超過 60% 的規定即可。

圖表 3.7 ｜ 香港銀行體系的利率結構（1964 年 7 月 1 日）

	3 個月定期存款利率	6 個月定期存款利率	1 年定期存款利率
外國銀行	四厘半	四厘七五	五厘
本地銀行：A1	五厘二五	五厘五	五厘七五
A2	五厘七五	六厘	六厘二五
B1	六厘	六厘二五	六厘五
B2	六厘二五	六厘五	六厘七五
所有銀行	7 天期通知存款一律周息四厘		

資料來源

香港銀行公會

為了修補銀行危機暴露出來的監管漏洞，1962 年 2 月，香港政府邀請英倫銀行高級職員湯姆金斯（H. T. Tomkins）來港研究修訂銀行條例問題。同年 4 月，他向港府提交《關於香港銀行制度的報告及重訂銀行條例的建議》。 該報告認為，香港銀行存在的問題是：銀行數目太多，市場有限，使得爭取存款成為十分激烈的競爭，特別表現在以高息吸引存款和大量開設分行方面；部分銀行對地產和股票過度貸款

及投資，在房地產和股票市場陷得過深；家族性銀行往往將銀行業務和家族企業結合在一起，影響了銀行存款的安全性。1964 年 11 月 16 日，香港政府根據湯姆金斯報告書的建議，制定並通過了 1964 年《銀行業條例》。新銀行條例吸收了湯姆金斯報告書的所有主要建議；對非公司組織的家族性小銀行也有專門規定，准許其免受有關銀行資本要求、流動資產比率、對貸款和投資的限制等條款的約束，但不得使用「銀行」及其衍生字眼等名稱進行經營。同年，根據新條例，香港銀行監理處（現為金管局一部分）成立。

不過，1964 年《銀行業條例》尚未有效發揮作用，就爆發了更大規模的 1965 年銀行危機。1967 年，港府對危機中該條例暴露的漏洞進行了修訂，主要要點是：將財政司監管銀行的權力交由銀行監理專員直接行使；將銀行實受股本的最低限額從 500 萬元提高到 1,000 萬元；對流動資產的定義作了更嚴謹的解釋。香港政府除了修訂銀行條例之外，還宣布停止簽發銀行牌照使銀行業得以有機會整固。政府「凍結」銀行牌照的措施一直持續到 1978 年，其間曾於 1972 年對英國的巴克萊國際銀行發放單項銀行牌照（即只准在區內開設一個辦事處）。此外，政府在 1969 年、1971 年和 1980 年先後對銀行業條例進行了修訂。

1978 年，香港政府為推動香港國際金融中心的發展，宣布撤消停發銀行牌照的限制，大批跨國銀行相繼進駐香港，令銀行業的競爭再度轉趨激烈。這一時期，香港地產業異常蓬勃，部分華資金融機構隱含再次將謹慎放款的原則拋到九霄雲外，並大量貸款或投資於地產、股市，從而埋下第二次銀行危機的種子。危機的導火綫是 1982 年 9 月謝利源金鋪的倒閉，危機導致恒隆銀行、海外信託銀行及其旗下的工商銀行相繼被政府接管，新鴻基銀行、嘉華銀行、永安銀行、友聯銀行、康年銀行等多家銀行股權易手，大來信貸財務、香港存款保證、德捷財務、威豪財務、盟國巴拿馬財務、行通財務等一系列接受存款公司倒閉 [19]。

19′
馮邦彥著：《香港金融業百年》，三聯書店（香港）有限公司，2002年，第 215-224 頁。

持續數年的銀行危機，再次暴露了香港在銀行監管方面的漏洞。1984 年 9 月，香港政府邀請英格蘭銀行專家來港就銀行業條例的修訂提出全面意見。1986 年 5 月 29 日，立法局三讀通過了以新修訂的建議為基礎而修訂的《銀行業條例》。新條例取代了 1982 年的《銀行業條例》和《接受存款公司條例》，將銀行三級制的所有認可機構一併納入銀行監理處的監管範圍。新條例的主要內容包括：加強銀行監理專員的職權；加強對銀行管理層質素的要求；具體規定對銀行股本、儲備及派息的要求；

規定對資本充足比率和流動資產比率的限制；加強對認可機構貸款、投資的限制。總體而言，新條例修補了舊條例的漏洞，將香港銀行業的監管提升至國際水平。

3.2.3 / 過渡時期香港銀行業發展的新趨勢

1986 年《銀行業條例》實施後，香港銀行業進入一個相對穩定發展的新階段，即使是 1991 年國際商業銀行的倒閉以及隨後花旗銀行、渣打銀行的擠提，也未能對銀行體系造成重大損害。到 20 世紀 90 年代中後期，香港銀行業已成為香港經濟的重要產業支柱。據統計，1998 年，銀行業為香港創造了 882 億元的增值額，相當於本地生產總值的 7.5%，是 1990 年的數字的 3 倍，成為香港經濟發展最迅速的行業之一。1999 年，該行業約為 80,000 人提供了就業職位（**圖表 3.8**）。

圖表 3.8　│　20 世紀 90 年代香港銀行業的發展概況

年份	機構單位數目 （間）	就業人數 （人）	增加價值 （百萬港元）	業務收益指數 （1996 年 =100）
1990	1,992	68,684	29,507	—
1991	1,972	72,898	44,068	—
1992	1,921	72,632	54,810	62.3
1993	1,956	74,484	64,486	72.7
1994	1,925	78,795	71,527	76.4
1995	1,991	80,452	81,031	89.4
1996	1,954	79,754	89,982	100.0
1997	1,936	83,816	93,044	103.9
1998	1,962	80,298	88,205	97.6
1999	1,922	80,665	—	104.0

資料來源

香港政府統計處

註　│　（1）1991 年前數字的涵蓋面與其後的稍有不同，因此不可將兩組數字作嚴格比較；
　　　　（2）增加價值的數字是根據有限數據而作出的粗略估計。

在中英聯合聲明簽署後的整個過渡時期，香港銀行業的發展呈現以下一些新趨勢：

（一）金融三級制有了新發展，持牌銀行的主導地位進一步加強。

自 1983 年起，香港銀行業開始實行三級體制，把所有的存款認可機構分為三類，即持牌銀行、持牌接受存款公司及註冊接受存款公司，由香港金融管理局發出經營牌照。在實施過程中，部分接受存款公司的業務內容已發生變化，它們要求「正名」，採用銀行的名稱。1987 年 6 月，香港政府對金融三級制進行檢討。1990 年 2 月，香港開始實施新的金融三級制，將持牌接受存款公司改名為「有限制牌照銀行」（Restricted Licence Banks），但該類機構在使用「銀行」之前須加上「商人」或「投資」等限定詞，而註冊接受存款公司則改稱為「接受存款公司」（Deposit-taking Companies）。與此同時，本地註冊的三類認可機構的最低實收資本也相應提高，分別為 1.5 億港元、1 億港元及 2,500 萬港元，資本充足比率根據巴賽爾委員會的建議均提高到 8%，但銀監專員可令持牌銀行提高到 12%，其餘兩類提高到 16%。

新金融三級制實施的結果，進一步加強了持牌銀行在銀行體系的主導地位，持牌銀行數目不斷增加，資產和存款進一步向持牌銀行集中，而後二級認可機構的影響日趨減少。據統計，1986 年底，香港共有持牌銀行 151 家（在香港設有分行 1,386 間），有限制牌照銀行（當時稱「持牌接受存款公司」）38 家，接受存款公司（當時稱「註冊接受存款公司」）254 家。到 1996 年，持牌銀行增加到 182 家（在香港開設的分行增加到 1,476 間），有限制牌照銀行增加到 62 家，接受存款公司則減少到 124 家。到 1999 年底，香港的持牌銀行為 156 家，有限制牌照銀行為 58 家，接受存款公司為 71 家，它們接受的客戶存款總額分別是 31,366 億港元、349 億港元及 59 億港元，所佔市場份額分別是 98.7%、1.1% 及 0.2%（**圖表 3.9**）。持牌銀行在整個金融體系中的主導地位進一步加強。

圖表 3.9 ｜ 20 世紀 90 年代香港銀行業三級體制的概況

年份	認可機構及代表辦事處數目	持牌銀行	有限制牌照銀行	接受存款公司	香港代表辦事處	世界首500 家銀行在香港設行數目
1990	560	168	46	191	155	213
1991	527	163	53	159	152	206
1992	515	164	56	147	148	211
1993	513	172	57	142	142	210

年份	認可機構及代表辦事處數目	持牌銀行	有限制牌照銀行	接受存款公司	香港代表辦事處	世界首500家銀行在香港設行數目
1994	537	180	63	137	157	236
1995	537	185	63	132	157	228
1996	525	182	62	124	157	213
1997	520	180	66	115	159	215
1998	474	172	60	101	141	213
1999	412	156	58	71	127	186

資料來源

香港政府統計處

（二）香港銀行業的國際化程度進一步提高，離岸業務迅速發展。

由於香港對本地和外資銀行基本採取「國民待遇」，外資銀行可在公平競爭的基礎上從事業務。這種高度開放的經營環境，加上拓展中國內地的業務需要，吸引了大批外資銀行來香港設立分支機構。據統計，1999 年底，香港擁有持牌銀行 156 家，其中，外資銀行有 141 家，在全球首 100 家銀行中，有 78 家在香港營業。此外，香港還有 112 家外國銀行附屬機構、分行或相關公司，以有限制牌照銀行及接受存款公司形式經營，另有 127 家境外銀行在香港設有代表辦事處。外資銀行的大量進入提高了香港金融業的國際化程度，並推動了銀行離岸業務的迅速發展。從離岸銀行同業貸款業務看，1987 年至 1996 年，香港銀行向海外同業借款年均增長率為 14.9%，對海外同業貸款年均增長率為 9.0%。至 1996 年底，香港銀行業對境外同業所負債務為 39,588 億港元，所持債權為 24,343 億港元。這些債務和債權主要集中在以日本為首的 20 個國家和地區，其中，僅日本所佔債務和債權就分別達 58.2% 和 37.8%。其他主要對境外負有債務的國家和地區包括英國、新加坡、中國內地、美國和法國；持有債權的國家和地區主要有中國內地、新加坡、英國、韓國和美國[20]。

資本高度國際化使香港銀行體系成為國際資金存貸和流轉的重要中介。截至 1996 年底，在香港銀行業的資產負債總額中，對外負債的比重達 57%，對外資產的比重達 60%；香港銀行業對外貸款 2.09 萬億港元（約 2,700 億美元），佔其貸款總額的 53%。可以說，香港銀行界擁有的對外資產是全球最高之一。以對外交易量計算，香港是世界第六大國際銀行中心，在亞洲的排名，僅次於日本。

20

中銀集團編：《香港銀行業離岸業務的發展》，《港澳經濟季刊》，1997 年第 4 期，第 6-7 頁。

（三）銀行業提供的服務日趨多元化、電腦化、自動化，推動了香港工商業發展。

這一時期，香港銀行業引進大量金融創新，除了透過廣泛的分支行網絡、自動櫃員機系統，以及電話銀行、家居電腦銀行等設施向香港市民和工商機構提供方便快捷的零售和商業銀行服務之外，持牌銀行相繼推出各種金融衍生產品，並開辦私人銀行、信託、退休金及基金管理、保險等業務，為客戶提供各種投資及理財服務；持牌銀行還積極拓展投資銀行業務，透過安排股票、債券包銷和上市、組織銀團貸款，推動業務多元化發展。為了適應業務的多元化，香港銀行業也積極推動業務的電腦化、自動化，包括引進互聯網系統及電子貨幣等。1996 年 12 月，香港即時支付結算系統啟用，進一步降低銀行大額支付結算的風險。

銀行業通過多元化的服務，在為香港本地及海外資金提供了出路的同時，也為香港的工商業和對外貿易提供了投資性和周轉性的資金。據統計，1997 年，香港銀行業提供在香港使用的貸款總額達 22,100 億港元，其中，建造及物業發展與投資佔 4,400 億港元，香港的有形貿易佔 1,720 億港元，批發及零售業佔 2,060 億港元，金融企業（認可機構除外）佔 2,600 億港元，製造業佔 1,110 億港元，運輸及運輸設備佔 960 億港元。這些貸款，有力促進了香港工商業和對外貿易的發展。此外，銀行業還積極發展私人信貸，尤其是樓宇按揭貸款。1997 年，銀行業為樓宇按揭提供的貸款達 5,400 億港元，佔銀行貸款總額的 24.4%（**圖表 3.10**）。

圖表 3.10　|　1997 年銀行業在香港使用的貸款總額（按行業類別列出）

行業類別	貸款金額（億港元）	佔總額的百分比
香港的有形貿易	1,720	7.8%
製造業	1,110	5.0%
運輸及運輸設備	960	4.4%
建造及物業發展與投資	4,400	19.9%
購買「居者有其屋」及「私人機構參建居屋計劃」單位	600	2.7%
購買其他住宅樓宇	4,800	21.7%
批發及零售業	2,060	9.3%
金融企業（認可機構除外）	2,600	11.8%

行業類別	貸款金額（億港元）	佔總額的百分比
其他	3,850	17.4%
總計	22,100	100.0%

資料來源

香港金融管理局

（四）逐步建立起健全而完善的監管制度，銀行業的經營日趨穩健，資本充足比率及流動資金比率均維持在較高水平。

1986 年《銀行業條例》實施後，除 1991 年國際商業銀行倒閉外，再無發生大規模的銀行危機。從 1989 年起，香港本地銀行開始實施巴賽爾協議關於資本充足比率的規定，金融管理局不再允許銀行通過負債管理的方式無限制擴充規模。根據風險資產的規模，銀行的資本基礎必須維持在不低於 8% 的水平，能否增強資本基礎成為本地銀行能否實行資產擴張的關鍵。20 世紀 90 年代，香港本地銀行的資本充足比率穩步提高，到 1994 年底已達到 17.5%。1994 年 12 月，香港金融管理局引進一套標準化貸款分類系統，規定所有在香港運作的銀行均須遵循該系統按季度向金融管理局報告其貸款狀況，以加強對銀行不正常貸款的監管。1998 年，香港金融管理局以巴賽爾委員會新推出的《資本協定》為藍本推行按市場風險調整的資本充足制度。

經過多年的努力，香港已逐步採用一個符合最高國際標準的監管制度，銀行業穩健活躍，1998 年 3 月底業內機構的整體綜合資本充足比率達 18.2%，遠超過國際結算銀行所訂的 8% 的最低基準。大部分銀行維持的流動資金比率均在 40% 以上，遠高於 25% 這個法定最低比率，盈利增長持續保持在 20% 左右。

3.3 | 香港證券市場的發展與國際化

3.3.1 / 香港證券市場的演變與發展

香港證券市場的發展，最早可追溯到 19 世紀 90 年代。1891 年 2 月，香港股票經紀會（Stockbrokers' Association of Hong Kong）成立。這是香港第一家證券交易所。1914 年 2 月，股票經紀會正式改名為香港證券交易所（Hong Kong Stock Exchange）。1947 年 3 月，香港證券交易所和 1921 年成立的香港證券經紀協會合併，仍稱為香港證券交易所。這就是後來「四會時代」的「香港會」。到 1967 年，在香港會掛牌上市的公司達 68 家，主要為英資老牌公司和部分華商大公司。1969 年 11 月 24 日，為配合股市發展，恒生銀行推出後來成為家喻戶曉的香港股市指數——恒生指數，以 1964 年 7 月 1 日為基準點，當日的指數定位 100 點。

這一時期，香港經濟已經開始起飛，工業化進程接近完成，許多公司—— 特別是新興華資公司都準備將股票上市以籌集發展資金。然而，當時香港證券交易所訂定的上市條件仍相當嚴格，不少規模頗大的華資公司的上市申請都被拒諸門外，於是有人倡議創辦新的證券交易所，這就導致了日後遠東交易所（1969 年 12 月 17 日）、金銀證券交易所（1971 年 3 月 15 日）和九龍證券交易所（1972 年 1 月 5 日）的相繼誕生，形成證券市場上四會並存的局面。遠東交易所（以下簡稱「遠東會」）的創辦，打破了以往證券交易和企業上市必須透過香港會進行的傳統，為香港證券市場的發展和新興華資企業的上市開闢了新紀元。遠東會開業第一年股市成交額就達 29.96 億港元，佔當年（1970 年）股市總成交額的 49%，其後更迅速超過香港會成為佔香港股市成交額比例最高的交易所，大部分交易活躍的上市公司都在遠東會掛牌。

遠東會、金銀會及九龍會的成立，一方面順應了當時香港社會經濟發展的客觀需要，提供更多的集資場所給工商企業，另一方面則刺激了市民大眾投資股票的興趣，加上當時中美關係改善、政治環境轉趨穩定，外資金融機構大舉介入股市，種種因素推動了 20 世紀 70 年代初期香港股市的上升，形成戰後以來所罕見的大牛市。1969

年 11 月 24 日恒生指數公開推出時為 158 點，到 1970 年底及 1971 年底分別上升至 211.6 點和 843.4 點，分別比上年同期上升 33.9% 和 298.6%。踏入 1973 年，承接 1972 年第 4 季度的旺勢，加上受到越南戰爭停火、香港政府宣布興建地下鐵路、各公司相繼派息並大送紅股，以及西方國家金融動盪等各種因素的刺激，香港股市更加狂熱，推動恒生指數節節攀升，在 1973 年 3 月 9 日達到 1,774.96 點的歷史高位。在這一時期的股市牛市中，大批新興公司在證券市場掛牌上市，有力推動了股市的發展。

然而，股市的暴升並未能與客觀經濟因素相配合，其後受到中東石油危機以及美日等西方國家經濟相繼陷入戰後以來最嚴重衰退、世界股市暴跌等因素衝擊，香港股市急挫，到 1974 年 12 月 10 日恒生指數跌至 150.11 點的低位。這一時期，香港三百餘家上市公司股票中，有成交的僅有七十餘種，絕大多數已跌破票面價值，其中包括置地、九龍倉、香港電話等藍籌股。面對證券市場暴露出來的問題，香港政府通過一系列立法加強對證券市場的監管。1973 年 1 月，香港政府宣布成立臨時的證券事務諮詢委員會（Securities Advisory Council），並委出首任證券監理專員（Commissioner for Securities）。1974 年 2 月，港府頒布《證券條例》（The Securities Ordinance 1974）及《保障投資人士條例》（The Protection of Investors Ordinance 1974）。1974 年 4 月及 8 月，又先後成立證券登記公司總會（The Federation of Share Registrars）及證券交易所賠償基金（Compensation Fund）。

後來隨著世界經濟復蘇以及香港經濟日漸繁榮，加上中國開始推動四個現代化建設，並逐步對外開放，香港股市於 1978 年轉趨活躍，並於 1981 年再度攀上高峰。1981 年 7 月 17 日，恒生指數攀上 1,810.2 點的新高，刷新 8 年前創下的歷史紀錄，當日四會總成交達 8.76 億元，而全年的成交額首次突破 1,000 億港元。該年，香港股

市的一個特色是上市、供股活動頻繁，全年吸收市場資金接近 100 億港元，新上市公司達 13 家，集資額超過 30 億港元。這一時期，香港股市在國際證券市場的地位已大大提高，以 1976 年市場價值計算，香港股市只佔全球主要市場的 0.9%，排名第十一位；但以 1981 年 8 月的市值計算，香港已超過法國、瑞士、意大利、荷蘭等國家而排名第七位，在亞洲僅次於日本而排第二位。

不過，由於受到第二次石油危機的影響，特別是香港前途問題觸發的信心危機的衝擊，這一輪的股市高潮於 1981 年轉而下跌，並經歷了地產市道的崩潰、銀行擠提風潮的蔓延、港元的大幅貶值、佳寧集團的覆滅等一連串事件的打擊，恒生指數於 1982 年 12 月跌至 676.3 點的低位（**圖表 3.11**）。1984 年 9 月 17 日，中英兩國經過 22 輪談判終於草簽關於香港前途問題的聯合聲明，香港這一歷時最長的熊市才在風雨飄搖的歲月中悄然結束。

圖表 3.11 | 1965–1986 年香港股市發展概況

年份	成交總額（億港元）	恒生指數		
		最高	最低	年底收市
1965	3.89	103.5	78.0	82.1
1966	3.50	85.1	79.1	79.7
1967	3.05	79.8	58.6	66.9
1968	9.44	107.6	63.1	107.6
1969	25.46	160.1	112.5	155.5
1970	59.89	211.6	154.8	211.6
1971	147.93	405.3	201.1	341.4
1972	437.58	843.4	324.0	843.4
1973	482.17	1,774.96	400.0	433.7
1974	112.46	481.9	150.1	171.1
1975	103.35	352.9	160.4	350.0
1976	131.56	465.3	354.5	447.7
1977	61.27	452.5	404.0	404.0

年份	成交總額（億港元）	恒生指數		
		最高	最低	年底收市
1978	274.19	707.8	383.4	495.5
1979	256.33	879.4	493.8	879.4
1980	956.84	1,654.6	738.9	1,473.6
1981	1,059.87	1,810.2	1,113.8	1,405.8
1982	462.30	1,445.3	676.3	783.8
1983	371.65	1,102.6	690.1	874.9
1984	488.09	1,200.4	746.0	1,200.4
1985	758.21	1,762.5	1,220.7	1,752.5
1986	1,231.28	2,568.3	1,559.9	2,568.3

資料來源

香港聯合交易所

3.3.2 / 香港證券及期貨市場的改革與國際化

在四會時代，由於 4 家證券交易所各自獨立經營，在股票的報價及行政管理上均難以統一，使有意投資香港證券市場的外國投資者感到不便，政府在執行監管時也遇到很大的困難。因此，20 世紀 70 年代中後期，香港政府便積極推動四會合併。1977 年 5 月 7 日，在證券監理專員的推動下，四會各委出代表 3 人，組成以證券監理專員為主席的合併工作小組。1980 年 7 月 7 日，香港聯合交易所有限公司（The Stock Exchange of Hong Kong Limited）註冊成立。同年 8 月，立法局通過《證券交易所合併條例》（The Stock Exchanges Unification Ordinance），批准合併後的聯合交易所日後取代四會的法律地位。從 1981 年 8 月到 1986 年 4 月，四會的合併又經過了近 5 年的醞釀。期間，香港經歷了 1982 年中英兩國關於香港前途問題的談判、地產、股市的崩潰，以及一連串的公司詐騙案，進一步暴露出香港證券市場監管制度的漏洞，更增加了合併的迫切性。

1986 年 3 月 27 日收市後，香港、遠東、金銀、九龍四家證券交易所宣布停業。4 月 2 日，香港聯合交易所正式開業，並透過先進的電腦系統進行交易，第一隻成交的股份是太古洋行。當日，香港聯合交易所股票成交達 3,300 萬股，成交金額達 2.26 億港元。同年 10 月 6 日，在香港總督尤德爵士的主持下，經過 6 個月運作的香港聯

合交易所宣布正式開幕。香港聯合交易所的正式運作，解決了四會並存所造成的種種問題，諸如激烈競爭所產生的上市公司質素參差不齊、各會報價不一等，再加上以電腦買賣代替過去公開叫價上牌的傳統買賣方式，令每宗交易都有時間記錄，買賣雙方身份均可追查，使政府的監管工作能更有效進行，大大改善了海外投資者這對香港股市的印象，推動了國際化進程。1986 年 9 月 22 日，香港聯合交易所獲國際證券交易所聯會（The Federation International des Bourse de Valeurs，簡稱 FIBV）正式接納為會員，香港證券市場在國際化道路上邁出了重要的一步。

香港聯合交易所開業後，香港股市旋即迎來新一輪的牛市。1986 年 3 月 27 日四會停業時，恒生指數為 1,625.94 點，上市公司總市值約為 2,500 億港元。到 1986 年底收市時，恒生指數已攀升至 2,568.30 點，總市值增加至 4,193 億港元，在聯合交易所開業的短短 9 個月就分別上升了 58.0% 及 67.7%。這一年，來自英國、美國、日本、澳大利亞，以及中東的資金大舉湧入香港，以投資基金的形式進入香港股市。據估計，1986 年香港股市總成交中，來自海外的基金就佔了 50% 左右，來自香港本地基金約佔 30%，僅有 20% 的成交額來自本地小投資者[21]。踏入 1987 年，香港股市更加氣勢如虹，升勢凌厲。到 10 月 1 日，恒生指數升至 3,949.73 點的歷史高位，比上年底再升 53.8%。

不過，進入 10 月以後，美國股市的程式沽盤浪潮觸發全球股災，受此衝擊，香港股市遭遇「黑色星期一」。10 月 19 日，恒生指數報收 3,362.39 點，下跌 420.81 點（11.1%），恒指期貨包括現月和遠期全部跌停板，香港恒指期貨市場面臨破產危機。為挽救危機，香港聯合交易所決定從 10 月 20 日至 23 日停市 4 天。10 月 26 日，香港股市重開，沽盤如排山倒海般湧現，當日恒指收報 2,241.69 點，下跌 1,120.7 點，跌幅達 33.3%，創下全球股市最大單日跌幅紀錄。1987 年 10 月股災和聯交所停市事件，暴露了香港證券市場存在的問題。11 月 16 日，為恢復市場秩序及重建投資者信心，並將香港證券市場提升至國際水平，香港政府決定成立香港證券業檢討委員會（Securities Review Committee），對整個證券體系進行全面檢討。

1988 年 6 月，由英國著名證券業專家戴維森（Ian Hay Davison）出任主席的香港證券業檢討委員會發表《證券業檢討委員會報告書》（戴維森報告）認為：「雖然本港是一流的地區性商業及金融中心（特別是作為國際銀行中心），但其證券市場卻未能與它的其他經濟成就媲美。」[22] 報告書詳盡指出香港證券市場存在的各種問

21

馮邦彥著：《香港金融業百年》，三聯書店（香港）有限公司，2002年，第 146 頁。

22

證券業檢討委員會著：《香港證券業的運作與監察 —— 證券業檢討委員會報告書》（中文版），1988 年，第 15 頁。

題，包括有一撮人士將交易所視為私人會所而不是一個公用事業機構；期貨交易所、結算公司和保證公司鼎立的結構存在問題；負責監察整個行業的證券事務監察委員會和商品交易事務監察委員會未能成為有力的監察機構等等。報告書認為，香港要發展成為東南亞地區主要的資本市場，必須推動一系列的改革措施，包括徹底重整兩間交易所的內部組織，重整期貨結算及保證制度，重整證券監察制度等等[23]。

根據戴維森報告，香港政府對證券市場展開全面的整頓和改革。主要包括：

◆ 1988 年 7 月 20 日，香港聯合交易所會員特別大會通過一項有關修訂交易所組織章程的特別決議，將委員會重組為一個由 22 人組成、代表更廣泛的理事會，負責監管交易所的運作。

◆ 1989 年 4 月，立法局通過《證券及期貨事務監察委員會條例》（The Securities and Futures Commission Ordinance 1989），為成立香港證券及期貨事務監察委員會（以下簡稱「證監會」）提供法律依據，並賦予證監會廣泛權力，以監管香港的證券及期貨事務。

◆ 1989 年底，香港聯合交易所推出新修訂的《證券上市規則》，旨在加強對上市活動的監管，以及確保上市公司持續履行其對股東所應負的責任。

◆ 1990 年 7 月，香港政府通過《證券（內幕交易）條例草案》〔The Securities（Insider Trading）Draft Bill〕，進一步確定管制內幕交易的法律框架。條例於 1991 年正式生效。

◆ 1991 年 10 月 30 日，在證監會的壓力下，香港聯合交易所會員大會通過改組方案，將理事會從 22 人擴大到 31 人，其中經紀理事按成交額分組產生，非經紀理事包括上市公司代表及市場使用者。聯交所同時修訂組織章程，轉為非牟利機構。同年 11 月，證監會與聯交所就應該上市事務簽定諒解備忘錄，協訂明確界定雙方的角色和職權，聯交所定位為香港一切上市事務的主要前綫監管機構，以貫徹戴維森報告關於市場自我監管的原則。

◆ 1992 年 6 月 24 日，香港中央結算有限公司推出中央結算系統（Central

23'

證券業檢討委員會著：《香港證券業的運作與監察——證券業檢討委員會報告書》（中文版），1988 年，第 4 頁。

Clearing and Settlement System，簡稱 CCASS），取代市場一直沿用的實物交收制度，以加強風險管理。

◆ 1993 年 11 月，聯交所正式引進自動對盤及成交系統。1996 年初，聯交所推出第二終端機作為會員離場交易之用，進一步加強自動對盤系統的功能。

◆ 1994 年 1 月 3 日，聯交所推出受監管的股票賣空計劃，為市場提供穩定價格機制，增加市場的流通量並讓對沖活動得以進行。

1995 年 2 月，香港聯合交易所發表策略性計劃《發展路向》，明確表示將致力向國際化、擴展中國業務及機構改進這三大目標邁進。至此，香港證券業檢討委員會報告書提出的所有建議，均已在香港證券市場全部實施或展開。經過一系列改革，香港證券市場已脫胎換骨，提升至現代化、國際化水平。

香港證券市場的改革，刺激了國際機構投資者大舉湧入香港，推動了股市的發展。據統計，1987 年香港股市全年成交總額為 3,714.06 億港元，到 1997 年已增加到 37,889.6 億港元，10 年間增長 9.2 倍。從 1995 年起，在香港回歸及一系列利好因素的帶動下，香港股市進入新一輪的大牛市，恒生指數從 1995 年初的低位 6,967.93 點，逐步攀升至 1997 年 8 月 7 日的新高峰 16,673.27 點（**圖表 3.12**）。1997 年，香港的證券市場資本市值達 32,030 億港元，成為全球第六大股票市場，在亞洲區排第二位，僅次於東京。到 2000 年 3 月與期交所完成合併前，聯交所共有 570 家會員公司。

圖表 3.12 | **1987–1997 年香港股市發展概況**

年份	成交總額（億港元）	恒生指數		
		最高	最低	年底收市
1987	3,714.06	3,949.73	1,894.94	2,302.75
1988	1,994.81	2,772.53	2,223.04	2,687.04
1989	2,991.47	3,309.64	2,093.61	2,836.57
1990	2,887.15	3,559.64	2,736.55	3,024.55

年份	成交總額（億港元）	恒生指數		
		最高	最低	年底收市
1991	3,341.04	4,297.33	2,984.01	4,297.33
1992	7,005.78	6,447.11	4,301.78	5,512.39
1993	12,226.75	11,888.39	5,437.80	11,888.39
1994	11,374.14	12,201.09	7,707.78	8,191.04
1995	8,268.01	10,073.39	6,967.93	10,073.39
1996	14,122.42	13,530.95	10,204.87	13,451.45
1997	37,889.60	16,673.27	9,059.89	10,722.76

資料來源
香港聯合交易所

3.3.3 / 「中國的紐約」：H 股在香港掛牌上市

香港證券市場發展的另一個標誌性事件，就是引入中國內地企業的 H 股，致力使香港成為「中國的紐約」。

20 世紀 90 年代初，隨著中國改革開放的深入、經濟實力的提升，「中國因素」越來越受到香港證券市場的重視。1991 年，香港聯合交易所在擱置第二板研究工作的同時，成立了中國研究小組，著手研究中國企業在香港上市的可行性。當時，作為聯交所主管上市科的副行政總裁韓信表示：「我們決定將研究轉到中國方面，並制定直至 2000 年的政策。在傳統上香港是地區性的金融中心，不過隨著曼谷、臺北、吉隆坡等地勢力的興起，我們不能再依賴這一傳統角色。香港在競爭上的優勢來自中國。因此，我們正在盡力確保任何與華南地區交易或貿易繼續透過香港進行。」

1992 年 2 月，中國研究小組發表報告認為：「聯交所是一個位於重要金融中心，有公認地位的交易所，其監管制度及建設設施均屬一流。到 1997 年香港會成為中國的一部分。聯交所將會是直到境內的一間先進的國際性證券交易所，亦是中國通往世界各地的通道之一。聯交所認為這些都屬於它的遠期優點。」報告並指出：「香港聯交所非常希望成為中國的重要集資中心之一。」聯交所的長期目標，是使香港成為「中國的紐約」。報告同時指出，鑒於內地和香港在法律及會計制度等方面存在明顯差異，中國企業直接在香港上市有困難；但是，「倘若中國企業能夠願意設立一家在香港註冊的控股公司，便可解決聯交所對中國企業按照全國性的公司法所引

起的不少顧慮。」這一建議，得到中國有關方面的同意。

在這一富有遠見的策略推動下，1992 年 5 月，聯交所與中國有關當局展開密切的磋商，並聯合成立「證券事務內地香港聯合工作小組」，下設 3 個專責小組：會計小組，法律小組，上市、外匯、交易、交收及結算小組。當年 9 月，中國國務院公布了計劃在香港發行 H 股上市的國有企業名單。1993 年 6 月 19 日，香港聯合交易所、中國證券監管委員會、香港證監會、上海證券交易所和深圳證券交易所的代表，在北京簽署監管合作備忘錄，正式打通了中國企業在香港上市之路。簽署監管合作備忘錄的各方同意，通過相互協助及資訊交流，加強對投資者的保障，確保各方的有關法規得到遵守，以維持公平、有序、高效率的證券市場，並通過定期接觸及人員交流，促進溝通及相互合作。

根據香港與內地雙方達成的協議，H 股在香港上市後，其發行人員必須遵守所有適用於海外註冊的香港上市公司的法定及非法定規則，並同意根據香港國際會計師準則編制賬目；該公司亦須承諾在其組織大綱及章程中納入香港公司法中所有有關保障投資者的條文，將所有糾紛交由北京或香港的有關組織仲裁解決，以及在香港聘用保薦人至少 3 年等 [24]。

1993 年 7 月 15 日，青島啤酒股份有限公司正式在香港聯交所掛牌上市，成為首家在香港發行 H 股的中國企業。當日，青島啤酒收市價報 3.6 港元，比招股價 2.8 港元上漲了 28.6%，市場反應良好。隨後，上海石化、北人印刷、廣州廣船等首批 9 家國企也先後在香港招股上市，開啟了 H 股在香港上市的先河。據統計，到 1996 年 7 月，已有 21 家中國企業在香港上市，透過發行 H 股共集資超過 257 億港元（**圖表 3.13**）。在青島啤酒上市當天，香港聯交所主席李業廣就指出，聯交所致力推動中國企業在香港上市，是要使香港成為中國企業及國際投資者之間的橋樑，這將擴大香港證券市場的基礎，加強香港作為國際金融中心的地位。

24 ″

祁 保、劉 國 英、John Newson、李銘普著：《十載挑戰與發展》，香港聯合交易所，1996 年，第 54 頁。

圖表 3.13 | 中國企業 H 股在香港上市的概況（截至 1996 年 7 月）

公司名稱	分類	上市日期	招股價（港元）	認購率（倍）	上市集資額（百萬港元）
青島啤酒	I	1993.7.15	2.800	110.47	889.3
上海石化	I	1993.7.26	1.580	1.73	2,654.4
北人印刷	I	1993.8.6	2.080	25.36	208.0
廣州廣船	I	1993.8.6	2.080	76.96	327.4
馬鞍山鋼鐵	I	1993.11.3	2.270	68.69	3,913.8
昆明機床	I	1993.12.7	1.980	628.44	128.7
儀征化纖	I	1994.3.29	2.380	20.21	2,380.0
天津渤海化工	I	1994.5.17	1.200	1.00	408.0
東方電機	I	1994.6.6	2.830	15.10	481.1
洛陽玻璃	I	1994.7.8	3.650	1.02	912.5
慶鈴汽車	I	1994.8.17	2.070	23.50	1,035.0
上海海興	M	1994.11.11	1.460	13.95	1,576.8
鎮海煉油	I	1994.12.2	2.380	6.53	1,428.0
成都電纜	I	1994.12.13	2.800	5.91	448.0
哈爾濱動力	I	1994.12.16	2.390	1.40	1,210.4
吉林化工	I	1995.5.23	1.598	2.33	1,547.0
東北輸變電	I	1995.7.6	1.800	2.51	446.3
經緯紡織	I	1996.2.2	1.290	2.42	233.2
南京熊貓電子	I	1996.5.2	2.130	1.01	515.5
廣深鐵路	U	1996.5.14	2.910	7.03	4,200.9
廣東科龍	I	1996.7.23	3.670	1.03	739.0
合計					25,133.3

資料來源：
香港聯合交易所

註 | （1）I：Industrial
（2）M：Manufacturing
（3）U：Utilities

3.4.1 / 香港商品期貨市場的發展

香港金融衍生工具市場起步發展於 20 世紀 70 年代中期的商品期貨市場。1976 年
8 月,香港政府通過《商品交易條例》(Commodities Trading Ordinance),
同年 12 月香港商品交易所有限公司(The Hong Kong Commodities Exchange
Limited)成立,並獲政府頒發經營期貨市場的牌照。當時,香港商品交易所共有正
式會員 59 個,到 1984 年增加至 153 個,都是香港居民或香港註冊公司,另有附屬
會員 80 個,大部分為海外會員。香港商品交易所透過國際商品交易所(香港)有限
公司〔ICCH(Hong Kong)Limited〕繼續結算。

1977 年 5 月 9 日,香港商品交易所首推出棉花期貨合約買賣,其後相繼推出原糖
(1977 年 11 月 15 日)、黃豆(1979 年 11 月 1 日)及黃金(1980 年 8 月 9 日)
的期貨合約買賣。不過,這些期貨商品的經營並不成功,除了黃豆期貨因獲日本期
貨商支持而較活躍外,其餘各市場均交投疏落,棉花期貨合約更因經營慘淡而於
1981 年 10 月停辦,主要原因是棉商和紡織廠商沒有利用本地市場進行對沖。期金
市場開業初期較為活躍,但其後成交萎縮,原因是香港已有兩個發展很好的金市(金
銀業貿易場和本地倫敦金市)。黃豆和原糖期貨的交易相對較為活躍,但到 20 世紀
90 年代初亦日漸式微(**圖表 3.14**)。

圖表 3.14 │ 1977–1991 年香港商品期貨交易情況(單位:手)

年份	棉花	原糖	黃豆	黃金	合計
1977	9,151	1,410	—	—	10,561
1978	6,908	2,323	—	—	9,231
1979	446	109	9,023	—	9,578
1980	14,630	17,967	170,482	26,674	229,753

年份	棉花	原糖	黃豆	黃金	合計
1981	15,914	119,534	442,708	32,740	610,896
1982	—	350,979	747,993	10,910	1,109,882
1983	—	333,475	734,936	6,106	1,047,517
1984	—	167,524	372,352	5,845	545,721
1985	—	210,515	340,545	5,977	557,037
1986	—	273,800	330,524	6,366	610,690
1987	—	282,237	635,975	5,698	923,910
1988	—	201,461	356,642	1,984	560,087
1989	—	143,989	154,696	1,172	299,857
1990	—	109,145	105,993	992	216,130
1991	—	34,327	31,200	922	66,449

資料來源

香港期貨交易所

註 │ 合約單位為：棉花 5,000 磅，原糖 112,000 磅，黃豆 30,000 千克，黃金 100 金衡盎斯。

3.4.2 / 香港金融期貨、期權市場的發展

1982 年，香港政府根據 1977 年發牌時的規定，委任工作小組檢討商品交易所的經營情況。1985 年 5 月，在香港政府的指導下，香港商品交易所改組為香港期貨交易所有限公司（Hong Kong Futures Exchange Limited，簡稱 HKFE）。5 月 6 日，期貨交易所推出亞洲區首個股市指數期貨合約——恒生指數期貨合約（Hang Seng Index Futures），立即受到市場的熱烈歡迎，第一天成交即達 1,075 張，當年成交達 82.5 萬張。1987 年，香港股市進入大牛市，恒指期貨合約的成交更高達 361.1 萬張，比上一年急增 3.4 倍。其中，1987 年 9 月 11 日，恒指期貨一天的成交量即達 40,147 張，創歷史最高紀錄（這一紀錄直到 1995 年才被打破）。這一時期，香

港恒指期市已一躍而成為僅次於美國芝加哥標準普爾指數期市的全球第二大期指市場（**圖表 3.15**）。不過，在這種金融衍生工具的風險尚未被投資者充分掌握前，這個急速的發展步伐只是反映了當時投機風氣的熾熱。1987 年 10 月全球股災爆發，對香港金融市場造成巨大衝擊，香港期指市場一度面臨倒閉的危機。其後，經香港政府兩度安排貸款共 40 億港元給期貨保證公司，期指市場才幸免於難，惟劫後餘生已大傷元氣，難復舊觀。

圖表 3.15　|　1987 年上半年世界主要指數期貨市場的發展

名次	交易所名稱	指數名稱	成交額（張）
1	芝加哥貿易所	標準普爾指數期貨	10,402,671
2	香港期貨交易所	恒生指數期貨	1,642,144
3	紐約期貨交易所	紐約證券交易所綜合指數期貨	1,605,359
4	芝加哥商品交易所	主要市場指數期貨	1,376,738
5	肯薩斯貿易局	股票價值指數期貨	346,982

資料來源 ▸

香港期貨交易所

在汲取 1987 年 10 月的教訓後，香港期交所開始對買賣恒指的會員實行嚴格的風險管理，包括會員必須是香港註冊公司，資本必須是實收資本及以資金為本的持倉額等。從 1992 年起，恒指期貨市場再次取得了迅速發展，1994 年恒指期貨的成交量達到 419.3 萬張，打破了 1987 年的紀錄。1997 年，恒指期貨合約的成交量達 644.7 萬張，比 1996 年大幅增長 38.5%（**圖表 3.16**），反映了 1997 年金融風暴前香港股市及恒指貨市場的活躍程度。

圖表 3.16　|　1986–1999 年香港恒生指數期貨成交量（單位：萬張）

年份	成交量	年份	成交量
1986	82.5	1991	53.6
1987	361.1	1992	108.7
1988	14.0	1993	241.5
1989	13.5	1994	419.3
1990	13.6	1995	454.6

年份	成交量	年份	成交量
1996	465.6	1998	696.9
1997	644.7	1999	513.2

資料來源 ╱

香港聯合交易所

經過 1987 年全球股災後的整頓、改革，到 20 世紀 90 年代，香港的金融期貨市場再度取得迅速的發展。這一時期，香港期貨交易所相繼推出一系列新的金融期貨、期權產品，包括恒生分類指數期貨、恒生指數期權（Hang Seng Index Options）、股票期貨、日轉期匯（Rolling Forex）、長期恒生指數期權、恒生香港中資企業指數（Hang Seng China-Affiliated Corporations Index）期貨及期權，以及 3 個月港元利率期貨（3-month HIBOR Futures）等。1998 年，期交所又推出臺灣指數期貨及期權（HKFE Taiwan Index Futures and Options）、恒指 100 期貨及期權（Hang Seng 100 Index Futures and Options），以及 1 個月港元利率期貨等。1999 年，期交所再增設歐元（取代德國馬克）日轉期匯、恒生地產分類指數期權，並重新推出該類指數的期貨合約（**圖表 3.17**）。

圖表 3.17 ｜ 香港期貨交易所推出的金融期貨、期權合約

	品種	推出日期
1	恒生指數期貨	1985 年 5 月
2	恒生分類指數期貨	1991 年 7 月
3	恒生指數期權	1993 年 3 月
4	上市股票期貨（匯豐控股、香港電訊）	1995 年 3 月
5	上市股票期權	1995 年 9 月
6	日轉期匯	1995 年 11 月
7	長期恒生指數期權	1996 年 6 月
8	英鎊滾動外匯期貨	1996 年 9 月
9	恒生香港中資企業指數（紅籌）期貨、期權	1997 年 9 月
10	3 個月港元利率期貨	1997 年 9 月
11	臺灣指數期貨、期權	1998 年 5 月

	品種	推出日期
12	恒指 100 期貨、期權	1998 年 9 月
13	1 個月港元利率期貨	1998 年 10 月
14	歐元日轉期匯	1999 年 4 月
15	恒生地產分類指數期權、期貨	1999 年 6 月

資料來源 ▼

香港期貨交易所

20 世紀 90 年代，順應國際金融創新的大趨勢，香港金融衍生市場獲得了迅速發展，無論是交易品種還是成交量都有了極大的增長。1996 年以來，香港期貨交易所在積極推動金融衍生產品多元化發展中，還先後與紐約商品交易所和費城證券交易所簽署聯網協議，使紐約交易所的貴金屬和能源合約，費城證券交易所的外匯期權產品能夠在香港通過 ACCESS 電子交易系統進行買賣。此舉使香港的金融衍生工具市場得到進一步的發展。

3.4.3 / 香港金融衍生工具市場的特點

經過二十餘年的發展，到 20 世紀 90 年代後期，香港金融衍生工具市場不僅成為了亞洲最活躍的市場之一，而且在全球金融衍生品市場中佔有重要的地位。其主要特點是：

(一) 交易品種齊全，交易規模不斷擴大，但品種結構向非均衡化發展。

香港各類金融基礎工具市場的多樣性，使得其衍生品市場亦呈現出百花齊放的勢態。基礎工具所對應的衍生工具更突破了原來意義上的「基礎」的限制，出現了衍生工具的衍生物及複合型衍生工具等。概括地說，以期貨為基礎的衍生工具有恒生指數期貨，恒生香港中資企業指數期貨，恒生地產分類指數期貨，3 個月港元利率期貨，馬克、日元、英鎊、歐元的日轉期匯，遠期利率或匯率合約，利率或外幣掉期等；以期權為基礎的衍生工具有恒生指數期權、恒生地產分類指數期權、恒生 100 期權，紅籌期權、利率及外幣期權等；其他類型的衍生工具包括認股權證、備兌認股權證、可轉換證券等。如此多樣的交易品種給了投資者眾多的投資選擇。伴隨著品種的多樣化趨勢，市場交易規模也不斷地擴闊，無論是期貨市場還是期權市場，交易的合約張數都急劇增加。據統計，1993 年，香港期貨交易所期貨、期權總交易量為 2,710,956 張，到 1998 年增加至約 8,489,642 張，5 年間增長 2.14 倍（**圖表 3.18**）。

圖表 3.18 │ 20世紀90年代香港期貨交易所合約交易量概況（單位：張）

年份	期交所合約 交易總量	恒指期貨合約 交易量	其他期貨合約 交易量	期權交易量
1993 年	2,710,956 （100.0%）	2,415,739 （89.1%）	—	295,217 （10.9%）
1994 年	4,799,250 （100.0%）	4,192,571 （87.4%）	—	606,679 （12.6%）
1995 年	5,217,923 （100.0%）	4,546,613 （87.1%）	25,772（0.5%）	645,538 （12.4%）
1996 年	5,945,320 （100.0%）	4,656,084 （78.3%）	195,365 （3.3%）	1,093,871 （18.4%）
1997 年	8,081,880 （100.0%）	6,466,696 （80.0%）	486,576 （6.0%）	1,148,608 （14.2%）[*]
1998 年	8,489,642 （100.0%）	6,969,708 （82.1%）	714,521 （8.4%）	805,418 （9.5%）
1999 年	5,998,350 （100.0%）	5,132,332 （85.6%）	97,976（1.6%）	768,042 （12.8%）
2000 年	4,728,037 （100.0%）	4,023,138 （85.1%）	154,957 （3.3%）	549,942 （11.6%）
合計	45,971,358 （100.0%）	38,402,881 （83.5%）	1,675,117 （3.6%）	5,913,295 （12.9%）

註 │ 括號內的數字是當年期交所合約交易總數中所佔百分比。

[*] 由於四捨五入關係，項目數字的實際總和並不等於 100%。

香港的金融衍生工具雖然多樣，但發展並不平衡。其中，恒生指數期貨自 1986 年推出以來，一直是香港期貨交易的主力產品。從統計數據看，1993–1998 年期間，恒指期貨在香港期交所 12 種期貨、期權產品合約交易總數中所佔比重高達 83% 左右，有的年份所佔比重更達 89%，最低也有 78%。1996 年，香港《證券月刊》曾向 22 位經紀作過一次訪問調查，結果 59% 的回應者認為期指是一種非常成功的產品[25]。不過，如果從成交量看，則股票期權逐漸超過恒生指數期貨而成為各類衍生產品中成交量最高的品種。1998/99 年至 2000/01 年間，股票期權佔總合約成交量的比率由 16% 升至 47%，而恒生指數期貨佔總合約成交量的比率則由 70% 降至 38%。

資料來源 ▶

蔣焜坪、鄭漢傑：《剖析期貨期權》，香港期貨交易所，1999 年，第 124 頁。

25 ▶

鄭文華著：《衍生工具與股票投資》，商務印書館（香港）有限公司，1998 年，第 98 頁。

（二）場外金融衍生工具市場發展快速，逐漸成為衍生工具的主體市場。

伴隨著全球場外市場的迅速發展，香港的場外市場（Over-the-counter Market）亦取得了很大進展。根據香港金融管理局對 379 家金融機構有關衍生工具的調查，1995 年 3 月底，香港的場外交易未平倉合約面值為 15,000 億美元，交易所成交合約面值為 2,000 億美元。根據 1995 年 4 月份的資料，場外交易合約的每日平均交易量為 599 億美元，而交易所成交合約的每日平均交易量則為 143 億美元，即場外交易市場每日平均成交量是交易所的 4 倍 [26]。

在受到亞洲金融危機衝擊後的一段時期內，在全球經濟增長放緩的大勢下，香港場外市場平均每日成交淨額，其主要的品種，除利率掉期有所下降外，其他均仍有一定的增幅（**圖表 3.19**）。從亞洲市場看，1998 年香港場外市場的發展跟佔第一和第二位的日本及新加坡還有一段距離，其總額分別只是前兩者的 57.1% 和 42.6%。但在 2001 年同期，香港無論是外匯還是利率衍生工具成交都有小幅增長。其增長勢頭雖然仍不及日本，但比新加坡表現出後來居上的態勢（**圖表 3.20**）。根據國際清算銀行的全球統計結果，香港成為全球第八大外匯及場外金融衍生市場。

26

沈聯濤著：《管理衍生工具市場的風險》，《香港金融管理局季報》，1997 年 8 月，第 80 頁。

圖表 3.19 | **按交易類型分析香港場外衍生工具平均每日成交淨額（單位：百萬美元）**

	平均每日成交淨額			所佔比重	
	04 / 2001	04 / 1998	變動（%）	04 / 2001	04 / 1998
外匯衍生工具	1,528	1,335	14.5%	36.6%	35.0%
貨幣掉期	498	351	41.9%	11.9%	9.2%
場外期權	1,030	983	4.8%	24.7%	25.8%
利率衍生工具	2,641	2,438	8.3%	63.3%	63.9%
遠期協議	531	404	31.4%	12.7%	10.6%
利率掉期	1,895	1,939	−2.3%	45.4%	50.8%
場外期權	215	94	128.7%	5.2%	2.5%
場外衍生工具總額	4,173	3,815	9.4%	100%	100%

資料來源

國際清算銀行

圖表 3.20 | 香港、日本、新加坡場外市場平均每日成交淨額比較
（單位：十億美元）

	總額		外匯衍生		利率衍生	
	04 / 1998	04 / 2001	04 / 1998	04 / 2001	04 / 1998	04 / 2001
香港	51.4	52.0	48.9	49.4	2.4	2.6
日本	120.6	131.7	89.0	115.9	31.6	15.8
新加坡	90.7	72.5	85.4	69.3	5.3	3.2

資料來源
國際清算銀行

（三）市場參與者多元化，且各有投資側重。

一般來說，衍生品市場的參與者有發行人、經紀人和投資者三類。香港衍生品市場的買賣既包括公司自行買賣，也有本地機構投資者、個人投資者，還包括海外的機構及個人的交易（**圖表 3.21**）。其中，海外投資者主要是一些機構性的投資者，主要來自於英國、美國、歐洲其他國家、日本、中國內地及臺灣地區，亞洲區的其他國家也佔據了一定份額。這些海外的機構投資者主要投資於港元利率期貨及恒生指數期權；而海外的個人投資者自小型恒生指數期貨（Mini-Hang Seng Index Futures）推出以後，便以之為投資重點；本地的個人投資者在多個市場上都有一定的參與，尤其是以小型恒生指數期貨及恒生指數期貨為主；本地的機構投資者亦較多地參與恒生指數期貨及港元利率期貨的買賣；而公司本身之買賣在整體市場上佔最高份額，股票期權是其主要的選擇品種。

圖表 3.21 | 各類投資者所佔的市場比重（截至至 2002 年 6 月）

投資者類型	所佔市場比重
本地機構投資者	14%
本地散戶投資者	29%
公司本身之買賣	36%
海外散戶投資者	3%
海外機構投資者	18%

資料來源
香港期貨交易所

（四）逐步建立起對香港金融衍生工具市場的有效監管制度。

與歐美的衍生品市場的監管比較，香港主要採取政府監管和交易所自我管理相結合的辦法。1994 年 12 月，香港金融管理局參考巴賽爾委員會和 30 人小組（Group of Thirty，簡稱 G30）的建議制訂關於金融衍生工具的風險管理指引，包括風險管理和公司監管、對董事局及高層管理人員作出監管、識別和評估風險、限制風險，以及對業務操作風險的監控等，以健全金融機構內部風險監管制度。1996 年 3 月，金融管理局再發出進一步指引，重點是衍生工具風險管理的運作，特別是針對市場風險的釐定及監管。1997 年爆發的亞洲金融危機中，國際機構投資者利用香港貨幣制度和金融衍生工具市場存在的缺陷發起猛烈的衝擊，對香港金融體系造成重大損害。1998 年 9 月，香港特區政府在入市干預、成功擊破國際機構投資者的圖謀後，隨即宣布推出了 30 條監管措施，加強對證券及期貨市場的宏觀調控，增加市場的透明度，維護市場秩序，杜絕有組織及跨市場的造市活動，特別是沽空活動。這 30 項措施，為政府的市場監管設立了一個總體性的框架，成為了行業風險預警的指引。

與此同時，政府也重視建立行業內的自律監管。1987 年香港期貨市場危機後，香港政府成立了證券業檢討委員會，對香港的證券、期貨市場進行了全面檢討。1988 年 5 月，政府根據委員會的戴維森報告書成立香港證券及期貨事務監察委員會。香港證監會在加強對證券及期貨市場監管的同時，也對香港聯合交易所進行了一系列改革，使之建立了健全的自我風險管理制度。此外，政府也加強了金融監管的國際合作。截至到 1997 年底，香港證監會與海外金融監管機構簽訂合作備忘錄及類似的合作協議近 30 份，還與其他海外機構簽訂了十餘份非正式的信息交換安排計劃。近幾年，香港證監會每年要處理上百次協助美國商品期貨交易委員會（Commodity Futures Trading Commission，簡稱 CFTC）的調查工作，協助工作包括提供非公開的交易記錄與文件，此外還有來自海外的監管機構索取非公開信息，數量高達上千次。

3.5.1 / 香港保險業的發展軌跡

保險業是香港經濟中最古老的行業之一，長久以來在香港經濟中佔有重要地位。
從某種意義上說，保險業隨整體經濟的演變而演變，實際上就是整體經濟發展的
縮影。1935 年在慶祝於仁保險 100 周年誕辰時，威廉・申頓爵士（Sir William
Shenton）曾指出：「在自由的國際貿易中，沒有其他任何商業活動能夠像保險業
那樣如此清楚地反映出貿易狀況；沒有其他任何一種生意能夠像保險業那樣發展得
如此興盛。」[27] 從 1841 年開埠至 1997 年回歸中國，香港保險業的發展大致經歷了
四個歷史時期：

第一個時期從 1841 年香港開埠到 1941 年日軍佔領香港，為保險業的起步發展時期。
19 世紀 60 年代，香港作為新開闢的自由貿易商港，憑藉著得天獨厚的地理位置，
獲得了迅速的發展。大批洋行聚集香港，對外貿易和航運業蓬勃發展，整體經濟呈
現出初步的繁榮。香港各大洋行掀起了第一輪投資、經營保險業的熱潮。到 20 世紀
40 年代初，香港的保險公司及其辦事處已發展至約有 100 家。當時，香港的保險業，
基本由英資洋行主導，它們在經營貿易及航運的同時，附帶做保險代理，因此險種
較單一，以代理業務為主，主要從事有關航運和貨物保險，服務的對象也主要針對
外國商人。

第二個時期從 1945 年英國恢復對香港的管治到 20 世紀 60 年代末，為保險業的轉
型發展時期。戰後至西方對中國實行貿易禁運前，香港轉口貿易迅速增長，水險業
務進入了發展的黃金時期。不過 1950 年朝鮮戰爭爆發後，香港轉口貿易驟然衰退，
且業內競爭激烈，水險業務的經營日漸困難。20 世紀 50–60 年代，香港經濟成功
從一個傳統的貿易轉口港迅速演變成為遠東地區的輕紡工業中心。隨著香港經濟的
轉型，香港保險業也發生轉變：水險業務雖然有了進一步的發展，但是競爭更趨激烈；
與水險業務經營的日見困難相比，火險業務獲得了蓬勃發展。此外，意外保險業務，

27 ′

Chalkley, A. B. (1985).
*Adventure and Perils:
The First Hundred and
Fifty Years of Union
Insurance Society of
Canton, Ltd.* (p. 28).
Hong Kong: Ogilvy
& Mather Public
Relations (Asia) Ltd.

特別是汽車保險和勞工保險也獲得了發展。戰後，香港保險業營運商開始趨向多元化，但是，直至20世紀60年代後期，保險行業仍然由英資保險公司發揮主導作用，並主要被外資洋行等保險業代理機構、少數在本港註冊的保險公司，以及外國保險公司的分支機構三大勢力所支配。

第三個時期從20世紀60年代末－80年代初期，為保險業國際化、多元化發展時期。70年代以來，隨著經濟的蓬勃發展、股市的崛興，以及大批跨國金融機構的湧入，香港迅速崛起為亞太區的國際金融中心。這種宏觀經濟背景，為香港保險業的發展創造了極為良好的商業環境。當時，各種保險公司如雨後春筍般湧現，外資保險公司紛紛在港成立分公司，一些貿易商行和地產公司也兼營保險業務，許多銀行和財務公司亦附設保險公司。1969年末，香港共有167家一般保險公司，本地華資僅佔16家，而到1977年分別增加到285家和121家。在業務方面，一般保險發展放緩，尤其是水險業務，火險業務成為最主要的一般保險業務。此外，由於香港經濟蓬勃發展、人口迅速增加，以及保險觀念轉變，人壽保險在這一階段也得到快速發展。香港保險市場結構開始呈現多元化的發展態勢：傳統的保險代理機構紛紛與其國外的保險業夥伴合作，組建在香港註冊營運的保險公司，亦令大批國際保險經紀行進入香港；本地中小型保險公司大量湧現，業務競爭日趨激烈。正如有學者指出：「香港已經在相當大的程度上成為一個保險中心。」[28]

28

Jao, Y. C. (1984). The Financial Structure In D. Lethbridge (Ed.), *The Business Environment in Hong Kong* (p. 125). Oxford: Oxford University Press.

第四個時期從20世紀80年代初至1997年香港回歸中國，為保險業規範化、制度化發展時期。20世紀70年代中期以後，香港政府為推動香港發展成為一個國際性的保險中心，同時也為了保障投資者的利益，逐步加強了對保險業的立法和管制。1983年6月30日，香港政府正式頒布實施《保險公司條例》（Insurance Companies Ordinance）。為配合形勢的發展，1988年8月8日，香港保險業聯會（The Hong Kong Federation of Insurers，簡稱HKFI）宣告成立。20世紀

90 年代，面對社會公眾關注和政府立法監管的壓力，香港保險業聯會積極推動業內自律行動，包括業內中介人的管理。連串的法律措施，使香港保險業逐漸走上規範化、制度化的軌道。保險業還加強了在市場開發、自律監管制度等方面的創新，包括開發新的人壽保險品種、擴大人壽保險服務範圍，以及推行保險中介人立法等，以提升整個保險業的素質並滿足消費者日漸提高的整體服務素質要求。

當時，香港的長期保險業務儘管取得較快發展，業內收益和盈利增長潛力巨大，為新舊保險商和覬覦香港保險市場的海外跨國公司提供了拓展空間。亞洲金融危機後，大部分大中型銀行憑藉其龐大的客戶網絡和專業服務，透過本身直屬的保險公司或透過聯盟的合作形式，大舉進軍香港保險市場，加之 2000 年初，香港特區政府推出強積金計劃，香港長期保險業務獲得了強勁的增長。

3.5.2 / 香港保險業發展的基本特點

經過一百五十餘年的發展，至 20 世紀 90 年代中後期，香港保險業逐步形成了多元化、國際化、監管規範、制度完善的市場體系。保險業已成為金融業的重要環節，成為香港經濟中佔有舉足輕重地位的行業，並且呈現以下一些基本特徵：

（一）保險市場高度開放，國際化趨勢明顯，為亞太地區重要的保險市場、國際再保險中心之一。

長久以來，香港一直是亞洲區內，乃至全球保險市場中開放度最高的地區之一。從香港開埠直至 20 世紀 60 年代，香港保險業一直由英資保險公司為主導，並主要被外資保險業代理機構，以及外國保險公司分支機構支配。20 世紀 70 至 80 年代，大批國際保險經紀及海外保險公司進入香港，香港保險業國際化的特徵更趨突出。香港保險市場參與者，既有跨國保險集團的分公司和附屬機構、國際保險經紀，也有中資、華資保險機構、當地銀行所屬保險公司、健康險公司、信用險公司以及承保代理公司，可以說是一個高度開放的保險市場。

截至 1997 年回歸中國時，香港已成為世界上擁有保險公司最多的地區之一，共擁有各類保險、再保險公司 215 家，另在中央登記委員會登記的公司代理人有 3,571 名，個人代理 31,241 名，數量之多，為亞洲之冠。這些保險公司中，有 101 家保險公司在香港註冊成立；其餘 114 家公司分別在 27 個國家註冊成立，包括英國公司 25 家，美國公司 21 家；全球 10 大保險公司中有 5 家在香港設立分支機構，充分反映了香

港保險業的國際化水準。如此眾多的跨國保險公司雲集香港，推動香港成為亞太地區重要的保險市場之一、國際再保險中心之一。

（二）隨著經濟轉型，保險市場的業務結構發生重要變化，長期保險逐漸取代一般保險成為香港保險市場的主要業務，市場競爭更趨激烈。

20 世紀 70 年代以前，香港保險的發展主要集中在財產保險，人壽保險業的真正發展則是近 30 年的事情。然而，20 世紀 80 年代以來，隨著香港經濟轉型，特別是製造業大規模的北移，香港保險業市場發生了重要變化，火險、勞工保險等工業類別的保險市場增長大幅放緩，這些保險種類過去是保險業中盈利較高的幾種，所以對保險業構成了打擊。據統計，1987 年，香港保險費總收入約 100 億港元，其中，一般保險保費收入 60 多億港元，所佔比重高達 66.7%。然而，到 1997 年，保險業保費總收入為 520.08 億港元，其中，一般保險保費收入為 194.83 億港元，所佔比重已下降至 37.5%。

這一時期，香港長期保險業務有了強勁的增長（**圖表 3.22**）。長期保險業務包括個人人壽保險、團體人壽保險、年金、永久健康及退休金計劃等，其中，大部分業務屬於個人保險，1997 年的保費為 230.12 億港元，佔長期保險保費總額的 70.8%。這一時期，個人長期保險市場仍由傳統人壽保險所支配，非連繫業務佔新保單保費 70% 以上。1997 年，香港長期保險業務的保險密度（人均支出）為 5,002 港元，保險滲透率（保費佔本地生產總值的百分比）為 2.4%，而個人壽險的滲透率（保單與人口比率）則為 53.0%[29]。

圖表 3.22　|　1993-1997 年香港個人人壽保險業務發展概況

年份	保單數目 （千份）	增長率	毛保費 （百萬港元）	增長率
1993	2,243	—	10,699	—
1994	2,524	12.5%	13,956	30.4%
1995	2,838	12.4%	16,578	18.8%
1996	3,126	10.1%	19,616	18.3%
1997	3,445	10.2%	23,012	17.3%

29

怡富證券有限公司編著：《盈科保險集團有限公司配售、發售新股及售股建議》，1999年，第 29-31 頁。

資料來源

怡富證券有限公司編著：《盈科保險集團有限公司配售、發售新股及售股建議》，1999年，第 30 頁。

20 世紀 80 年代以來，隨著政府加強對保險的監管，人壽保險市場業務的高速增長，市場競爭日趨激烈，香港保險公司數目大幅減少。據統計，1979－1997 年，香港保險公司數目從 335 家減少至 215 家，18 年間減幅達 35.8%。隨著保險公司的汰弱留強，香港保險市場出現集中化趨勢。

（三）銀行保險迅速崛起，逐漸發展成香港保險業的另一股主導力量。

銀行保險在香港的發展，最早可追溯到 20 世紀 60 年代中期由恒生銀行牽頭成立的銀聯保險公司。不過，其真正獲得快速發展，則是在 20 世紀 90 年代後期。1997 年亞洲金融危機爆發後，導致香港地產泡沫破滅和銀行低息的市場環境，銀行邊際利潤收窄，急需尋求新的增收渠道。而這一時期，香港保險業市場競爭日趨激烈，不少公司的經紀佣金已提高到 40－50%，保險公司的財務狀況和穩健性面臨挑戰。據統計，從 1993 年至 2008 年，銀行保險的市場份額由 12% 上漲至 38%。香港銀行保險銷售方式，大致可分為保險公司主導、銀行主導，以及雙方協商整合三種運作形式。通過對銀行和保險公司資源進行整合，結合銀行的客戶資源、多分支機構、現有員工優勢，和保險公司專業的險種設計、後勤支撐優勢，增加了銀行保險的競爭力，成為人壽保險市場最具競爭力的業務形式。

（四）20 世紀 90 年代，保險業加強保險創新，包括開發新的保險種類和擴大保險服務範圍，向保戶提供全方位的保險保障服務。

正如有學者指出：香港「保險企業面對的不僅是保險業內的壓力，來自保險業外的強大競爭對手——銀行兼營保險的壓力更為沉重，再加上通貨膨脹和嚴格的保險業監管的壓力，迫使保險企業不得不進行保險的創新。」[30] 保險公司推出一系列新的人壽保險險種，主要包括三類：一是儲蓄性人壽保險，為兼具人壽保險保障的靈活儲蓄計劃，通過定期的儲蓄投資，即使不幸遭遇意外，被保險人不僅可以獲得全數保險金額，還可以得到投資收益；二是一攬子綜合保險，這種綜合保障計劃的保障期長達 10 年，只需繳交一份保費，便可同時獲享人壽保險、危疾、意外保障及免繳保費權益，期滿後可繼續續保；三是保障與投資相結合的保險：20 世紀 90 年代，香港政府正醞釀籌建強積金制度，其時香港銀行利率偏低，因此，保障與投資相結合的保險險種應運而起。這類保險主要是一些長期性人壽保險險種，其主要特點是可以使受保人既可享受人壽保險保障又可取得投資收益，減輕通貨膨脹的影響。

30

趙春梅著：《90 年代香港保險市場的保險創新》，《南開經濟研究》，1997 年第 5 期，第 65-66 頁。

這一時期，香港保險公司均在產品的差別上下功夫，特別是加入了服務性的元素，重視擴大保險服務的範圍，向保戶提供與保險有關的邊緣服務，包括保險諮詢、風險管理、信用投資等服務，有的甚至提供與保險業務完全無關的服務，包括向公司的保戶提供 24 小時各項緊急支援引薦服務。香港保險業不僅開發新的保險險種和擴大保險服務範圍，還通過保險營銷方式的創新去推銷保單。這種創新包括電話直銷、通過郵電電訊網絡推銷保單、以及借助銀行業推銷保單。

（五）逐步建立政府監管與行業自律相結合的雙軌制監管制度。

20 世紀 70 年代之前，政府對保險業的監管相當寬鬆。70 年代中後期，香港政府為了推動香港發展成為一個國際性的保險中心，同時也為了保障投資者的利益，逐步加強了對保險業的立法和監管，包括 1978 年 2 月頒布《保險公司（規定資本額）條例》，1983 年 6 月實施《保險公司條例》，1990 年成立保險業監理處，2001 年引入香港中介人規管制度，並多次根據保險業發展的實際情況修訂《保險公司條例》。不過，與此同時，政府仍然強調保險業自律的重要性，積極推動保險業界自律制度的建立，包括推動 1988 年 8 月 8 日成立保險業行業的唯一組織——香港保險業聯會（以下簡稱「保聯」），1990 年 2 月推動由保聯成立保險索償投訴局，1993 年 1 月由保聯推出《保險代理管理守則》及成立保險代理登記委員會等。

經過多年的發展，香港逐步建立了政府監管與業界自律並存的雙軌制保險業監管制度。政府監管的核心內容是保險公司的償付能力，即通過繳付儲備金的方式防止償付能力不足，區別於世界主要發達國家以風險防範為核心的監管。監管對象包括保險公司和保險中介人。作為政府監管的重要補充，「自律」更多的借助於行業組織以及行業組織制定的各種守則來實現。目前，香港共有包括保聯、保險索償投訴局（The Insurance Claims Complaints Bureau）、保險中介人商會（Hong Kong Chamber of Insurance Intermediaries）、精算師協會（Actuarial Society of Hong Kong）、保險業訓練中心、專業保險經紀協會（Professional Insurance Brokers Association）、人壽保險從業員協會（The Life Underwriters Association of Hong Kong）等 22 家自律組織。此外，監管工作還經常輔之於會計師公會、標準普爾等中介服務機構的專業支持，以提高監管效率，增強監管透明度，降低監管風險，減少監管成本。透過雙軌制的監管制度，香港保險業的發展既逐步納入規範化、制度化的發展軌道，減低行業風險，保障消費者的權益，又能在發展中保持較高的彈性和靈活性，有利於提高行業的積極性和創新性。

CHAPTER 4.

········◆◆◆◆◆◆◆◆◆◆◆◆◆◆◆········

香港作為全球性
金融中心的
比較優勢與差距

4.1 回歸以來香港金融業的發展與「中國因素」

4.1.1 / 香港銀行業的新發展

1997 年回歸以來，香港相繼受到亞洲金融危機、地產泡沫和科網股泡沫爆破以及 SARS 的衝擊，整體經濟一度陷入二戰以來最嚴重的衰退之中，香港銀行業的經營環境發生了重大變化，面臨多項嚴峻的挑戰：

首先，全球及香港經濟的衰退及持續通縮，導致香港企業投資和消費信貸需求持續疲弱，物業價格大幅下跌，個人破產個案創下新高，令銀行貸款增長放緩，尤其是銀行按揭貸款的有抵押部分所佔比例下降，甚至出現負資產貸款，影響了銀行的資產質量；而激烈的市場競爭又令來自按揭及個人貸款等消費貸款產品的利潤幅度收窄，影響了銀行的盈利水平。1997 年，香港銀行的貸存比率高達 152.1%；但金融危機後，房地產貸款的利率急跌，利差收入大減，2006 年，香港銀行的貸存比率跌至 51.8%。反映了樓宇按揭、貿易融資、銀團貸款等銀行傳統支柱業務的萎縮。

其次，2001 年 7 月銀行利率協議全面撤消後，大部分銀行引入存款分級制度，向存款結餘較多的客戶支付較高利率，或視客戶是否同時採用銀行其他產品及服務而決定具體利率，因而銀行從存款所得的利潤下降；再加上特區政府放寬外資銀行實施的「一家分行」政策，香港的銀行業競爭更趨激烈，削弱了銀行設定貸款與存款息差的能力，導致息差的持續縮窄。雖然按照最優惠利率與 3 個月香港銀行同業拆息的差距計算，貸款息差略有增加，從 1996 年的約 3% 增加至 2003 年的 3.3%，但按揭貸款的息差卻大幅收窄，從金融危機前 3 個月香港銀行同業拆息高達 300 基點收窄至 2003 年初的不足 100 基點，以利息收入為主的傳統銀行盈利模式面臨極大的挑戰。

經營環境轉變帶來的第一個變化，就是銀行機構數目的減少。據統計，1997 年，香港銀行業的認可機構及辦事處合共達 520 家，其中，持牌銀行達 180 家、有限制牌

照銀行 66 家，接受存款公司 115 家，外資銀行的代表辦事處 159 家。然而，亞洲
金融危機後，受到不利宏觀經濟形勢的影響，香港銀行機構的數量開始大幅減少。
到 2010 年 7 月，香港官方認可銀行機構及外資辦事處合共僅 266 家，其中持牌銀
行 146 家，有限制牌照銀行 23 家，接受存款公司 27 家，境外銀行辦事處 70 家，
比 1997 年高峰時減少接近 50%（**圖表 4.1**）。當然，銀行機構數目的減少，除了受
到亞洲金融危機的影響外，還與日資金融機構大規模撤出香港、銀行業電子化與自
動化水平大幅提升，以及本地中小銀行併購等因素密切相關。

圖表 4.1　｜　香港銀行業認可機構數目變化概況

認可機構數目	1997 年 12 月	2002 年 2 月	2010 年 7 月
持牌銀行	180	143	146
有限制牌照銀行	66	49	23
接受存款公司	115	53	27
外資銀行代表辦事處	159	106	70
合計	520	351	266

資料來源

香港金融管理局：《金
融數據月報》；

香港政府統計處：《就業
及空缺按季統計報告》。

與此同時，香港銀行業的資產規模、貸款規模也呈現下降趨勢。據統計，1997 年至
2002 年，香港銀行業認可機構的資產總額從 83,971.8 億港元減少到 59,990.8 億港
元，5 年間減幅達 28.56%；其中，外幣資產從 54,628.0 億港元減少到 33,121.1 億
港元，減幅更高達 61.99%。同期，銀行業認可機構的貸款總額從 41,216.7 億港元
減少至 20,763.0 億港元，減幅達 49.63%，其中，外幣貸款總額從 23,791.9 億港元
減少至 4,606.6 億港元，減幅高達 80.64%。不過，在銀行認可機構資產總額和貸款
總額下降的同時，存款總額則持續增長，從 1997 年的 26,644.7 億港元增加至 2010
年的 68,622.7 億港元，14 年間增長 157.5%；其中，外幣存款總額從 11,268.6 億

港元增加至 32,450.8 億港元，增長 188.0%。值得重視的趨勢是，回歸以來香港銀行業的貸款總額逐漸從大於存款總額轉變為小於存款總額。1997 年，銀行業貸款總額為 41,216.7 億港元，比存款總額多出 14,572 億港元；但到 2010 年，銀行業貸款總額為 42,277.3 億港元，比存款總額反而少了 26,345.4 億港元，反映出銀行業資金充裕，缺乏貸款出路，使香港銀行業「水浸」嚴重（圖表 4.2）。

圖表 4.2 ｜ 1997–2010 年香港銀行業認可機構資產、存貸款概況
（單位：億港元）

年份	資產總額		貸款總額		存款總額	
	總額	外幣總額	總額	外幣總額	總額	外幣總額
1997	83,971.8	54,628.0	41,216.7	23,791.9	26,644.7	11,268.6
1998	72,544.8	45,025.8	33,044.3	16,094.0	29,541.7	12,690.4
1999	67,843.8	41,023.0	28,129.1	12,057.8	31,779.6	14,173.0
2000	66,610.1	38,472.6	24,614.5	8,092.6	35,278.5	16,766.7
2001	61,539.6	34,356.0	21,849.9	5,373.0	34,065.0	15,518.5
2002	59,990.8	33,121.1	20,763.0	4,606.6	33,175.4	14,926.3
2003	64,907.2	37,075.3	20,350.8	4,620.0	35,670.2	16,362.3
2004	71,378.2	41,951.6	21,557.0	4,889.6	38,660.6	18,481.5
2005	72,469.7	42,001.8	23,119.9	5,146.4	40,679.4	19,363.2
2006	83,058.1	47,992.6	24,678.3	5,503.9	47,572.8	21,890.0
2007	103,500.4	62,752.1	29,616.8	7,769.7	58,689.0	27,938.6
2008	107,540.7	68,210.4	32,856.4	9,308.8	60,579.8	30,240.0
2009	106,353.7	62,362.6	32,884.8	8,871.6	63,810.4	30,074.5
2010	122,907.6	—	42,277.3	—	68,622.7	32,450.8

資料來源

《港澳經濟年鑒》，港澳經濟年鑒社，2001 年至 2010 年；

《金融數據月報》，香港金融管理局，2011 年 12 月（第 208 期）。

銀行業資產規模、貸款規模下降，對香港國際金融中心地位產生一定的影響。由於貸款總額的下降，按貸款總額排列，香港國際銀行中心的地位從 1997 年的世界第六位下降到 2005 年的第十五位。特別是由於在境外使用的外幣貸款大規模下降，使外幣貸款和在境外使用的貸款在貸款總額中的比重大幅下降。1997 年香港所有認可銀

行機構境外的客戶貸款總額為 18,430 億港元，到 2005 年下降為 2,400 億港元，8 年間境外使用的貸款下降了 87.0%。這在一定程度上反映了香港銀行業在國際融資方面的作用在減弱，銀行較過去更依賴本地業務[01]。當然，這一時期，香港銀行業資產、貸款規模的大幅縮減，原因是多方面的，包括受到亞洲金融危機衝擊，經營轉趨困難，香港經濟轉型、企業內遷珠三角地區等。需要強調的是，其中一個重要原因，是日本金融機構的大規模撤退導致了香港銀行業對東南亞地區貸款大幅下降。

面對種種挑戰，香港銀行界惟有改變策略，放棄過多競爭貸款業務，轉而集中發展資金管理、收費金融產品及財富管理等業務，創造更多非利息（中間業務）的收入。銀行業的業務更從過去從簡單的存貸款業務，發展到全方位的資金融通和理財業務，包括零售業務、資產管理、收費服務等中間業務領域。其中，個人理財服務更成為了香港銀行業新的競爭焦點。個人理財服務是一套把銀行形象、產品與服務、信息科技系統、服務環境、人員配置和營銷宣傳等多方面互相結合的綜合化及個人化服務，主要由一般銀行服務、投資服務、財務策劃服務，以及專享優惠等組合而成。

2003 年 CEPA 協議的簽訂與人民幣業務開放，以及 2006 年內地銀行業全面開放，為香港銀行業帶來了戰略性發展機遇。2003 年 11 月 19 日，國務院批准香港銀行在港辦理人民幣存款、兌換、銀行卡和匯款四項個人人民幣業務，中國人民銀行並選定中國銀行作為香港銀行個人人民幣業務清算銀行。2004 年 1 月，香港持牌銀行正式獲准開辦個人人民幣業務，包括人民幣存款、匯款、兌換及人民幣銀行卡等。香港的人民幣存款由 2004 年的 120 億元上升至 2009 年底的 620 億元及 2010 年底的 3,150 億元，共有 96 家持牌銀行在香港經營人民幣業務。目前，香港已形成了一個具規模的人民幣交易市場，人民幣在香港已成為僅次於港幣的第二大交易貨幣。

2007 年初，香港人民幣業務再獲突破，國務院允許內地金融機構可在香港發行人民幣債券。當年 7 月，國家開發銀行在香港發行第一筆人民幣債券，發售對象為機構及個人投資者，期限兩年，票面年利率 3%。債券發行量最高不超過 50 億元人民幣，當中零售債券最低發行量約 10 億元人民幣，個人投資者最低認購額為 2 萬元人民幣。內地亦准許香港銀行的內地分行在香港發行人民幣債券。2009 年 6 月，匯豐銀行率先在香港發行 10 億元人民幣債券，主要銷售對象為機構投資者。截至 2010 年 8 月底，在香港發行的人民幣債券共有 14 批，總值 400 億元人民幣，發行機構包括兩家香港銀行在內地設立的分行、國家財政部、合和公路基建有限公司等非金融機構，

01′

《香港金融十年》編委會編：《香港金融十年》，中國金融出版社，2007 年，第 72 頁。

以及麥當勞等跨國企業。此外，中信銀行國際、匯豐銀行、恒生銀行、國家開發銀行、中國銀行及德意志銀行等金融機構先後在香港發行離岸人民幣存款證，市場上的人民幣存款證數量有增無減。2007 年 6 月，香港推出人民幣實時支付結算系統（Real Time Gross Settlement，簡稱 RTGS），由中國銀行作清算行，以支援人民幣業務擴展。該系統於 2010 年每日平均處理 976 宗交易，總值 50 億元人民幣。

伴隨內地銀行業逐步放開，香港各大銀行紛紛北上、西擴中國市場。截至 2010 年 12 月底止，共有 13 家香港註冊銀行於內地開展業務，其中 8 家透過在內地註冊的附屬銀行經營，包括匯豐銀行、東亞銀行、渣打銀行及永亨銀行。這 13 家香港銀行在內地擴展分行網絡，透過附屬銀行或直接經營的分行及支行數目已超過 300 家。

4.1.2 / 香港股票市場的新發展

回歸以來，香港金融市場發展最突出的方面是股票市場的快速擴展。2000 年 3 月，為了提高香港的競爭力和迎接證券市場全球化所帶來的挑戰，香港聯合交易所、香港期貨交易有限公司，以及香港中央結算有限公司實行股份化合併，由單一控股公司——香港交易及結算有限公司（Hong Kong Exchanges and Clearing Limited，以下簡稱 HKEx）擁有。同年 6 月 27 日，香港交易及結算有限公司（以下簡稱「港交所」）以介紹方式在香港上市。2000 年 5 月 31 日，納斯達克指數 7 隻成分股在香港交易所掛牌買賣，標誌著香港邁出了資本市場全球化的重要一步。

回歸以來，香港證券市場最矚目的發展就是 H 股的迅速崛起。2001 年在香港新上市的 H 股有 3 家，2002 年有 4 家。不過，自 2003 年以來，H 股加快在香港上市的步伐。2003 年至 2006 年分別達到 10 家、8 家、9 家和 11 家。而且，這些新上市的企業的行業範圍擴大到石油、煉油、金融、電訊、港口、汽車、採煤、煉鋼、機場、公路、製藥和其他工業。此外，以上海復旦微電子公司和北京同仁堂科技公司為代表的內地民營科技企業也大舉進軍香港創業板，覆蓋了資訊科技、生物醫藥等高科技行業 [02]。可以說，2003 年以後，H 股在香港證券市場進入了一個快速發展的新時期。2002 年底，恒生中國企業指數（即 H 股指數）才 1,990 點，到 2003 年底達到 5,020 點，一年間上漲 1.52 倍。2007 年 1 月 2 日新年開市，國企指數即衝破 10,000 點大關。

02

郭國燦著：《回歸十年的香港經濟》，三聯書店（香港）有限公司，2007 年，第 211 頁。

H 股的崛起對香港證券市場的發展產生了深遠的影響，改變了香港證券市場產品的結構、品種和規模。過去，香港股市一直以地產、金融類為主體，H 股上市以後，原有的結構逐步向基礎產業、金融產業、資源性產業和高科技產業傾斜，特別是增加了一批超大型企業，如金融業的中國銀行、中國工商銀行、中國建設銀行、交通銀行、中國人壽、中國平安、中國人民財產保險等；汽車類的東風汽車、長城汽車；通訊類的中興通訊；以及礦產類的紫金礦業等。經過 2003-2007 年的大發展，香港資本市場結構發生了重大變化。到 2006 年，香港十大市值上市公司中，中資企業股佔 4 家，分別是中國移動、建設銀行、中國海洋石油和中國銀行（**圖表 4.3**）。

圖表 4.3 | **1996 年與 2006 年香港十大市值上市公司比較**

名次	1996 年		2006 年	
	企業	市值（億港元）	企業	市值（億港元）
1	匯豐控股（英資）	4,395	匯豐控股（英資）	16,199
2	新鴻基地產（華資）	2,264	中國移動（中資）	10,249
3	和記黃埔（華資）	2,197	建設銀行（中資）	7,886
4	恒生銀行（英資）	1,816	宏利金融（加拿大）	3,871
5	長江實業（華資）	1,580	和記黃埔（華資）	3,091
6	香港電訊（英資）	1,432	中國海洋石油（中資）	3,037
7	恒基地產（華資）	1,325	中國銀行（中資）	2,599
8	太古洋行（英資）	1,075	渣打銀行（英資）	2,579
9	新世界發展（華資）	959	新鴻基地產（華資）	2,083
10	中信泰富（中資）	958	長江實業（華資）	1,966

資料來源 ▌

香港交易所，轉引自郭國燦著：《回歸十年的香港經濟》，三聯書店（香港）有限公司，2007 年，第 215 頁。

回歸以來，香港股票市場獲得快速的發展。據統計，從 1997-2009 年，香港股市（主板 + 創業板）上市公司從 658 家增加至 1,319 家，增長超過 1 倍；總市值從 3.20 萬億港元增加至 17.87 萬億港元，增長 4.58 倍；股市交易額（以年度計算）從

37,889.60 億港元增加至 155,152.49 億港元，增長 3.09 倍；每天的平均交易額從
154.65 億港元增加到 623.10 億港元（2007 年每天的平均交易額更高達 880.71 億港
元），增長 3.03 倍。期間，恒生指數從 1998 年的最低點 6,660.42 點穩步攀升，到
2007 年全球金融危機爆發前一度上升至 31,638.22 點。到 2010 年底，香港已成為
全球第七大、亞洲第三大股票市場（**圖表 4.4**）。

圖表 4.4　｜　1997–2009 年香港股市（主板 + 創業板）發展概況

	1997 年	2003 年	2005 年	2007 年	2008 年	2009 年
上市公司數目	658	1,037	1,135	1,241	1,621	1,319
上市證券數目	1,533	1,785	2,649	6,092	5,831	6,616
總發行股本（億港元）	2,367.16	4,090.76	7,124.47	9,638.92	9,805.59	10,435.19
總市值（億港元）	32,026.30	55,478.48	81,799.37	206,975.44	102,987.59	178,743.08
集資總額（億港元）	2,475.77	2,137.60	3,017.06	5,908.46	4,272.48	6,421.18
總成交額（億港元）	37,889.60	25,838.29	45,204.32	216,655.30	176,528.01	155,152.49
日平均成交額（億港元）	154.65	104.19	183.01	880.71	720.52	623.10
年底恒生指數	10,722.76	12,575.94	14,876.43	27,812.65	14,387.48	21,872.50
年底創業板指數	—	1,186.06 *	1,007.28	1,349.64	385.47	677.01

資料來源 ▶

《港澳經濟年鑒》，港澳經濟年鑒社，2001–2010 年。

註　｜　標普香港創業板指數以 2003 年 2 月 28 日為 1,000 點。

香港股市發展的最主要特點是逐漸轉型為內地經濟發展與企業融資服務的平臺，實
現當年香港聯交所定出的目標，即成為「中國的紐約」。1997 年香港股票市場的集
資活動打破歷史紀錄，全年集資 2,475.77 億港元，其中紅籌、國企公司所籌的資金
佔 46.07%。1997 年，在香港聯交所掛牌的 H 股和紅籌股共 98 隻；總市值為 5,215.92

億港元，佔香港上市公司總市值的 16.29%；成交股份金額 13,414.43 億港元，佔當年成交股份金額的 36.03%。其中，H 股為 39 隻，總市值 486.22 億港元，全年成交金額 2,977.70 億港元。而到 2009 年底，H 股和紅籌股已增加到 208 隻，佔香港上市公司總數的 20.00%；總市值為 85,485.62 億港元，佔香港上市公司總市值的 48.10%；成交股份金額 70,893.95 億港元，佔當年成交股份金額的 61.31%（**圖表 4.5**）。其中，H 股上市公司數目為 116 家，總市值 46,864.19 億港元，全年成交金額 51,528.06 億港元。H 股無論在上市公司數目、總市值及成交總值等各方面都超過紅籌股而成為香港股市中中資企業的主流（**圖表 4.6**）。

圖表 4.5 ｜ H 股和紅籌股在香港股市的發展概況

年份	數目	總市值		成交金額		集資總額	
		億港元	比重	億港元	比重	億港元	比重
1997	98	5,215.92	16.29%	13,414.43	36.03%	1,140.68	46.07%
1998	104	3,684.99	13.84%	4,429.26	26.32%	209.28	54.70%
1999	111	9,988.31	21.13%	4,576.07	24.32%	594.41	40.00%
2000	115	12,886.92	26.88%	8,391.67	27.53%	3,454.09	73.91%
2001	118	10,086.68	25.96%	7,424.47	38.07%	251.49	39.03%
2002	125	9,356.55	26.29%	4,492.45	30.50%	695.96	62.97%
2003	136	16,008.08	29.23%	9,954.42	43.91%	517.38	24.20%
2004	153	18,645.09	28.13%	15,485.88	45.59%	853.08	30.27%
2005	166	29,904.56	36.86%	15,529.76	43.29%	1,810.70	60.02%
2006	181	63,153.69	47.67%	36,222.73	56.39%	3,545.90	67.60%
2007	193	105,708.79	51.47%	104,745.05	63.44%	2,007.00	33.97%
2008	199	55,950.96	54.57%	84,138.21	66.61%	2,579.10	60.37%
2009	208	85,485.62	48.10%	70,893.95	61.31%	1,997.40	31.11%

資料來源 ▸

《港澳經濟年鑒》，港澳經濟年鑒社，2001–2010 年。

圖表 4.6　｜　H 股在香港股市的發展概況

年份	數目	總市值		成交金額		集資總額	
		億港元	比重	億港元	比重	億港元	比重
1997	39	486.22	1.52%	2,977.70	8.48%	330.84	13.36%
1998	41	335.32	1.26%	735.39	4.61%	35.52	9.30%
1999	44	418.88	0.89%	1,027.89	5.80%	426.37	28.79%
2000	47	851.40	1.78%	1,643.10	5.74%	517.51	11.47%
2001	50	998.13	2.57%	2,452.01	13.47%	60.68	9.42%
2002	54	1,292.48	3.63%	1,397.11	9.50%	168.74	15.27%
2003	64	4,031.17	7.36%	5,014.97	22.12%	468.45	21.91%
2004	72	4,551.52	6.87%	9,338.96	27.49%	592.50	21.03%
2005	80	12,804.95	15.78%	9,491.55	26.46%	1,586.80	53.00%
2006	95	33,637.88	25.39%	25,217.64	39.26%	3,038.20	16.34%
2007	104	50,568.20	24.62%	77,489.00	46.93%	857.30	14.51%
2008	110	27,201.89	26.53%	61,305.93	48.53%	341.10	7.98%
2009	116	46,864.19	26.37%	51,528.06	44.56%	1,217.30	18.96%

資料來源

《港澳經濟年鑑》，港澳經濟年鑑社，2001–2010 年。

03

郭國燦著：《回歸十年的香港經濟》，三聯書店（香港）有限公司，2007 年，第 214-215 頁。

回歸以來，香港作為中國的籌資中心的地位迅速上升，香港國際金融中心的地位借助高速增長的內地經濟也越來越鞏固[03]。根據香港交易所的統計，2003 年至 2008 年，香港總共有 405 家企業在香港股票市場上市集資，集資金額達 10,142 億港元，在全球排第六位。其中，來自中國內地的企業為 106 家，佔總數的 26.7%；集資金額為 6,928 億港元，佔總數的 68.3%。2006 年，香港股市（主板＋創業板）集資總額創下 5,245.38 億港元的歷史紀錄（首次上市集資額達 3,338.52 億港元），和 1997年集資額 2,475.77 億港元比較，增長達 1.19 倍。2006 年，中國銀行、中國工商銀行先後在香港上市，其中中國工商銀行股票的發行是首次以「A＋H」的方式發行。僅工行上市一個項目，就融資 220 億美元，是 2006 年全球資本市場上單次融資額最大的新股發行。憑藉中國銀行、中國工商銀行的發行上市，該年香港新股融資額一舉超過美國，僅次於倫敦名列全球第二。以 2008 年香港股市的股本證券總集資額（約

4,307 億港元，即 518 億美元）計算，香港在世界排名第四，在亞洲則排名第一。

隨著股市的轉型，中資股對香港股市的影響力不斷上升。1997 年，華潤創業成為恒指成分股。2006 年，H 股建設銀行納入恒生指數，首開恒指吸納 H 股先例，隨後中國銀行、中國工商銀行、中國人壽、交通銀行、中國平安、中國移動、中國海洋石油、中國聯通、中國石油股份等也相繼成為恒指成分股。

4.1.3 / 香港債券市場的新發展

在香港的資本市場中，股票市場十分發達，而債券市場的發展則相對緩慢。香港債券市場的發展起步於 20 世紀 70 年代中期。1975 年，香港政府首次發行了政府債券，期限為 5 年，集資 2.5 億港元。1977 年，匯豐銀行旗下的投資銀行獲多利發行了一宗 5,000 萬港元的定息存款證，並開始二級市場的交易。到 80 年代中期以後，在國際證券化趨勢的影響下，香港債券市場轉趨活躍，香港的海外公司、企業及在港註冊的外貿公司紛紛加入債券發行行列，發行機構和債券幣種出現多元化趨勢[04]。不過，直到 20 世紀 80 年代末，香港債券市場規模仍非常細小。1989 年，債券總額只佔香港本地生產總值的 0.2%；佔股票市場比重 0.2%；佔銀行資產比重更加是微不足道；佔亞洲債券市場比重 0.1%。

進入 20 世紀 90 年代，在香港政府的推動下，香港債券市場開始加快發展的勢頭。1992 年，亞洲開發銀行和世界銀行附屬的國際財務公司分別首次在香港發行了港元債券，市場反應熱烈。香港政府也適時推出多項新措施以促進債券市場的發展，包括促進零售債券市場、加強結算基礎設施、擴大稅收優惠、精簡債券發行及上市程序等[05]。這一時期，香港債券市場發展最重要的事件就是政府推出的外匯基金票據和債券發行計劃。從 1990 年 3 月起，金融監管當局以投標方式先後發行外匯基金票據，以及 2 年期、3 年期、7 年期、10 年期的外匯基金債券，並推出莊家制度（Market-making System）。至 1994 年底，共委出 230 名市場莊家（Market Makers）及 103 名認可交易商。自此，外匯基金票據和債券為香港金融市場提供了 3 個月至 10 年期的港幣基準利率曲綫。

為了推動債券市場發展，香港金融管理局還在 1993 年 12 月推出債券工具中央結算系統（Central Moneymarkets Units，簡稱 CMU），其運作從 1994 年 1 月 31 日開始。這一系統主要擔當由香港政府以外的機構發行港元債務工具的中央託管及結

04

《香港金融十年》編委會編：《香港金融十年》，中國金融出版社，2007 年，第 83 頁。

05

《香港金融十年》編委會編：《香港金融十年》，中國金融出版社，2007 年，第 83 頁。

算者角色。香港聯合交易所也推出一系列配合措施，包括引入有資產支持的證券的上市規則，同時削減了債券的上市費用，從 10 萬港元減至 5 萬港元；修訂了與選擇性銷售的債務證券有關的上市規則；賦予上市科總監權力，批准國家機構、超國家機構、國營機構、銀行及具有投資信貸評級的公司等機構發行或擔保（如屬擔保發行）的債務證券的上市申請，及股本證券在聯交所上市而市值不少於 50 億港元的發行人。

1997 年回歸以後，特區政府和金融管理局加大了香港債券市場發展的政策支持。1998 年 9 月，香港金融管理局推出鞏固港元聯繫匯率制度（即貨幣發行局制度）的 7 項技術性措施，承諾只有在資金大規模流入的情況下，才會發行新的外匯基金票據和債券，以確保新發行的外匯基金票據和債券均能達到外匯儲備的充分支持 [06]。1999 年 8 月，為了增加外匯基金債券二級市場的流動性，以及方便散戶投資者參與外匯基金債券市場，香港金融管理局安排外匯基金債券在香港聯合交易所上市掛牌買賣。同年 12 月 13 日，香港期貨交易所接受外匯基金票據和債券作為買賣股票期貨及期權的抵押品，使外匯基金票據和債券不僅可以用於貼現窗資金拆借的抵押，而且被廣泛用作包括港元回購協議在內的多項投資產品的抵押品。2003 年，為了進一步刺激債券需求，香港特區政府把原來享有 50% 利得稅減免的合資格債券期限，從原來不少於 5 年縮短至不少於 3 年，並給予 7 年或以上符合資格的債券利得稅豁免。

2004 年 7 月 7 日，香港特區政府繼兩個月前推出總額為 60 億港元的「五隧一橋」債券後，又宣布了一項高達 200 億港元的環球債券發行計劃。環球債券包括供機構投資者認購的 10 年期以美元計價的債券、5 年期及 15 年期以港元計價的債券，以及供本地零售投資者認購的 2 年期及 4 年期港元債券。特區政府首次發行環球債券，顯示香港這個國際金融中心規模有限的債市「軟肋」，正在得到加強。2006 年 1 月，香港金融管理局宣布推出 CMU 債券報價網站 [07]，以透過網站提供市場上債券產品及其參考價格的資料，增加零售投資者參與債券市場的機會。香港特區政府在 2009 至 2010 年度財政預算中，建議推行「政府債券計劃」，以便有系統地發行政府債券。2009 年 7 月，立法會通過議案，允許香港政府發行總值最高為 1,000 億港元的政府債券，由香港金融管理局協助推出債券及推行計劃，以擴大香港債券市場。2010 年，特區政府通過政府債券計劃向機構投資者發行了總值 185 億港元的政府債券，令年底的未償還機構政府債券總額增加到 240 億港元 [08]。

2004 年以來，在特區政府和金融管理局的推動下，香港債券市場取得了較快的發展。

06

1999 年 4 月 1 日起，香港金融管理局根據未償還外匯基金票據及債券所支付的利息發行外匯基金票據及債券。由於支持貨幣基礎的美元資產所得的利息收入，已為外匯基金票據／債券所付的利息提供支持，因此這項新措施符合貨幣發行的規定，並有利香港債券市場的發展。

07

CMU 債券報價網站的網址為：https://www.cmu.org.hk/cmupbb_ws/chi/page/wmp0100/wmp010001.aspx

08

香港金融管理局：《2010 年香港債券市場概況》，《金融管理局季報》，2011 年第 1 期，第 4 頁。

據統計，2004 年香港新發行港元債務工具總額為 3,768.24 億港元，到 2010 年增加到 19,959.72 億港元，6 年間增長 429.68%（**圖表 4.7**）；同期，香港未償還港元債務工具總額從 6,079.04 億港元增加到 12,488.19 億港元，6 年間增長 105.43%（**圖表 4.8**）。更應指出，2009–2010 年，香港債券市場的迅速發展，主要原因是香港金融管理局及特區政府相繼發行了大量的外匯基金票據／債券以及政府債券。2009 年和 2010 年，香港新發行港元債務工具總額中，外匯基金票據／債券以及政府債券所佔比重分別高達 84.80% 及 92%。

圖表 4.7 | **1998–2010 年香港新發行港元債務工具概況（單位：百萬港元）**

年份	外匯基金	政府	法定機構及政府持有的公司	認可機構	本地公司	多邊發展銀行	多邊發展銀行以外的境外發債體	總計
1998	316,850	0	9,171	33,307	6,180	44,502	7,728	417,738
1999	261,443	0	8,931	70,190	24,098	15,920	34,417	414,999
2000	275,036	0	8,325	80,138	16,107	19,330	57,010	455,946
2001	237,009	0	24,075	57,787	5,600	7,462	56,865	388,798
2002	216,228	0	20,760	72,894	8,854	5,200	72,615	396,551
2003	219,648	0	15,724	60,819	5,470	2,641	85,509	389,810
2004	205,986	10,250	17,799	50,801	9,171	3,530	79,287	376,824
2005	213,761	0	8,560	62,542	9,951	1,800	105,383	401,997
2006	220,415	0	17,419	44,930	21,371	2,950	147,009	454,094
2007	223,521	0	19,368	49,645	18,678	1,700	131,875	444,787
2008	285,875	0	24,308	45,237	14,292	3,000	51,648	424,360
2009	1,047,728	5,500	29,852	43,878	19,539	13,145	82,431	1,242,073
2010	1,816,752	18,500	11,187	85,004	13,383	315	50,830	1,995,972

資料來源▮

香港金融管理局：《2010 年香港債券市場概況》，《金融管理局季報》，2011 年第 1 期，第 6 頁。

註 | （1）法定機構及政府持有的公司包括 Bauhinia Mortgage-backed Securities Limited、香港按揭證券有限公司、香港機場管理局、香港房屋委員會、香港五隧一橋有限公司、九廣鐵路有限公司及香港鐵路有限公司。
（2）多邊發展銀行指亞洲開發銀行、歐洲理事會社會發展基金、歐洲鐵路車輛融資公司、歐洲投資銀行、歐洲復興開發銀行、泛美開發銀行、國際復興開發銀行、國際金融公司、非洲開發銀行及北歐投資銀行。
（3）由於四捨五入關係，個別項目數字的總和未必等於總額。

圖表4.8 | 1998–2010年香港未償還港元債務工具概況（單位:百萬港元）

年份	外匯基金	政府	法定機構及政府持有的公司	認可機構	本地公司	多邊發展銀行	多邊發展銀行以外的境外發債體	總計
1998	97,450	0	11,366	179,353	19,950	69,402	15,622	393,143
1999	101,874	0	20,117	176,400	34,748	61,287	44,767	439,192
2000	108,602	0	20,047	166,065	38,405	57,062	81,740	471,921
2001	113,750	0	35,873	151,145	38,880	51,104	102,797	493,548
2002	117,476	0	48,212	147,763	37,567	40,834	139,145	530,998
2003	120,152	0	56,441	137,988	33,466	27,855	181,522	557,425
2004	122,579	10,250	60,186	141,458	34,708	24,735	213,988	607,904
2005	126,709	10,250	57,712	153,385	38,138	21,535	255,999	663,728
2006	131,788	7,700	56,876	147,428	52,398	19,555	332,396	748,141
2007	136,646	7,700	58,476	136,352	60,628	13,155	351,263	764,220
2008	157,653	5,000	64,618	95,053	67,015	14,253	313,017	716,608
2009	534,062	7,000	69,723	84,675	79,462	24,348	312,056	1,111,327
2010	653,138	25,500	63,672	122,307	84,700	15,513	283,988	1,248,819

資料來源

香港金融管理局:《2010年香港債券市場概況》,《金融管理局季報》,2011年第1期,第6頁。

註 | 同圖表4.7註

與亞洲其他債券市場一樣,香港債券市場的發行方式以私人配售為主,金額大多為1–3億港元,流通量較低,購買者多為機構投資者,特別是商業銀行。2004年以來,浮息債、商業票據、企業債等債券多於50% 為商業銀行所持有。儘管過去5年香港債券市場已有了相當程度的發展,在亞太區也僅次於日本,但與美國、日本及英國比較,仍有頗大距離。香港債券市場的局限性主要有三方面:首先,從需求面來看,債券投資者主要為商業銀行,以及以強積金和保險基金為主的機構投資者,其他投資者,如香港本地的大公司和金融機構對以長期融資為主要功能的債券的需求不大;其次,從供應面來看,通過發行債券集資的私營機構為數不多,目前仍以公營或半官方機構以及上市公司為主,而由於香港政府一直在財政上保持盈餘,極少需要發行公債,因而尚未形成一個具規模的政府債券市場;最後,從融資渠道來看,由於

香港的銀行信貸和股票市場比較發達，企業和金融機構較為依賴銀行借貸和發行股權資本籌集資金，較少使用債券融資。

2007 年 1 月，中國政府允許內地金融機構在香港發行人民幣債券，為香港債券市場帶來了長期性的戰略發展機遇。同年 7 月，國家開發銀行於香港發行 50 億元人民幣債券，是首次有內地機構在香港發行離岸人民幣債券。2009 年 7 月，匯豐銀行在香港向機構投資者發行 10 億元人民幣債券；其後，東亞銀行向散戶投資者發行人民幣債券，開創外資銀行發行人民幣債券的先河。同年 10 月，中國財政部首次在香港發行 60 億元人民幣國債，備受投資者注目。2010 年 2 月，香港金融管理局就人民幣業務的監管原則作出詮釋，以簡化人民幣的操作安排。同年 7 月，中國人民銀行與香港人民幣業務清算行中國銀行簽署了新修訂的《香港人民幣業務的清算協議》，規定任何公司（包括證券公司、資產管理及保險公司）均可開立人民幣存款賬戶，而個人及公司賬戶間的跨行轉賬亦不再有限制。新的制度安排刺激各種人民幣產品如雨後春筍般出現在香港市場上，並進一步激活了香港的人民幣債券市場。2010 年，共有 50 隻人民幣債務工具（包括債券、存款證、及股票掛鉤票據）在香港發行，總值約 427 億元人民幣；其中債券佔 360 億元人民幣，較 2009 年增加 200 億元人民幣。發行機構也由國家財政部及內地銀行，擴展至包括香港及跨國企業和國際金融機構[09]。

09

香港金融管理局：《2010 年香港債券市場概況》，《金融管理局季報》，2011 年第 1 期，第 4 頁。

圖表 4.9　│　香港人民幣債券市場發展的里程碑

日期	事件
2007 年 6 月	中國人民銀行及國家發展和改革委員會公布，獲批准的內地金融機構可以在香港發行人民幣債券。首筆人民幣債券由國家開發銀行於 7 月公開發售。
2009 年 7 月	匯豐銀行（中國）成為首家在中國內地以外地區發行人民幣浮息債券的香港銀行的內地子行。債券的基本參考利率以上海銀行間拆放利率為依據。
2009 年 9 月	國家財政部首次在內地以外地區發行人民幣國債。是次發行為香港發展人民幣基準利率創造了條件，使其他人民幣金融產品的訂價機制更具效率。
2010 年 2 月	金管局就人民幣業務的監管原則作出詮釋，以簡化香港人民幣業務的操作安排。就香港發行的人民幣債券而言，發行體類別、發行規模及方式、投資者主體等方面沒有具體限制。

日期	事件
2010 年 7 月	中國人民銀行與中國銀行（香港）有限公司簽訂的清算協議作出修訂後，所有公司均可以開立人民幣銀行賬戶，而個人及企業賬戶間的跨行轉賬也沒有限制。這為離岸人民幣債券市場的發展作好準備，同時讓更多不同類型的發債體可以在香港債券市場籌集人民幣資金。 合和公路基建有限公司及中信銀行國際有限公司分別在香港發行首筆人民幣企業債券及存款證。
2010 年 10 月	國際金融機構亞洲開發銀行在香港發行 10 年期離岸人民幣債券。
2010 年 11 月	國家財政部成功透過香港的債務工具中央結算系統債券投標平臺向機構投資者發行人民幣國債。

資料來源

香港金融管理局：《2010 年香港債券市場概況》，《金融管理局季報》，2011 年第 1 期，第 7 頁。

2011 年以來，內地銀根收緊，離岸人民幣債券市場更成為內地企業融資的主要渠道之一。包括中國銀行、華僑城、遠洋地產等眾多內地公司都計劃在香港發行人民幣計價的債券。中銀國際負責債券發行業務的主管表示，相對於 4,500 億元的在港人民幣存款總量而言，目前在香港發行的人民幣債券金額為 840 億元人民幣，市場潛力巨大。同時，香港較低的債券發行利率以及特區政府的政策支持，將使得越來越多的企業和機構傾向於通過選擇人民幣計價的金融產品來拓寬其在亞洲市場的融資渠道。

4.1.4 / 香港資產管理業的新發展

所謂「資產管理」，即受資產所有者之託，行使管理資產職能的業務。按照資產委託者或客戶類型劃分，資產管理公司可大體分為三類：機構（Institutional），零售（Retail）和富人（Wealth Management）。大部分資產管理公司都同時服務不同類型的客戶。而有的資產管理公司則只專門服務於一類客戶，如 Blackstone 公司只面向機構，投資銀行的私人銀行業務只服務於高淨值（High Net Worth）的個人和家族，而儲蓄投資類型的保險計劃則以個人定位。 如果以資產管理公司本身的性質來劃分，有獨立的資產管理公司，這類公司的品牌和專業性比較強，如安碩、富達，或者只面對專業投資者的各類對沖基金。也有部分資產管理公司是以銀行、保險公司旗下的分公司形式存在的，作為「大銀行」混業經營模式中的一項重要業務，主要依賴和服務於銀行本身的客戶群。還有的以投資銀行、諮詢公司裏的資產管理部門形式存在的資產管理機構，如高盛資產管理。這類資產管理機構的賣點是

他們的研究團隊和包括交易、組合管理、風險控制等一系列的執行平臺。[10]

香港的資產管理業起步較晚，1960 年才出現第一個共同基金。據香港《信報》記載，1973 年得到香港政府認可的基金數量只有 8 隻。1978 年，香港政府頒布並實施了《香港單位信託及互惠基金守則》，基金被納入監管的範圍。自此，香港資產管理業取得了較快的發展：1979 年，香港的基金資產規模僅為 78 億港元，到 1987 年 8 月，基金資產規模迅速增加到 936 億港元。1987 年 10 月全球股災使投資者清楚地看到了基金抗擊市場風險的能力，加之香港高通脹低利率的金融形勢對於居民的儲蓄和投資行為產生了很大的影響，越來越多的投資者對基金產生興趣。危機後經過短期的調整，香港的共同基金再度蓬勃發展起來。到了 20 世紀 90 年代中期，香港基金數量超過 900 隻，資產規模超過 2,340 億港元，成為僅次於日本的亞洲第二大基金管理中心。

1997 年回歸以後，特別是亞洲金融危機後，香港的資產管理的發展勢頭非常凌厲。從廣義看，香港的資產管理業務包括持牌法團、註冊機構及保險公司提供的財務資產管理，就基金 / 投資組合提供的投資顧問服務，註冊機構向私人銀行客戶提供的財務服務，以及香港證監會認可的房地產投資信託基金（Real Estate Investment Trust，簡稱 REIT）管理業務等[11]。據統計，2000 年，香港的基金管理業務合併資產為 14,850 億港元，到 2010 年已增加到 100,910 億港元，10 年間增長了 5.80 倍，年均增長率達 21.2%，並且超越了 2007 年金融危機爆發前所創的紀錄。基金管理業務中，就基金 / 投資組合提供的投資顧問服務以及註冊機構向私人銀行客戶提供的財務服務發展尤其迅猛，2010 年分別達 9,170 億港元和 22,300 億港元，比 2003 年的 2,090 億港元和 4,880 億港元分別增長 3.39 倍和 3.57 倍（**圖表 4.10**）。

圖表 4.10　|　香港資產管理業發展概況（單位：億港元）

年份	2003	2004	2005	2006	2007	2008	2009	2010
資產管理業務	22,500	27,410	32,420	41,340	65,110	30,700	58,240	68,410
顧問業務	2,090	2,410	3,300	5,520	7,120	8,100	9,210	9,170

10′

劉柳著：《港迎來國際資產管理中心大發展機遇》，香港：紫荊雜誌網絡版，2011 年 5 月 6 日，http：//www.zijing.org。

11′

香港證券及期貨監察委員會：《2010 年基金管理活動調查》，2011 年 7 月，第 25 頁。

年份	2003	2004	2005	2006	2007	2008	2009	2010
其他私人銀行活動	4,880	6,360	9,160	14,150	19,340	12,870	16,880	22,300
小計	29,470	36,180	44,880	61,010	95,650	58,040	84,330	99,960
認可的房地產基金	—	—	380	530	660	460	740	1,030
基金管理業務合併資產	29,470	36,180	45,260	61,540	96,310	58,500	85,070	100,910
合併資產年增長率	—	22.8%	25.1%	36.0%	56.5%	−39.3%	45.4%	18.6%

資料來源

香港證券及期貨監察委員會：《香港基金管理活動調查》，2003-2010年。

基金管理業務的強勁增長是由於香港資產管理市場能夠提供多種不同類型的受證監會認可的單位信託基金及共同基金予投資者。根據香港證監會的統計，2010年，在總額為77,580億港元的持牌法團、註冊機構及保險公司的資產管理及顧問業務中，政府基金佔11.2%，退休基金佔6.4%，強積金佔5.3%，機構性基金佔22.7%，私人客戶（富人）基金佔5.2%，證監會認可的零售基金（共同基金、交易所上市基金等）佔16.5%，包括對沖基金、私募股權基金、海外零售基金、保險投資組合等的其他基金佔32.7%。其中，私人客戶基金、證監會認可的零售基金及其他各種基金等三類是近年發展最快的組別。2010年，香港證監會認可零售基金的資產總值大幅上升了40.3%，為按年增幅最大的基金類別。

值得指出的是，近年來，香港的交易所買賣基金（Exchange-traded Fund，簡稱ETF）發展快速。2008年，香港證監會認可的交易所買賣基金的平均單日成交額已超過日本，冠絕亞太地區。2008年底，在香港上市的ETF只有29隻，但到2011年6月底已增加到76隻（其中有24隻追蹤A股指數）；2009年5月底，ETF的總市值170億美元，但到2011年3月底總市值已增加到886億美元。根據2011年2月的市場調查，以成交額計算，香港已成為亞洲區內最大的ETF市場；而按管理資產總值計算則居亞洲第二位[12]，遠超過第三位的新加坡。

12

香港證券及期貨監察委員會：《2010年基金管理活動調查》，2011年7月，第10頁。

近年來，隨著內地經濟的高速增長，已有越來越多的內地相關金融機構到香港開展資產管理業務。據香港證監會的統計，截至 2011 年 4 月底，約有 51 家內地相關集團在香港設立了 152 家持牌法團或註冊機構，包括 14 家內地證券公司設立的 56 家持牌法團，6 家內地期貨公司設立的 6 家持牌法團，9 家內地基金管理公司設立的 9 家持牌法團，6 家內地保險公司設立的 7 家持牌法團，其餘從事不同業務的 16 家內地企業設立的 60 家持牌法團和 14 家註冊機構。而獲證監會認可基金的內地相關持牌商號也由 2009 年的 7 家增加到 2011 年 6 月底的 10 家，其所管理的認可基金數目從 2009 年的 65 隻增加到 2010 年的 81 隻。2010 年，來自內地相關持牌商號的非房地產基金管理業務總值為 2,345 億港元，比 2009 年大幅增加 5.8 倍。根據國家外匯管理局公布的統計數據，截至 2010 年底，外匯管理局已根據 QDII 計劃（合資格境內機構投資者計劃）向 29 家內地基金管理公司和 6 家證券公司批出 406 億美元的投資額度，向 25 家內地商業銀行批出 82.6 億美元的投資額度，並准許這些機構投資內地以外的股票和基金等產品。調查顯示，包括銀行系 QDII 和基金系 QDII 均把香港作為第一投資市場。

當然，過去數年來，香港的資產管理業務發展迅速，主要原因是全球金融越趨一體化，連帶資產管理業也乘全球化的浪潮席捲而起，國際機構投資者的投資策略也作出全球性的部署。特別是近年來內地經濟、亞洲經濟高速增長，吸引國際投資者以這個區域作為投資平臺。香港背靠內地，在語言和文化方面又與內地相近，加上對內地的認識與內地的密切關係，長遠來說，香港最有條件成為內地首選的資產管理中心。為了促進資產管理業的進一步發展，香港特區政府也推出一系列政策措施，包括撤消遺產稅及離岸基金利得稅；精簡海外基金經理發牌程序的措施；簡化審批程序以方便市場推出新的投資產品；為基金公司提供利便營商的環境等。

4.1.5 ／ 香港保險業的新發展

1997 年香港回歸後，恰逢金融危機席捲亞洲各國，大範圍的經濟調整和經濟衰退無疑直接或間接衝擊到香港的保險業。不過，危機過後，香港保險業監理處採取措施進一步提高保險業的透明度，並更加側重對保險公司的審慎監管，尤其關注保險公司的穩健運營。

2000 年 2 月，特區政府經過長期醞釀，正式推出強積金計劃。政府立法規定，從

2000 年 12 月起，香港所有僱員和僱主都須定期向私營的退休金計劃作出供款。對於參與該計劃的保險公司來說，強積金計劃的推行帶來了重要的商機，估計該計劃將有約 200 億港元供款交由保險公司或銀行聯同聯繫的信託公司管理，並有助於擴大保險公司的客戶基礎及向這些客戶推銷公司的保險產品。2001 年，中國入世和美國九一一事件的爆發，對香港保險業產生了深遠的影響。中國加入世貿組織和開放保險市場，刺激更多的國際性保險集團以香港作為其亞太區總部拓展中國市場；而九一一事件則令更多的香港人對生命、保健，甚至對物質的價值觀產生了調整，對防止恐怖活動的意識提高，對積累財產和退休保障的意識也在提高，進而對保險產品的需求明顯加大。

回歸以來，隨著香港經濟的轉型，特別是香港製造業大規模轉移到廣東珠三角地區，一般保險業務儘管仍然取得穩定的增長，毛保費從 1999 年的 165.32 億港元增加到 2009 年的 285.65 億港元，10 年間增長了 72.79%；但是，其在保險業務中所佔的比重卻持續下降，從 1997 年的 28.59% 下降至 2009 年的 15.47%（**圖表 4.11**）。從業務結構看，隨著工廠、貨運的北移，傳統的水險、火險等產品不再成為一般保險業務的主流。2009 年，一般保險業務總額中，佔最大比重的分別為意外及健康保險（包括醫療業務）、一般法律責任（主要為僱員補償業務）、財產損壞和汽車，分別佔一般保險業務毛保費的 26.9%、25.0%、19.9% 及 9.8%。

圖表 4.11 ｜ 回歸以來香港保險業發展概況

年份	一般業務		長期業務		總額	滲透率	附加值對 GDP 的貢獻
	毛保費（百萬港元）	比重	毛保費（百萬港元）	比重	毛保費（百萬港元）		
1999	16,532	28.59%	41,297	71.41%	57,829	4.6%	1.0%
2000	17,872	27.76%	46,515	72.24%	64,387	4.9%	1.1%
2001	19,436	25.00%	56,858	75.00%	76,294	5.9%	1.2%
2002	23,448	26.36%	65,517	73.64%	88,965	7.0%	1.3%
2003	24,766	24.28%	77,225	75.72%	101,991	8.3%	1.5%
2004	23,478	19.26%	98,414	80.74%	121,892	9.4%	1.4%
2005	22,546	16.00%	114,756	84.00%	137,302	9.9%	1.3%

年份	一般業務		長期業務		總額	滲透率	附加值對GDP的貢獻
	毛保費（百萬港元）	比重	毛保費（百萬港元）	比重	毛保費（百萬港元）		
2006	22,958	14.71%	133,087	85.29%	156,045	10.6%	1.4%
2007	24,271	12.30%	173,016	87.70%	197,287	12.2%	1.5%
2008	26,716	14.16%	161,946	85.84%	188,662	11.5%	1.4%
2009	28,565	15.47%	156,081	84.53%	184,646	13.1%	—

資料來源↗

香港保險業監理處

相比較而言，長期保險業務卻取得了強勁的增長，毛保費從 1999 年的 412.97 億港元增加到 2009 年的 1,846.46 億港元，10 年間增長了 347.12%。長期保險業務在總保險業務中所佔的比重持續上升，從 1999 年的 71.41% 上升至 2009 年的 84.53%，2007 年甚至上升至 87.70%。長期保險業務的強勁增長，主要動力來源於個人業務有效保單保費的增長，特別是在 2003 年內地個人赴港澳自由行開通後，個人業務有效保單保費的大幅增長帶動了長期保險業務的發展。據統計，2010 年，香港保險業新保單保費總額為 588 億港元，其中內地顧客購買金額為 43.82 億港元，佔香港新做人壽保單總數的 7.5%，這一數額較 2009 年上升了 47.59%。2011 年首季，內地訪客購買在香港新做人壽保單額為 16.73 億港元，佔香港新做人壽保單總數的 9.9%（**圖表 4.12**）。內地訪客已成為支持香港長期人壽保險業務發展的重要力量。

圖表 4.12 | 內地人在香港新做人壽保單概況（單位：億港元）

人壽保單		2007 年	2008 年	2009 年	2010 年	2011 年首季
人壽及年金（非投資相連）	保費	15.29	16.35	21.75	31.39	11.91
	百分比	7.5%	6.8%	7.0%	8.1%	10.6%
人壽及年金（投資相連）	保費	37.19	16.28	7.94	12.43	4.82
	百分比	6.2%	4.5%	5.3%	6.2%	8.6%
整體新做人壽保單	保費	52.48	32.63	29.69	43.82	16.73
	百分比	6.5%	5.4%	6.4%	7.5%	9.9%

資料來源↗

香港保險業監理處

這一時期，銀行保險業務獲得快速的發展。亞洲金融危機後，大部分大中型銀行憑藉其龐大的客戶網絡和專業服務，透過本身直屬的保險公司或透過聯盟的合作形式，大舉進軍香港保險市場。當時，保險計劃作為銀行非利息收入業務，發展成為銀行銷售的重要產品之一。銀行保險的發展使保險市場出現一系列重要的變化，包括投資聯結產品的比重大幅上升，保險中介人的角色從單純的核保員轉變為理財顧問，人壽保險業的競爭更趨白熱化。隨著保險業與銀行業的融合，保險業正成為金融業越來越重要的環節，對香港國際金融中心地位的鞏固作出越來越重要的貢獻。

目前，香港已成為亞洲區內，乃至全球市場最開放及保險公司密度最高的地區之一。據統計，截至 2011 年 3 月底，香港共有 167 家獲授權保險公司，其中 102 家經營一般業務，46 家經營長期業務，其餘 19 家經營綜合業務。登記在冊的保險代理商共有 2,365 家，個人代理人則有 32,782 名。以保費收入計算，香港保險市場是全球第 25 大市場。香港的保險公司有半數在海外註冊成立，註冊地遍布全球 20 多個國家，以美國、英國和百慕達相對較多。香港的保險密度（Insurance Density，保險收入除以人口總數，即人均保險費）和保險滲透率（Insurance Penetration，保險收入除以本地生產總值）都居於世界前列。2007 年，香港的保險密度為 28,483港元，在亞洲排名第一位，在全球排名第十三位；保險滲透率為 12.2%，在亞洲排名第三位，在全球排名第六位。

2008 年以來，全球金融海嘯對香港保險業造成了嚴重的衝擊，保險業正面臨嚴峻的挑戰。不過，2003 年 6 月 29 日，香港特區政府與內地簽訂的 CEPA，為香港保險業帶來了新的戰略性商機。協議規定：第一、香港承保商透過策略合併組成的集團，按照中國入世承諾中的市場准入條件（集團總資產 50 億美元以上，其中任何一家香港保險公司的經營歷史達 30 年以上，以及任何一家香港保險公司設立代表處 2 年以上），進入內地保險市場；第二、香港的保險公司參股內地保險公司的最高股本限制從 10% 提高至不超過 24.9%；第三、具中國公民身份的香港居民取得中國精算師資格後，無須預先獲批准，便可在內地執業；第四、香港居民在獲得內地保險業從業員資格後，可以在內地執業，銷售國內保險公司產品。業界人士認為，CEPA 為香港保險公司及保險從業人員在內地發展打開了方便之門。

其實，早在 1997 年香港回歸前，香港保險業已開始謀劃進軍內地保險市場。1992年 9 月，美國友邦保險公司獲得中國政府頒發的營業牌照，獲准在上海開設分公司，

經營人壽保險及非人壽保險業務。1996 年 11 月 26 日，加拿大宏利人壽保險公司獲准與中國外經貿信託在上海合資設立中宏人壽保險有限公司，這是中國保險市場對外開放以來，首次批准設立合資保險公司。據統計，至 1997 年底，中國保險監管當局已批准了在內地經營的外資保險公司 7 家、中外合資保險公司 5 家。踏入 21 世紀，跨國保險公司也加快了進入中國內地市場的步伐。瑞士裕利保險集團（現為 Accette Insurance Group）香港分公司與內地三大保險巨頭之一的太平洋保險合作，推出內地首創的綜合旅遊保險，為內地旅客提供包括醫療、法律、第三者責任險等保障。

2002 年 CEPA 實施前，匯豐控股的全資附屬公司匯豐保險集團以 6 億美元認購中國平安保險股份有限公司股份，持股比例為 10%，這是中國金融界外資參股中最大的一筆交易。2005 年 8 月 31 日，匯豐保險增持平安保險股權至 19.9%，成為中國平安保險第一大股東。匯豐控股通過中國平安保險間接持有了內地的財險和人壽保險兩個牌照。2005 年，亞洲金融獲准與中國人民保險集團公司合作成立擁有全國性牌照的人壽保險公司——中國人民人壽保險股份有限公司。2006 年 3 月，民安保險旗下的民安保險（中國）與香港 50 名取得內地專業資格的特約保險代理人簽訂《兩地保險業 CEPA 框架下保險代理協訂》，該批代理人成為在 CEPA 框架下首批在內地合法開展業務的香港代理人，可即時進入深圳市場開展業務。

CEPA 遵循「先易後難，逐步開放」的原則，逐漸擴大對香港服務業包括保險業的開放。在 CEPA 框架下，香港保險業對內地市場的拓展，進入了一個新的歷史發展時期。

4.2.1 ／ 金融中心的形成發展──基於驅動模式的比較

倫敦：第一次工業革命的成功讓英國完成了從工廠手工業到機械化工業的進化，並徹底取代荷蘭「水上馬車夫」的地位，成為了世界工廠。同時，伴隨殖民擴張及海外貿易的蓬勃發展，英國成為了當時世界最大的資本輸出地，英鎊作為國際貿易的通用貨幣在世界範圍內廣泛流動。倫敦憑藉其優越的地理位置、良好的政治經濟基礎、健全的金融體系脫穎而出，成為世界第一的國際金融中心。一次大戰後，英國的世界影響力下降，倫敦作為國際金融中心的地位也日漸衰落，並逐漸讓位於紐約。然而，在 1986 年和 1990 年，英國政府進行了分別以金融自由化和混業監管為主要特徵的大刀闊斧的改革，即聞名於世的金融「大爆炸」（Big Bang），它由英國政府為推動主體，通過引入競爭，放鬆管制，實現自由經營。「大爆炸」為倫敦金融發展注入了新的活力，贏得了新的發展契機，重塑了世界金融領頭羊的地位。

紐約：隨著伊利運河（Erie Canal）的開闢，紐約在 19 世紀初期逐步取代費城，成為美國最大的港口和貿易中心。1840 年，紐約的貿易佔全國總貿易量的 18%，幾乎相當於新奧爾良、波士頓、費城和巴爾的摩（Baltimore）4 個城市貿易量的總和。「運河交易使紐約永遠佔據了商業領袖地位，擴大了它的收入，有利於華爾街並使之成為全國金融鉅子的同義詞」[13]。1863 年國民銀行法（National Banking Act of 1863）頒布，使紐約國民銀行成為了銀行的銀行，並在法律意義上確立了紐約作為全國金融中心的地位。一次大戰後，隨著美國經濟實力的不斷增強，紐約躋身於國際金融中心前列。二戰後布雷頓森林體系建立，使美元成為最主要的國際清償、儲備貨幣，紐約金融體系的收付、清算、劃撥、存儲、匯兌功能得到了極大的加強，亦使紐約成為了全球美元的清算中心。20 世紀 70 年代，美元與黃金脫鉤，與石油掛鉤，美元成為了國際石油交易計價中的壟斷貨幣。20 世紀 90 年代以來，金融證券化和金融創新成為了兩股新興的浪潮，成就了紐約在世界股權市場上無可替代的地位，同時也成為了共同推動紐約金融市場持續繁榮發展的兩大引擎。

13

Green, C. M. (1965). *The Rise of Urban America* (p. 66). New York, NY: Harper & Row.

金融中心的形成沒有整齊劃一的理想路徑可尋，每一個金融中心的形成和發展都有著自己獨特的歷程。倫敦國際金融中心在形成初期，主要依靠市場那隻「看不見的手」（Invisible Hand）的力量去推動；在「大爆炸」時期，政府的積極貢獻始見端倪；而在世界上第一個推行金融監管後，倫敦金融中心的地位在市場與政府的共同推動中日益鞏固。紐約金融中心在形成初期得益於良好的地理位置以及交通運輸渠道的開闢；而促成紐約國際金融中心最終形成的因素是世界經濟格局的更替以及美國全球霸主地位的確立。雖然推動倫敦、紐約成為國際性金融中心的因素各有不同，但基本上它們在形成的初期都遵循了以市場為主導的自下而上的發展路綫，即商貿中心→區域經濟中心→金融中心→國際性金融中心的發展過程。

香港作為國際金融中心的形成路徑與以上兩大金融中心略有區別。香港國際金融中心在形成初期，其經濟實力並不像倫敦、紐約那樣雄厚、強大。由於受到經濟腹地小的制約，香港在當時並不能稱為經濟中心，充其量只是重要的商貿樞紐。香港的金融體系以銀行為主體，發展相對單一，也還不是區域性的金融中心。20 世紀 60 年代末以後，隨著整體經濟起飛和結構轉型，特別是香港股票市場的崛起，香港作為區域性國際金融中心才逐步形成。相對倫敦、紐約等國際金融中心，香港金融中心在形成過程中政府的力量不容忽視，具有市場與政府共同推動的發展特徵（**圖表 4.13**）。而政府的政策作用也呈現了一個供給引導的作用路徑，即金融中心的形成提高了金融資源的配置效率，刺激投資和儲蓄，反過來推動了經濟發展。

圖表 4.13 | 倫敦、紐約、香港三大國際金融中心形成比較

城市	形成時間	驅動模式	推動因素
倫敦	18 世紀中後期	市場主導型	1. 優越地理位置 2. 工業革命大發展 3. 良好的政治、經濟、文化基礎 4. 英鎊的國際化 5. 政府政策支持 6. 金融經濟高度自由化
紐約	19 世紀末 – 20 世紀初	市場主導型	1. 優越地理位置 2. 堅實的經濟基礎 3. 國際經濟、金融格局變化 4. 美元的國際化 5. 金融創新
香港	20 世紀 70 年代	市場與政府共同 推進型	1. 優越的地理位置 2. 頻繁的商貿活動 3. 金融管制的放鬆 4. 自由開放的營商環境

資料來源

作者整理

4.2.2 / 金融中心的運行體系 —— 基於貢獻與結構的比較

（一）金融業對整體經濟貢獻

金融是現代經濟的核心，是現代產業體系的重要組成部分。它不僅通過自身增加值對國民經濟做出直接貢獻，還通過資金鏈條聯接到幾乎所有的產業部門，從而成為具有決定性影響力的經濟部門。金融業產值佔國內生產總值的比重以及金融業就業人數佔總就業人數的比重是金融業對整體經濟貢獻度的兩個重要指標。從**圖表 4.14**可見，各大金融中心的金融業對整體經濟都具有強勁的帶動作用。紐約、倫敦、香港、東京、新加坡這五大國際金融中心的金融業對 GDP 的貢獻度均超過 10%。紐約的金融業產值佔 GDP 的比重高達 15%，是五大金融中心中最高的；倫敦為 13%；香港為 12.3%，分別比紐約、倫敦低了 1.7% 和 0.7%。從金融業對整體就業的拉動來看，紐約金融從業人員佔總從業人員的 14.8%，亦是五大金融中心中最高的；其次為倫敦，佔 7.5%；香港的比值為 5.4%，分別比紐約、倫敦低了 9.4% 和 2.1%。可見，無論是金融業產值所佔 GDP 比重，還是金融業就業所佔總就業人數的比重，香港金融業的帶動作用還是與紐約和倫敦存在一定的距離。

圖表 4.14 ｜ 國際金融中心對 GDP 和就業的貢獻度

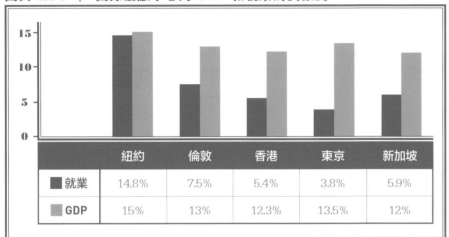

	紐約	倫敦	香港	東京	新加坡
■ 就業	14.8%	7.5%	5.4%	3.8%	5.9%
▨ GDP	15%	13%	12.3%	13.5%	12%

資料來源 ▼

Research Republic.
(2008). *The Future
of Asian Financial
Centres–Challenges
and Opportunities for
the City of London*.
London: City of London.

（二）金融市場發展

1. 銀行業

銀行業是國際金融市場發展的根基，在全球資金的籌措與融通中承擔著中間人的角色。全球為數眾多的金融中心都是從銀行業開始起步的。倫敦有著世界上最為發達的銀行業，而倫敦金融城聚集了世界上幾乎所有重要的銀行集團。香港金融同樣是發端於銀行業。根據美國學者 Reed 的研究，早在 20 世紀初，香港便位列全球十大國際銀行中心之一。自 1978 年解凍銀行牌照以來，在港的銀行業金融機構——尤其外資銀行數——大大增加。我們從 Reed 對世界主要的銀行中心研究的得分排名中可以看出，香港在 1980 年的得分較 70 年代有了顯著增長，極大地縮小了與倫敦、紐約的差距（**圖表 4.15**）。其中一個重要的原因是對外資機構的進入放寬管制，包括取消外幣利息稅和重新發放銀行牌照。

圖表 4.15 ｜ 20 世紀世界主要銀行中心得分排名

年份	倫敦	紐約	香港	東京	新加坡
1900	100	87	77	—	—
1915	99	100	84	—	—
1930	100	93	74	70	—
1947	100	92	78	—	76

資料來源

Reed, H. C. (1981).
The Preeminence of
International Financial
Centers.New York:
Praeger.

年份	倫敦	紐約	香港	東京	新加坡
1960	100	97	78	80	—
1970	100	99	76	86	—
1980	100	100	89	90	—

然而，與倫敦、紐約相比，香港的銀行業金融機構的數量仍相對較少。倫敦的銀行機構總數是香港的 2 倍多，紐約的也是香港的 1 倍多。同時，根據英國銀行家年鑒（Bankers' Almanac）對世界銀行集團按資產總額排名來看，在世界前 50 強的銀行集團中，倫敦進入該項排名的銀行有 6 家，資產總額合計為 68,147 億美元；紐約進入該排名的銀行有 2 家，資產總額合計為 27,859 億美元，而香港只有匯豐銀行 1 家，其資產總額為 6,482 億美元，遠遠少於倫敦及紐約規模（**圖表 4.16**）。

圖表 4.16　|　倫敦、紐約、香港銀行機構比較

資料來源

高山著：《國際金融中心競爭力比較研究》，《南京財經大學學報》，2009 年第 2 期；英國銀行家年鑒，http://www.bankersalmanac.com/addcon/infobank/bank-rankings.aspx

城市	銀行機構總數	外資銀行機構總數	資產總額排名世界 50 強銀行數 *	資產額合計（百萬美元）
			數目	
倫敦（2004 年）	450	300	6	6,814,780
紐約（2005 年）	371	321	2	2,785,914
香港（2007 年）	200	132	1	648,288

**註　|　** 此處數據根據英國銀行家年鑒最新 50 強銀行排名整理得出。

2. 股票市場

圖表 4.17 顯示了 2000–2010 年 10 年來納斯達克、紐約、倫敦與香港等世界四大證券交易所上市公司數量的變化趨勢。2000–2005 年，納斯達克電子交易市場（NASDAQ OMX）上市的公司數量雖然一直領先於其他證券交易所，但其總數顯現了明顯的下降趨勢。在此期間，紐約證交所上市公司數量略有下降，而倫敦及香港則呈現了緩慢增長趨勢。在 2006 年，倫敦上市的公司總數首次超過了納斯達克，並在 2007 年達到了頂峰。雖然在之後的幾年中略有下降，但其上市公司數仍位居四者榜首。就上市公司的數量而言，上述四大證券交易所可以分為三個等級：倫敦與納斯達克處於第一等級；紐約略低，處於第二等級；香港的差距稍大，處於第三等級。

2010 年香港上市公司數只有倫敦的 50%。由此可見，倫敦、紐約仍然是國際企業上市的首選市場。

圖表 4.17 ｜ 2000–2010 年四大證券市場上市公司數量變化

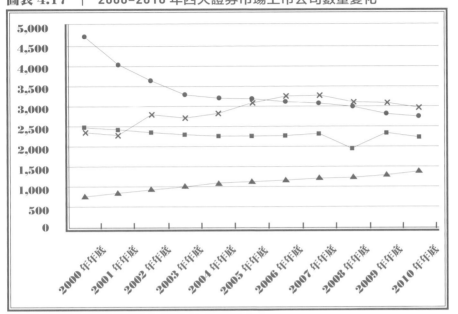

資料來源

世界證券交易所聯合會

—●— 納斯達克 OMX　　　　　　　　　　▲　香港各證券交易所

—■— 泛歐交易所（紐約）　　　　　　　—✕— 倫敦交易所

從總體規模看，紐約的證券市場規模首屈一指。紐約能夠在國際業務方面做得好，很大程度依賴於其資本供應能力。除了美國，沒有其他國家能夠提供如此雄厚的資本和對非傳統的風險債務有如此大的胃口 [14]。從圖表 4.18 可以看出，就國內市值來看，2010 年紐約證券交易所為全球第一，達 133,940 億美元，佔全球各交易所總市值的 28%；倫敦證券交易所總市值為 36,130 億美元，位列全球第四；香港總市值為 27,110 億美元，在世界排名第七，但只有紐約的 20%。

14

瑞斯托‧勞拉詹南著、孟曉晨等譯：《金融地理學：金融家的視角》，商務印書館，2001 年，第 399 頁。

圖表 4.18　│　2010 年全球主要證券交易所股票交易情況

交易所	總市值		上市公司數		電子指令交易股票價值			
	數值（億美元）	排名	數值（家）	排名	數值（億美元）	排名	國內公司佔比	國外公司佔比
泛歐交易所（紐約）	133,940	1	2,238	7	177,960	1	90.24%	9.76%
納斯達克 OMX 交易所	38,890	2	2,778	5	126,590	2	90.69%	9.31%
東京交易所	38,280	3	2,293	6	37,930	4	99.98%	0.02%
倫敦交易所	36,130	4	2,966	4	27,500	6	90.36%	9.64%
泛歐交易所（歐洲）	29,300	5	1,135	14	20,220	7	99.62%	0.38%
上海交易所	27,160	6	894	16	44,860	3	100.00%	0.00%
香港交易所	27,110	7	1,413	11	14,960	10	99.48%	0.52%
多倫多交易所	21,700	8	3,741	2	13,660	11	98.70%	1.30%
孟買交易所	16,320	9	5,034	1	2,590	24	100.00%	0.00%
印度國家證券交易所	15,970	10	1,552	10	7,990	16	100.00%	0.00%

資料來源

世界證券交易所聯合會

3. 債券市場

倫敦受益於「大爆炸」時期對國債做市商的鼓勵政策，金邊債券（即國債）的交易量飛速上漲。同時，由於發債條件比較寬鬆，吸引了大量的國際金融機構和跨國公司發行外國債券和歐洲債券，反而英國本地公司發行的債券量比較少。紐約的債券市場上以美國國債和美國公司債為主，而且交易越來越多地通過交易所以外的銀行和經紀商之間進行。香港的債券市場是香港金融市場發展的短板，市場活躍程度不高，長期以來都是以香港金融管理局發行的外匯基金票據及債券為主。近年來，隨著中資銀行及其他認可的中資機構來港發行債券工具，香港的債券市場交易量有所上升。但總體來說，市場參與主體有限，交易規模不大。同時，就三城債券市場的參與主體來看，倫敦、紐約的參與者更具國際化的特徵，除了本國政府、本國公司外，外國公司、外國政府都大量參與到市場活動之中。香港債券市場則是以香港政府、香港公司及中資公司為主，境外機構僅限於海外非多邊發展銀行（圖表 4.19）。

地區	債券市場的參與主體	佔市場主體的品種
倫敦	本國及地方政府、外國政府、本國公司、外國公司、國際銀行、本地銀行、經紀公司	英國金邊債券、外國債券、歐洲債券
紐約	本國及地方政府、外國政府、本國公司、外國公司、國際銀行、本地銀行、經紀公司	美國政府債券、美國公司債券
香港	香港政府、香港公司、本地銀行、中資銀行及其他許可的機構	外匯基金債券、中資機構公司債券

資料來源　作者整理

就全球交易所內進行的固定收益類債券市場情況來看，在歐洲，聚集了世界頂級的債券交易市場，德意志交易所、盧森堡交易所、西班牙交易所，以及倫敦交易所都位於世界前列。截至 2010 年底，倫敦債券市場上市交易的債券數量為 17,256 隻，在世界排位第四；當年債券交易總額高達 40,217 億美元，僅次於西班牙證券交易所。在北美，聖地亞哥交易所和哥倫比亞交易所是主要的債券交易所，而紐約通過交易所進行的債券交易越來越少，主要是通過銀行及債券經紀商的場外交易完成。在亞洲，日本、韓國、印度的債券交易相對活躍，是亞洲的交易中心。香港在 2010 年上市交易債券僅為 169 隻，當年交易價值僅為 20 萬美元，與倫敦相比只能望其項背（圖表 4.20）。

圖表 4.20　｜　2010 年全球交易所固定收益類債券交易規模（單位：百萬美元）

交易所	總額	國內私人部門	國內政府部門	國外
美洲				
巴西交易所	249.3	198.7	50.5	0.0
布宜諾斯艾利斯交易所	27,807.5	743.1	27,064.3	0.0
哥倫比亞交易所	1,135,766.9	243,095.8	891,227.7	1,443.5
利馬交易所	635.3	604.1	7.1	24.2
墨西哥交易所	139.5	—	—	—

交易所	總額	國內私人部門	國內政府部門	國外
聖地亞哥交易所	177,439.7	64,229.5	113,210.1	0.0
多倫多交易所	5,654.8	0.0	5,654.8	0.0
亞太地區				
澳大利亞交易所	602.1	—	—	—
孟買交易所	21,564.3	—	21,301.5	
馬來西亞交易所	562.7	562.7	0.0	0.0
科倫坡交易所	1.0	0.6	0.4	0.0
香港交易所	0.2	—		
韓國交易所	504,225.9	4,300.5	499,925.4	0.0
印度國家證券交易所	125,887.8	15,821.6	110,066.3	0.0
大阪交易所	15.7	15.7	0.0	0.0
上海交易所	76,019.6	52,378.2	23,641.4	0.0
深圳交易所	13,838.7	12,779.3	1,059.4	0.0
新加坡交易所	4,614.4	—	—	—
泰國交易所	65.7	65.7	0.0	0.0
東京交易所	4,205.5	4,205.4	0.0	0.0
歐洲 - 非洲 - 中東地區				
安曼交易所	0.2	0.1	0.1	0.0
雅典交易所	20.6	20.6	0.0	0.0
西班牙交易所	11,030,485.6	4,827,565.6	6,202,919.9	0.0
布達佩斯交易所	1,113.2	58.5	1,054.7	0.0
卡薩布蘭卡交易所	1,106.9	995.0	26.7	85.2
塞浦路斯交易所	38.0	31.6	6.5	0.0
德意志交易所	109,999.9	20,738.2	61,881.0	27,380.7

交易所	總額	國內私人部門	國內政府部門	國外
埃及交易所	11,230.6	99.3	11,131.3	0.0
愛爾蘭交易所	149,227.2	0.0	149,227.2	0.0
伊斯坦堡交易所	445,851.8	853.6	409,325.9	35,672.3
約翰內斯堡交易所	2,312,957.2	61,487.3	2,251,455.4	14.6
盧布爾雅那交易所	143.6	67.1	76.5	0.0
倫敦交易所	4,021,758.5	61,039.4	3,872,724.0	87,995.1
盧森堡交易所	72.6	0.0	0.0	72.6
馬耳他交易所	631.5	60.7	570.8	0.0
毛里裘斯交易所	0.0	0.0	0.0	0.0
MICEX 交易所	231,420.6	146,130.4	84,622.2	668.0
納斯達克 OMX 交易所 *	2,619,509.8	1,576,979.5	1,040,736.2	1,794.0
泛歐交易所	27,172.5	—	4,054.6	23,117.8
奧斯陸交易所	556,359.2	40,637.0	515,165.9	556.3
沙地阿拉伯交易所	115.7	115.7	0.0	0.0
瑞士交易所	156,734.8	33,918.0	41,790.6	81,026.2
德黑蘭交易所	0.0	0.0	0.0	0.0
特拉維夫交易所	202,559.2	46,025.0	156,534.3	—
華沙交易所	520.9	148.3	372.6	0.0
維也納交易所	1,412.0	1,281.4	15.9	114.7

* 亦屬美洲

資料來源

世界證券交易所聯合會

4. 外匯市場

近十年來，世界外匯市場發展迅猛，2010 年 4 月全球日均交易額比 1995 年同期增加了近 2 倍（**圖表 4.21**）。現貨交易和外匯的掉期交易一直是外匯市場使用最廣泛的交易工具。從交易對手來看，除了有報告的交易商外，其他金融機構以及非金融機構客戶越來越多地參與全球外匯交易；跨國交易相對於本地交易佔據了越來越高的比重。這些都顯示了全球外匯市場競爭的激烈性和國際化趨勢。

圖表 4.21 | 全球外匯市場交易額（四月日均交易）（單位：億美元）

	1998	2001	2004	2007	2010
外匯市場工具	15,270	12,390	19,340	33,240	39,810
現貨交易	5,680	3,860	6,310	10,050	1,4,900
遠期	1,280	1,300	2,090	3,620	4,750
7 日內到期的	650	510	920	1,540	2,190
多於 7 日到期的	620	800	1,160	2,080	2,560
外匯掉期	7,340	6,560	9,540	17,140	17,650
7 日內到期的	5,280	4,510	7,000	13,290	13,040
多於 7 日到期的	2,020	2,040	2,520	3,820	4,590
貨幣掉期	100	70	210	310	430
期權及其他	870	600	1,190	2,120	2,070

資料來源

Monetary and Economic Department. (2010). *Triennial Central Bank Survey: Report on global foreign exchange market activity in 2010* (p.7). Basel: Bank for International Settlements. http://www.bis.org/publ/rpfxf10t.pdf

就地區分布來說，英國、美國一直是世界最大的兩個外匯交易地，兩者佔據了世界超過 50% 的市場份額。英國的外匯交易絕大部分聚集在倫敦，倫敦作為世界最大的外匯市場，1995–2010 年日均交易上漲了近 3 倍，在世界的佔比也呈穩定上升趨勢。在英國交易的美元總額是在美國本土交易的美元總額的 2 倍，在英國交易的歐元總額比在所有歐元區國家交易的歐元總額 2 倍還多。據統計，外資金融機構在倫敦外匯交易市場所佔比重達 70%。紐約外匯市場不僅是美國外匯業務的中心，也是世界上最重要的國際外匯市場之一。從其每日交易量來看，居世界第二位，也是全球美元的清算中心。1995–2010 年間，紐約外匯交易全球平均佔比為 17.5%。香港的外匯市場規模相對較小，平均佔比為 4.4%（**圖表 4.22**）；雖然在世界排名第七位，但並不能稱雄於亞洲外匯市場。在外匯交易上，東京和新加坡都是香港強勁的對手。

從外匯交易的幣種來看，美元仍然是最大的交易幣種。倫敦、紐約外匯市場的美元交易都佔據了市場份額的 80% 以上。香港交易的貨幣種類比較單一，主要集中在美元、英鎊、歐元、日元等貨幣上，美元交易比重佔到了 90% 以上，反而本地貨幣的交易量並不大。這從一個側面也反映出港元在世界外匯交易中的地位並不顯著。

圖表 4.22　|　1995–2010 年全球外匯市場佔比（四月日均交易）

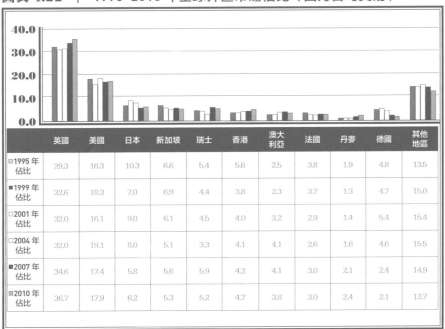

	英國	美國	日本	新加坡	瑞士	香港	澳大利亞	法國	丹麥	德國	其他地區
☐ 1995 年佔比	29.3	16.3	10.3	6.6	5.4	5.6	2.5	3.8	1.9	4.8	13.5
■ 1999 年佔比	32.6	18.3	7.0	6.9	4.4	3.8	2.3	3.7	1.3	4.7	15.0
☐ 2001 年佔比	32.0	16.1	9.0	6.1	4.5	4.0	3.2	2.9	1.4	5.4	15.4
☐ 2004 年佔比	32.0	19.1	8.0	5.1	3.3	4.1	4.1	2.6	1.6	4.6	15.5
■ 2007 年佔比	34.6	17.4	5.8	5.6	5.9	4.2	4.1	3.0	2.1	2.4	14.9
■ 2010 年佔比	36.7	17.9	6.2	5.3	5.2	4.7	3.8	3.0	2.4	2.1	12.7

資料來源 ▌

Monetary and Economic Department. (2010). *Triennial Central Bank Survey: Report on global foreign exchange market activity in 2010* (p.7). Basel: Bank for International Settlements. http://www.bis.org/publ/rpfxf10t.pdf

（三）金融國際化程度

金融國際化是經濟全球化的一個重要方面。它不僅能夠促進生產要素在跨越國境範圍內自由流動，更能為國際投資提供一個多元化的世界圖景。金融國際化至少可以表現在以下兩個基本方面：一方面，當地的金融機構向外擴張，積極拓展世界市場，廣泛參加全球金融活動與競爭；另一個方面，有為數眾多的海外金融機構在當地設立分支機構，利用當地豐富的金融資源發展海外業務，擴大海外影響力和獲取利潤的範圍。對利潤的追逐使得全球業務需要有一個廣泛的服務網絡，在全球設立網點成為了全球各個銀行集團的戰略選擇。**圖表 4.16** 顯示，在倫敦、紐約、香港三城的銀行業金融機構中，外資銀行均佔據了大半江山。以絕對數值來看，香港的外資銀行數明顯少於倫敦及紐約；從相對佔比來看，紐約的外資銀行數佔比最高，倫敦次之，香港稍落後於前兩者。

圖表 4.23 顯示了國際銀行系統的相互聯繫。一個方面是美元的國際聯繫：美元的國際交易主要集中在美國與加勒比海地區金融中心、美國與英國、美國與歐盟、美國與日本、加勒比海地區金融中心與英國、英國與歐盟。亞洲主要金融中心（包括香港）的主要交易是與亞太地區及歐盟完成的，而與其他區域雖也存在交易，但與美國、英國交易總和都遠遠少於英美之間的交易。第二方面表現在歐元股票的聯繫上：大部分的歐元股票的交易是在英國與歐盟之間進行的。除此之外，歐盟與日本、歐盟與美國、英國與美國之間也有部分的交易流。亞洲主要金融中心與上述主要地區都有交易往來，但其流量仍然很小。可見香港的國際聯繫流量強度並不大，甚至可以說在這一方面是與倫敦、紐約存在很大差距的。

當然，這種國際性不僅僅表現在銀行業上，股票市場中外國公司及其交易規模同樣是國際化程度的重要表徵。從對三城電子交易的股票價值比較可以看到，紐約和倫敦國外公司使用電子交易的股票價值佔總價值的比重相當高，均近 10%。而香港的國外公司該類交易價值只有 80 億美元，僅佔總交易價值 14,960 億美元的 0.5%，所佔比重遠遜於倫敦和紐約。可見，從以上的指標來說，香港市場還算不上是一個全球市場。

15 ˊ

圖表 4.23 中的節點表示銀行所在的國家或地區；節點的大小是與跨國銀行在所在國家或地區登記的資產及負債數值成比例的；綫的粗細表明節點與節點之間的金融聯繫。

資料來源 ˊ

國際清算銀行

圖表 4.23 ｜ 2010 年末國際銀行體系的相互聯繫 [15]

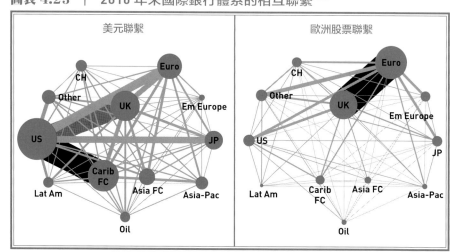

Asia FC = 亞洲金融中心（香港、澳門、新加坡）；JP = 日本；Oil = 石油輸出國組織成員國及俄羅斯；
Asia-Pac = 中國、中華臺北、印度、印尼、韓國、馬來西亞、巴基斯坦、菲律賓、泰國；
Carib FC = 加勒比海區域金融中心（阿魯巴島、巴哈馬群島、百慕達群島、開曼群島、庫拉索島、馬拿馬）；
CH = 瑞士；Em Europe = 歐洲新興市場（保加利亞、克羅地亞、塞浦路斯、捷克、愛沙尼亞、匈牙利、拉脫維亞、立陶宛、馬耳他、波蘭、羅馬尼亞、斯洛文尼亞、土耳其、烏克蘭）；

Euro = 歐盟成員國（塞浦路斯、馬爾他、斯洛文尼亞、斯洛伐克除外）；
Lat Am = 阿根廷、巴西、智利、哥倫比亞、墨西哥、秘魯、委內瑞拉）；
Other = 澳大利亞、加拿大、丹麥、新西蘭、挪威、瑞典；UK = 英國；US = 美國

4.2.3 / 金融中心的外在環境——基於支撐因素的比較

國際金融中心國或地區是否具備靈活穩健的經濟環境、良好的競爭實力，以及穩定的政治環境是該金融中心興衰成敗的關鍵因素及決定性因素之一。本文通過營商便利性、世界競爭力、國家風險及金融人才培育環境等幾個指標，來分析對比倫敦、紐約和香港三城金融營運環境的優劣。

（一）營商便利性（Ease Of Doing Business）

在由世界銀行與國際金融集團共同發布的 *Doing Business 2011* 報告中，對世界183 個國家和地區的營商便利性進行排名。報告中對營商便利性指標是這樣解釋的：「經濟體根據它們的營商便利性進行排名，從 1–183。在第一位的說明是最具便利性的。這個指標通過 9 個主題對各經濟體的平均得分進行排名，每一個主題都予以相等的權重。」

從**圖表 4.24** 的排名中可以看出，香港、美國、英國三地都具有良好的營商便利，分別位列世界第二、第四和第五位。香港除了在財產登記及公司結業的難易度兩項指標不具競爭力外，其餘指標均顯示了在香港營商的優勢。尤其是在香港獲得建築許可權是相對容易的。在 2009 年香港政府更通過法令將一個包括了 6 個代理處和 2 個私營公用事業公司合併為一個一站式服務站，精減了辦理建築許可的程序。這一舉措使香港的商務樓許可證的發放增加了 11%，從 2008 年的 150 個增加到 2009 年的171 個。英國在貸款獲得的便利上是具有比較成功的經驗的。它的主要作法包括借貸數據的公開性、透明性和全面性，借貸雙方的法律權益的保護以及擔保註冊程序的公正性等。而美國的相對優勢在於它的財產登記上，世界排名第十二位，高於英國和香港。美國主要得益於簡單的財產登記程序、較低的審批費用和較短的審批時間。

圖表 4.24　｜　2011 年各國或地區營商便利性排名

經濟體系	營商便利性綜合排名	9 個主題								
		開辦公司	建築許可	財產登記	貸款獲得	保護投資者	稅收	跨國經營	合同執行	關閉公司
新加坡	1	4	2	15	6	2	4	1	13	2
香港	2	6	1	56	2	3	3	2	2	15
新西蘭	3	1	5	3	2	1	26	28	9	16
英國	4	17	16	22	2	10	16	15	23	7
美國	5	9	27	12	6	5	62	20	8	14
丹麥	6	27	10	30	15	28	13	5	30	5
加拿大	7	3	29	37	32	5	10	41	58	3
挪威	8	33	65	8	46	20	18	9	4	4
愛爾蘭	9	11	38	78	15	5	7	23	37	9
澳大利亞	10	2	63	35	6	59	48	29	16	12

資料來源

The International Bank for Reconstruction and Development., & The World Bank. (2010). *Doing Business 2011*. Retrieved from http://www.doingbusiness.org/~/media/FPDKM/Doing%20Business/Documents/Annual-Reports/English/DB11-FullReport.pdf

（二）世界競爭力（Global Competitiveness）

根據世界經濟論壇每年一度發布的世界競爭力報告中的世界競爭力指數（The Global Competitiveness Index），香港的總成績排名連續三期保持第十一名的位置。美國在這一報告中位列第五，英國排名較上年上升了兩位，排名第十位。三年來，上述三個地區的排名基本穩定。三個地區的競爭力又各有側重。對於香港來說，最顯著的競爭力是基礎設施建設，7 分的總分中獲得了 6.7 分。對於英國來說，各項發展相對均衡，近年來排名總體來說有所下降。美國的排位近三年來都有所下降，目前排名世界第五。美國的優勢就在於其是世界第一大的經濟體，經濟的創新性強，產學研結合的產業體系已非常完善。總體來說，香港的綜合競爭力是略遜於美國和英國的。其主要原因是香港在創新與複雜性因素上的得分與排名拖後了香港的總體成績。這裏的複雜性因素對香港而言主要是指教育參與程度的落後。香港的高技能人才，特別是科學家比較少，極大地制約了香港整體教育水平的提高，同時也成為香港創新發展的瓶頸。

圖表 4.25 | 2011–2012 年 世界競爭力指數

經濟體系	綜合指數		基本要求		效率提高		創新與複雜性因素	
	排名	得分	排名	得分	排名	得分	排名	得分
瑞士	1	5.74	3	6.18	2	5.53	1	5.79
新加坡	2	5.63	1	6.33	1	5.58	11	5.23
瑞典	3	5.61	4	6.06	7	5.33	2	5.79
芬蘭	4	5.47	5	6.02	10	5.19	4	5.56
美國	5	5.43	36	5.21	3	5.49	6	5.46
德國	6	5.41	11	5.83	13	5.18	5	5.53
荷蘭	7	5.41	7	5.88	8	5.29	9	5.30
丹麥	8	5.40	8	5.86	9	5.27	8	5.31
日本	9	5.40	28	5.40	11	5.19	3	5.75
英國	10	5.39	21	5.60	5	5.43	12	5.17
香港	11	5.36	2	6.21	4	5.48	25	4.58
加拿大	12	5.33	13	5.77	6	5.36	15	4.99
臺灣	13	5.26	15	5.69	16	5.10	10	5.25
卡塔爾	14	5.24	12	5.81	27	4.68	16	4.98
比利時	15	5.20	22	5.58	15	5.13	14	5.06

資料來源

Schwab, K. (Ed.).
(2011). *The Global
Competitiveness
Report 2011-2012*.
Geneva: World
Economic Forum.
http://www3.weforum.
org/docs/WEF_GCR_
Report_2011-12.pdf

（三）國家風險

在 PRS Group 發布的《全球國家風險指南》（International Country Risk Guide，簡稱 ICRG）中對包括了政治風險、金融風險、經濟風險三大風險在內的綜合風險進行了度量。按照分值不同，全球風險共分為 5 個等級：十分低、低、相對高、高、很高。國家得分是與風險程度呈反比的，得分越高風險越低。在 2011 年 1 月的報告中，香港得分 85.5 分，說明風險十分低，世界排名第六。而英、美兩國風險評價為低，分別排名世界第三十一及三十三名。其中三個地區的政治風險都很低，表明國家政治狀況良好，社會穩定。主要的差距在於經濟的、金融方面的風險。房屋貸款的過度證券化、信貸危機、房產和金融資產的泡沫化、資金外逃、金融醜聞，

以及巨額國債等問題成為了英、美兩國──尤其是美國面臨的巨大風險。而香港一貫堅持審慎經營，經濟、金融體系相對穩健。

圖表 4.26　｜　國家風險排名（2011 年 1 月）

排名	國家或地區	政治風險	金融風險	經濟風險	總分
1	挪威	88.5	46.5	46.0	90.5
2	新加坡	85.0	45.0	47.0	88.5
3	瑞士	86.0	45.0	45.0	88.0
4	汶萊	82.5	46.5	46.0	87.5
5	盧森堡	91.5	43.0	39.0	86.8
6	香港	81.5	42.0	48.0	85.8
7	臺灣	80.0	46.5	45.0	85.8
8	瑞典	87.0	40.0	43.0	85.0
9	丹麥	84.5	44.5	40.5	84.8
10	芬蘭	92.0	36.0	39.5	83.8
11	奧地利	88.5	39.0	39.5	83.5
12	德國	82.5	42.0	42.5	83.5
13	加拿大	86.5	40.0	39.0	82.8
14	阿聯酋	78.5	40.5	46.5	82.8
15	奧曼	74.0	45.5	45.0	82.3
16	科威特	72.0	45.5	46.5	82.0
17	荷蘭	86.0	39.0	39.0	82.0
18	卡塔爾	73.0	41.0	50.0	82.0
19	日本	78.5	44.0	39.5	81.0
20	南韓	78.0	41.5	41.5	80.5
21	利比亞	67.0	49.0	45.0	80.5
22	沙地阿拉伯	69.5	46.5	44.5	80.3

排名	國家或地區	政治風險	金融風險	經濟風險	總分
23	比利時	81.0	40.5	38.5	80.0
24	新西蘭	87.5	35.5	37.0	80.0
25	千里達及托巴哥	73.0	47.5	38.5	79.5
26	馬來西亞	73.5	43.0	42.0	79.3
27	波札那	74.5	47.0	36.0	78.8
28	澳大利亞	84.5	33.5	39.0	78.5
29	巴林	72.5	40.5	43.5	78.3
30	智利	77.0	39.5	39.5	78.0
31	英國	81.0	39.5	34.0	77.3
32	馬耳他	85.0	38.0	31.0	77.0
33	美國	81.5	37.0	35.5	77.0

資料來源▼

PRS Group. (2011).
*Table 1: Country Risk,
Ranked by Composite
Risk Rating* [Data File].
Retrieved from http://
www.prsgroup.com/
ICRG_TableDef.aspx

（四）金融人才培育環境

在某種意義上，金融人才的培育與儲備可以說是金融中心發展最為重要的軟實力之一。這裏的金融人才不僅僅包括直接從事金融活動的專業人才，還包括為金融活動提供相關支持的具有其他專業技能的人才。在 GFCI 報告評價國際金融中心競爭力的 14 個因素中，也將具有專業技能的金融人才可獲得性做為第一位的評價因素。卡塔爾金融管理局在其報告《大博弈：大規模金融服務集聚》中對全球 20 個主要金融中心進行了評價，也認為人的因素是最重要的因素。倫敦排名第一，紐約緊隨其後，第三位是香港。而普華永道在與紐約城聯合推出的《機會之城》（*Cities of Opportunity*）年度報告中，也將人力資本與創新做為 10 項評估指標的首個指標。該報告指出人力資本及創新是建造未來城市的決策支持系統，是經濟、社會發展的引擎。該報告在對人力資本及創新進行評估時，考慮了世界 500 強大學佔比、高等教育人口佔比、世界 100 強商學院佔比、醫學院數量等分項指標，其中紐約得分 58 分，位列世界第二；倫敦得分 56 分，位列世界第四；而香港得分 37 分，位列世界第十。可見，無論是基於何種評價體系或指標，人力資本都被看成是金融中心發展最重要的資本。而對香港的評級均次於倫敦及紐約。同時，從金融從業人員佔比來看，紐約金融服務業從業人員佔了總就業人數的 14.8%，倫敦佔了 7.5%，而香港這

一比值僅為 5.4%。相比於倫敦、紐約而言，香港金融從業人員的絕對數量與相對佔比均較少，金融業對專業技術人才的吸引力還不強，人才的培育環境也需要進一步優化。

圖表 4.27　│　各城市人力資本與創新比較

城市	指標得分				總計
	世界 500 強大學佔比	高等教育人口佔比	世界 100 強商學院佔比	醫學院數量	
巴黎	19	20	6	16	61
紐約	19	15	9	15	58
東京	17	19	0	21	57
倫敦	17	16	11	12	56
芝加哥	12	14	6	12	44
首爾	15	10	0	19	44
上海	8	12	6	15	41
北京	12	8	0	18	38
斯德哥爾摩	13	21	0	4	38
香港	15	6	6	10	37

資料來源

Pricewaterhouse-coopers: (2010). *Cities of opportunity*. Retrieved from http://www.pwc.com/us/en/cities-of-opportunity.

4.3 | 香港金融業發展的比較優勢與主要差距

4.3.1 / 香港金融業發展的比較優勢

目前，世界公認的全球性金融中心只有兩個：倫敦和紐約。2008 年 1 月，美國《時代周刊》（亞洲版）刊登一篇題為《三城記》（*A Tale of Three Cities*）的署名文章，首創「紐倫港」（Nylonkong）的概念，將香港提升到紐約、倫敦的高度。根據 2010 年 9 月倫敦城公司公布的《全球金融中心排名指數》報告，香港的總評分為 760 分，位居第三，僅次於倫敦（772 分）、紐約（770 分）（**圖表 4.28**）。

圖表 4.28 | 2010 年 9 月部分國際金融中心指數綜合得分及排名

金融中心	GFCI8 得分	GFCI8 排名	較 GFCI7 得分變動	較 GFCI7 排名變動
倫敦	772	1	▼ 3	—
紐約	770	2	▼ 5	▼ 1
香港	760	3	▲ 21	—
新加坡	728	4	▼ 5	—
東京	697	5	▲ 5	—
上海	693	6	▲ 25	▲ 5
芝加哥	678	7	—	▼ 1
蘇黎世	669	8	▼ 8	▼ 1
深圳	654	14	▼ 16	▼ 5
北京	653	16	▲ 2	▼ 1

資料來源

The Global Financial Centres Index 8

那麼，從全球性金融中心的角度分析，香港的比較優勢在哪裏呢？香港真的有條件成為全球性金融中心嗎？

（一）香港在金融全球化格局中的區位優勢。

從全球區位看，香港與紐約、倫敦三分全球，在時區上相互銜接，使全球金融業保持 24 小時運作。從東亞區位看，香港位於東亞中心，從香港到東亞大多數城市的飛行時間不超過 4 小時，而東京則位於東亞北端，新加坡位於東南端。從中國區位看，香港背靠經濟快速發展的中國大陸，與新加坡相比經濟腹地遼闊，且與廣東珠三角地區經濟正日趨融合。

（二）制度優勢：審慎而穩健的金融監管制度，全球最自由的經濟體系，以及完善有效的司法體制。

過去 10 年，香港金融制度改革最顯著之處是銀行業管制的放鬆，有如一場港式的金融「大爆炸」。從 1994-2001 年間香港分階段全部撤消實施了 30 年的利率協議，解除了透過銀行公會對利率市場的管制；此外，對外資銀行擴展分支網絡的限制以及對外資銀行進入本地市場設立的門檻亦大幅放寬。香港特區政府還採取各種措施，包括引入存款保障制度、促進業界共享商業及個人信貸資料，以及制定《銀行營運守則》與其他不同的監管措施。這些措施有效保證了香港銀行體系的穩健程度及效率水平，使香港銀行體系在全球榜上位於前列位置。在證券市場監管制度方面，調整了證監會架構，將原證監會主席職能分拆為主席及行政總裁，以更好地兼顧市場監管與市場發展戰略。此外，還加強了對香港交易所履行上市職能的監察，並增強交易所的調查權力和加強跨境執法力度等。

這些制度調整，促進了金融市場的自由競爭，令金融監管更趨完善。從資金配置效率看，利率協議解除令資金價格更加市場化，促進了企業及個人更方便、自由地選擇較低成本的融資管道。從運作效率看，金融市場進入障礙的大幅降低以及金融基建的改善降低了金融市場的交易成本及交易風險，亦提升了市場效率及透明度。

研究表明，香港作為國際金融中心的比較優勢，除了金融監管審慎而穩健，資金貨幣自由流通，稅制簡單且稅率低，還包括擁有全球最自由的經濟體系及完善有效的司法體制。目前，香港已連續 15 年被美國傳統基金會評為全球最自由的經濟體系。根據該基金會在 2007 年報告的評估，香港在貿易自由、投資自由、金融自由及產權保障等 4 個方面居全球首位；在財政自由、政府不干預、貨幣政策自由化及工作自由等方面也名列全球前十位。2006 年國際證券交易所聯合會的調研認為，香港能夠與紐約、倫敦抗衡的優勢包括：金融條例寬鬆度，資金貨幣自由流通度，自由度，低稅率。在完善有效的司法體制方面，美國耶魯大學教授陳志武就表示：「香港的法治、新聞自由以及職業監管團隊的優勢，加上外國金融機構和從業者對香港制度的熟悉，這些使香港在未來許多年內具有上海難以逾越的優勢。」[16]

16′
天勤：《陳志武：如何看待香港的金融地位》，《國際融資》，2007 年第 8 期，第 37 頁。

17′
恒生銀行經濟研究部：《香港國際金融中心的市場策略》，*SHANGHAI & HONG KONG ECONOMY*，2007 年 3 月，第 26 頁。

18′
恒生銀行經濟研究部：《香港國際金融中心的市場策略》，*SHANGHAI & HONG KONG ECONOMY*，2007 年 3 月，第 26 頁。

（三）香港金融業的比較優勢：資本市場、資產管理與銀行體系。

根據 2007 年香港恒生銀行經濟研究部的一項研究，若將香港主要的金融業務，包括資本市場、資產管理（含另類投資產品及私募基金）、商品及人民幣業務的相對潛力及市場地位以矩陣分析，得出的結論是，香港的資本市場與資產管理均急速增長，並在全球及亞洲金融市場佔據了可觀的市場份額[17]。2006 年，以新股上市集資額計算，香港排名居全球第二及亞洲第一。該研究指出：「它反映了香港股本市場的規模及融資能力，亦展示了香港金融體制處理龐大資金的能力。……香港的股本市場作為內地企業接觸國際投資者的首渠道，仍有相當的發展空間。」[18] 不過，香港資本市場的規模，近年受到上海的追逼，2007 年底香港證券交易所的市值就曾一度落後於上海而居亞洲第三位。

香港金融業中，資本市場一直是其強項。據統計，至 2010 年底，香港在全球十大證券市場中，僅次於紐約泛歐交易所（美國）、納斯達克 OMX（美國）、東京證券交易所、倫敦證券交易所、紐約泛歐交易所（歐洲）、上海證券交易所而排第七位，而股票交易額的排名則僅次於紐約泛歐交易所（美國）、納斯達克 OMX（美國）、上海證券交易所、東京證券交易所、深圳證券交易所、倫敦證券交易所、紐約泛歐交易所（歐洲）、德意志證券交易所、韓國證券交易所而居第十位（**圖表 4.29**）。不過，若以市值佔 GDP 比重計算，香港股市市值佔 GDP 的比重，則在全球十大證券市場中高踞首位。

目前，香港已形成多層次的資本市場體系。除了股票市場外，金融衍生工具市場也

獲得迅速發展。金融衍生工具市場主要包括股市指數期貨、股票期貨、黃金期貨、港元利率期貨、三年期外匯基金債務期貨等 5 類期貨產品和股市指數期權、股票期權等 2 類期權產品。2010 年，香港交易所金融衍生產品的交易額達 5,430 億美元，在全球各交易所中高踞首位[19]。

圖表 4.29 | 2010 年底全球十大證券交易所市值和股票交易額概況（單位：十億美元）

名稱	股票市值		股票交易額		股票投資流（IPO 和二板市場股票發行額）	
	總額	排名	總額	排名	總額	排名
紐約泛歐交易所（美國）	13,394	1	17,796	1	208.1	1
納斯達克 OMX（美國）	3,889	2	12,659	2	—	—
東京證券交易所	3,828	3	3,788	4	50.2	9
倫敦證券交易所	3,613	4	2,714	6	60.7	6
紐約泛歐交易所（歐洲）	2,930	5	2,018	7	79.1	5
上海證券交易所	2,716	6	4,496	3	83.5	4
香港交易所	2,711	7	1,496	10	109.5	2
TMX 集團（多倫多）	2,170	8	—	—	—	—
孟買交易所	1,632	9	—	—	—	—
印度國家證券交易所	1,597	10	—	—	—	—
深圳證券交易所	—	—	3,573	5	60.3	7
WFE 會員交易所股票市值總額	54,884	—	63,090	—	296.2	—

回歸以來，香港作為資產管理中心的功能也顯著增強。根據香港證券及期貨事務監察委員會發表的調查結果顯示，截至 2010 年底，香港的基金管理業務合併資產[20]為 10.09 萬億港元，較 2009 年上升 18.6%，並超越 2007 年所創的 9.63 萬億港元的紀錄。在基金管理業務合併資產中，持牌資產管理公司及基金顧問公司的業務所涉及的資產佔最大份額，這些公司的資產管理及基金顧問業務所處理的資產合計為

19′

World Federation of Exchanges. (2011). *2010 WFE Market Highlights* (p. 13). Paris.

資料來源′

World Federation of Exchanges. (2011). *2010 WFE Market Highlights* (p.13).Paris.

20′

「基金管理業務合併資產」指從事資產管理、基金顧問、私人銀行業務的各類機構和公司（歸類為非房地產基金管理業務）及香港證監會認可房地產基金所呈報的資產總值。

6.59 萬億港元。證監會調查顯示，香港基金管理公司所管理的資產，約有 66% 來自境外，顯示了香港作為區域內基金管理業樞紐的地位。

銀行業也一直是香港金融業中的強項。經過數十年的快速擴張，到 1997 年，香港銀行業的發展規模達到高峰，持牌、有限制牌照和接受存款公司等各類金融機構接近 400 家，分行多達千餘間。 然而，其後相繼經歷了金融風暴，地產泡沫和科網股泡沫爆破及 SARS 衝擊，經濟衰退導致了香港企業投資和消費信貸需求持續疲弱，樓宇按揭、貿易融資、銀團貸款等銀行傳統支柱業務基礎萎縮，再加上息差的持續縮窄，以利息收入為主的傳統銀行盈利模式面臨空前挑戰。不過，2004 年 CEPA 與人民幣業務開放、2006 年內地銀行業全面開放，促成香港銀行業的轉型，從簡單的存貸款業務，發展到全方位的資金融通和理財業務，包括零售業務、資產管理、收費服務等中間業務領域。目前，隨著人民幣業務包括存款、兌換、匯款、信用卡，以及發行債券等業務的相繼開發，香港正向中國大陸的人民幣離岸中心邁進。人民幣業務的開辦，為香港銀行業注入新的活力。

4.3.2 / 香港金融業發展存在的主要差距

（一）金融市場、金融機構的發展不平衡，存在眾多的「短板」。

誠然，香港作為全球日趨重要的國際金融中心，其市場發展並不平衡，包括債券市場、外匯市場規模與國際金融中心實力不相匹配；一些金融市場中創新型的交易工具，如指數期貨、期權交易等還沒有普及；缺乏大宗商品期貨交易。這些方面甚至落後於亞洲地區其他主要的國際金融中心。

香港債券市場一直是金融業中較為薄弱環節，過去 10 年在多方努力下，配合低息等市場環境的轉變，債券市場出現了加速發展的良好勢頭。根據香港金管局的調查，2006 年底港元債券市場未償還餘額為 7,481 億港元，比 1998 年增加 3,515 億元，8 年間的年均增長率達到 8.2%。然而，與新加坡相比，香港的債市規模仍然較小，無論在上市債券的總市值還是成交額，都遠落後於前者。2009 年 2 月，新加坡債券總值為 1,121 億美元，而香港僅 791 億美元，約為新加坡的 70.6%。在外匯市場上，香港與新加坡一樣都是亞洲地區繼東京之後兩個主要的外匯交易市場，但香港一直落後於新加坡。根據國際清算銀行發布調查報告顯示，2010 年 4 月，新加坡外匯日平均交易量為 2,660 億美元，在過去三年增加了 9.9%；而香港僅為 2,376 億美元，在過去三年增加了 31.27%，雙方的差距有所拉近，但仍有一段距離。

在全球急速增長的另類投資產品市場、商品期貨市場，香港也沒佔有足夠的份額。近年來香港在另類投資產品市場雖然有不俗的發展，例如，香港已成為亞洲第二大私募基金中心，但這個行業規模仍然偏小。在商品期貨市場方面，香港儘管早在1977 年已開辦商品期貨市場，但發展一直不順利，已落後於上海。不過，由於中國內地對期貨市場存在龐大的潛在需求，香港若能在這些業務中找到合適的定位，其潛力仍不容忽視。

在機構體系中，與高度發達的銀行體系相比，香港的非銀行金融機構發展不平衡。它們主要有保險公司、投資基金公司、租賃公司。而新加坡的非銀行金融機構則較為強大，種類較繁多，包括投資銀行，從事抵押貸款、消費貸款、樓宇建築貸款、一般商業貸款、租賃、票據融資、代客收賬等業務的各種金融公司，保險業也相當活躍，還有從事貨幣經紀、證券經紀等業務的各種金融中介公司。

（二）金融創新不足。

金融中心的競爭主要表現在金融創新的競爭，集中在兩大領域：一是金融衍生產品的開發；二是金融資產證券化水準。金融資產證券化的創新空間主要在二級證券市場。香港從事這類金融創新遇到兩個瓶頸：一是市場或投資者不足；二是金融機構與人才不足。目前從事這類金融產品開發的主要是歐美大型金融機構，它們主要以倫敦及紐約為基地，香港主要在其中扮演亞太地區產品分銷中心的角色。近年來資本市場的快速發展令香港開始聚集這方面的功能與人才，但遠未達到要發展成區內金融產品創新中心的程度；而香港的債務市場不發達，以及欠缺根植本土的大型國際銀行，更成為提升金融創新水準的先天缺陷。

（三）金融業發展腹地比較狹小，總體規模仍然偏小。

與紐約、倫敦、東京相比，香港金融業的發展腹地明顯偏小。紐約、東京金融業的基礎是全球第一、第三大經濟體系。紐約金融中心的基礎是佔據全球 GDP 三成左右的美國經濟；倫敦的腹地絕不僅僅是英國本土，歐洲不少大型企業的股票都在倫敦上市。但香港只是一個都會城市，香港與內地的經濟聯繫，還在相當程度上受到彼此之間屬不同關稅區、不同市場的制約。香港要發揮其金融業的比較優勢，躋身全球金融中心行列，必須突破制度上的框架，有效拓展其龐大經濟腹地，甚至包括整個大中華經濟圈乃至東南亞諸國。

正因為如此，目前香港與紐約、倫敦兩大全球性金融中心的總體規模和實力仍有相當大的差距。根據 2009 年 4 月底數據，香港證券市場的總市值僅為紐約證券交易所總市值 8,917.4 億美元的 17%，為倫敦交易所總市值 1,946.2 億美元的 76%。《香港金融管理局季報》2007 年 12 月的一份報告指出，根據所有金融市場的標準化得分的簡單平均數，香港整體金融活動集中程度名列世界第六位。除新股上市集資在全球市場所佔比重較大外 [21]，相比其他國家或地區，香港國際債券市場已發行總額僅佔全球的 0.3%。香港股市成交額佔全球的 1.2%。外匯及衍生工具活動佔全球的比重與發達的經合組織國家相比仍有明顯差距（**圖表 4.30**）。由此可見，香港作為國際金融中心，其金融市場活動的集中程度不夠，在全球金融市場活動中所佔的比重有限。

圖表 4.30 | 傳統金融活動的全球集中情況

	金融活動集中程度（平均標準化得分）	在全球個別市場所佔比重（%）							
		股市成交額	新股上市集資額	國際債券市場—已發行總額	本土債券市場—已發行總額	銀行海外資產	銀行海外負債	外匯成交額	外匯／利率衍生工具市場成交額
美國	100.0	49.0	16.3	23.3	44.6	8.9	11.7	19.2	19.4
英國	90.6	10.9	16.9	12.6	2.4	19.8	22.5	31.3	38.1
日本	32.7	8.3	3.7	0.9	18.1	7.6	3.2	8.3	6.0
德國	23.0	3.9	3.6	10.6	4.4	10.6	7.3	4.9	4.1
法國	22.1	2.8	3.8	6.2	4.4	9.1	9.3	2.6	6.6
香港	13.2	1.2	12.9	0.3	0.1	2.3	1.4	4.2	2.7
荷蘭	10.9	1.3	3.7	7.1	1.5	3.8	3.7	2.0	2.0
瑞士	9.9	2.0	0.8	0.1	0.5	4.6	4.4	3.3	2.4
新加坡	9.9	0.3	1.5	0.3	0.2	2.4	2.6	5.2	3.2

21

2009 年香港新股集資額超越紐約及倫敦，但上市後再集資額不及紐約和倫敦的 25% 及 50%，創業板新股集資額佔本港新股總集資額不到 1%，創業板／主板集資比例遠低於紐約（33%：66%）及倫敦（20%：80%）。

資料來源

張麗玲、楊信提供：《評估香港的國際金融中心地位》，《金融管理局季報》，2007 年第 3 期，第 7 頁。

CHAPTER 5.

廣東珠三角地區

金融集聚

比較研究

5.1 | 廣東珠三角地區金融集聚現狀分析

5.1.1 / 廣東珠三角地區內部金融集聚的比較分析

廣東珠三角地區是香港最重要的經濟腹地。據統計，珠三角地區土地面積約為 4.26 萬平方公里，常住人口 4,724.96 萬人，分別佔全省的 30.5%、50%。2009 年珠三角地區生產總值為 32,105.88 億元人民幣，佔全省經濟總量的 81.32%；人均 GDP 達到 67,321 元人民幣，折合 9,855.2 美元，逼近 1 萬美元大關。可見珠三角地區在廣東省的重要經濟地位。

經濟學家們通常從金融規模聚集、金融市場聚集和金融機構聚集三個層面來綜合衡量金融集聚度。鑒於此，本文在考慮數據的可得性的基礎上，選取了金融機構存款餘額、金融機構貸款餘額、居民儲蓄餘額、保費收入、金融機構現金支出、金融機構從業人員數等 6 項指標來綜合衡量金融集聚度。為減小對所有指標賦予相同的權重的傳統方法可能帶來的測度偏差，採用層次分析法（Analytic Hierarchy，簡稱 AHP）確定各指標權重，得到特徵向量（0.23, 0.23, 0.15, 0.08, 0.21, 0.08）[01]，其一致性比例為 0.075 < 0.1，說明層次總排列結果具有較滿意的一致性並接受該分析結果。我們從各市統計年鑒、《中國區域金融運行報告》、《廣東統計年鑒》獲得珠三角九市 2009 年的指標原始數據。為避免變量之間單位不統一造成個別方差較大的影響，先將數據進行標準化，然後按照上述特徵向量給 6 個指標賦權，分別測算出珠三角九市的金融集聚度（**圖表 5.1**）。

圖表 5.1 | **廣東珠三角地區金融集聚度比較（2009 年）**

城市	中外資金融機構本外幣存款	中外資金融機構本外幣貸款	居民儲蓄餘額	保費收入	金融業從業人員數	金融機構現金支出	金融集聚度
廣州	1.868	1.644	1.981	1.916	1.589	0.667	1.645

城市	中外資金融機構本外幣存款	中外資金融機構本外幣貸款	居民儲蓄餘額	保費收入	金融業從業人員數	金融機構現金支出	金融集聚度
深圳	1.528	1.808	1.132	1.413	1.775	0.948	1.499
佛山	0.063	−0.072	0.421	0.034	−0.011	0.106	0.070
東莞	−0.216	−0.263	0.041	0.004	−0.697	1.652	−0.118
中山	−0.652	−0.595	−0.746	−0.704	−0.177	−0.080	−0.499
江門	−0.623	−0.637	−0.583	−0.644	−0.169	−0.946	−0.540
惠州	−0.595	−0.584	−0.609	−0.505	−0.772	−0.493	−0.604
珠海	−0.609	−0.607	−0.770	−0.663	−0.758	−0.201	−0.623
肇慶	−0.765	−0.694	−0.867	−0.851	−0.779	−1.653	−0.830

資料來源

《2010 年廣東統計年鑒》；各市 2010 年統計年鑒；《2010 年中國區域金融運行報告》

從**圖表 5.1** 可看出，廣州和深圳的金融集聚度遙遙領先於珠三角其餘七市。需要說明的是，深圳金融集聚度屈居於廣州之後，這主要是因為所用的層次分析法賦予了銀行業規模指標較大的權重，所選取的指標較少考慮資本市場等因素的原因。而廣州和深圳兩市又各有其內在優勢：深圳金融的優勢在於它是全國性證券交易中心，具有較發達的資本市場；廣州在銀行業方面則佔有相對優勢。這也是眾多學者選用不同的測算方法、不同指標對廣州和深圳金融集聚度進行比較的結果有所差異的原因。

從**圖表 5.1** 還可看出，廣州作為南方政治及經濟中心，廣州的銀行保險業發展水平在珠三角地區相當突出，各項反映總量規模的指標高居榜首。而深圳不僅保持了資本市場的良好發展勢頭，近年來在金融業從業人員數、中外資貸款餘額等廣州的傳統優勢項目方面也發展迅速，2002-2009 年，兩項指標分別增長 243.13% 和

157.99%，遠遠高於廣州的 163.48% 和 18.5%、並在總量上開始領先於廣州。金融機構現金支出方面也開始超越廣州。以上數據說明，廣州在銀行業的相對優勢地位在下滑；但深圳缺乏區域內直接腹地，在居民儲蓄餘額、保費收入等方面仍處於相對劣勢；而其餘的 7 個城市，則與深圳和廣州在金融集聚度上還有較大的差距。

5.1.2 / 廣州、深圳金融集聚度與上海、北京的比較分析

仍然選取金融機構存款餘額、金融機構貸款餘額、居民儲蓄餘額、保費收入、金融機構現金支出和金融機構從業人員數等 6 個指標，採用層次分析法（AHP）測算北京、上海、廣州、深圳等 4 個城市 2002–2009 年的金融集聚度。從各市歷年統計年鑒、《中國區域金融運行報告》獲得四市 2002–2009 年的指標原始數據。標準化後給 6 個指標賦權，分別測算出北京、上海、廣州、深圳四市歷年金融集聚度（**圖表 5.2**），並顯示出四市金融集聚度的變化趨勢（**圖表 5.3**）。

圖表 5.2 ｜ 北京、上海、廣州、深圳金融集聚度比較

年份	城市	中外資金融機構本外幣存款	中外資金融機構本外幣貸款	居民儲蓄餘額	保費收入	金融業從業人員數	金融機構現金支出	金融集聚度
2002	北京	1.145	0.719	0.597	0.836	−0.141	0.203	0.571
	上海	0.517	0.989	0.970	0.875	1.350	1.076	0.932
	廣州	−0.688	−0.702	−0.295	−0.665	−0.141	0.062	−0.442
	深圳	−0.974	−1.006	−1.271	−1.046	−1.067	−1.341	−1.061
2003	北京	1.086	0.702	0.569	0.823	0.568	0.545	0.725
	上海	0.607	0.994	1.013	0.890	1.095	1.019	0.903
	廣州	−0.748	−0.646	−0.345	−0.681	−0.615	−0.311	−0.581
	深圳	−0.945	−1.050	−1.237	−1.032	−1.048	−1.252	−1.047
2004	北京	1.093	0.694	0.583	0.719	0.854	0.631	0.786
	上海	0.589	1.019	1.015	0.981	0.862	0.990	0.861
	廣州	−0.693	−0.774	−0.379	−0.657	−0.696	−0.417	−0.626
	深圳	−0.989	−0.939	−1.219	−1.044	−1.021	−1.203	−1.020

年份	城市	中外資金融機構本外幣存款	中外資金融機構本外幣貸款	居民儲蓄餘額	保費收入	金融業從業人員數	金融機構現金支出	金融集聚度
2005	北京	1.138	0.711	0.608	1.257	0.257	0.682	0.726
	上海	0.531	1.008	1.013	0.333	1.306	0.935	0.882
	廣州	−0.714	−0.857	−0.431	−0.649	−0.714	−0.390	−0.659
	深圳	−0.955	−0.862	−1.191	−0.942	−0.849	−1.228	−0.948
2006	北京	1.163	0.824	0.681	0.876	0.628	0.696	0.817
	上海	0.493	0.907	0.971	0.845	1.074	0.922	0.834
	廣州	−0.703	−0.838	−0.488	−0.722	−0.803	−0.387	−0.685
	深圳	−0.953	−0.893	−1.164	−0.998	−0.898	−1.231	−0.966
2007	北京	1.142	0.714	0.795	0.907	0.692	0.702	0.820
	上海	0.531	1.005	0.873	0.814	1.024	0.968	0.842
	廣州	−0.756	−0.896	−0.506	−0.728	−0.875	−0.538	−0.741
	深圳	−0.918	−0.823	−1.162	−0.993	−0.841	−1.132	−0.921
2008	北京	1.130	0.784	0.815	0.818	0.666	0.779	0.830
	上海	0.548	0.944	0.874	0.894	1.036	0.890	0.835
	廣州	−0.746	−0.875	−0.578	−0.671	−0.979	−0.512	−0.760
	深圳	−0.931	−0.854	−1.112	−1.040	−0.724	−1.157	−0.905
2009	北京	1.163	0.937	0.872	0.933	0.771	0.803	0.915
	上海	0.503	0.790	0.825	0.787	0.955	0.871	0.754
	廣州	−0.763	−0.914	−0.605	−0.734	−0.898	−0.526	−0.766
	深圳	−0.902	−0.814	−1.092	−0.986	−0.829	−1.149	−0.903

資料來源

2003-2010 年各市統計年鑒；《中國區域金融運行報告》

圖表 5.3 ｜ 北京、上海、廣州、深圳金融集聚度面板數據

	北京	上海	廣州	深圳
2002	0.571	0.932	−0.442	−1.061
2003	0.725	0.903	−0.581	−1.047
2004	0.786	0.861	−0.626	−1.020
2005	0.726	0.882	−0.659	−0.948
2006	0.817	0.834	−0.685	−0.966
2007	0.820	0.842	−0.741	−0.921
2008	0.830	0.835	−0.760	−0.905
2009	0.915	0.754	−0.766	−0.903

資料來源

2003-2010 年各市統計
年鑒；《中國區域金融
運行報告》

根據**圖表 5.3** 的數據，廣州、深圳的金融集聚度的平均水平與北京、上海的平均水平尚有相當大的差距，這一差距隨時間推移略微有所縮小，但大體上保持不變。根據**圖表 5.3** 的數據，可以看到廣州的金融集聚度有緩慢下降的趨勢，近年來這一走勢得到了一定程度上的遏制，金融集聚度趨於平穩。廣州金融保險業佔 GDP 的比重不斷下降也驗證了金融集聚度的下滑走勢。2000-2004 年廣州金融貢獻度依次為 6.79 %、6.48%、5.79%、5.28% 和 4.90%，2009 年該指標下降至 4.6%。另一方面，深圳的金融集聚度則逐年穩步上升，2002-2009 年增幅達 14.89%。即便在對其不利的指標選取情況下（銀行業規模指標佔較大的權重，較少考慮資本市場等因素），其金融集聚度與廣州的差值也在逐步減少，呈趕超廣州之勢。這主要因為近年來深圳在銀行保險業等傳統弱勢項目方面，取得了穩定的較快增長，2009 年中外資存款餘額和中外資貸款餘額增長率分別為 22% 和 24%；2006-2009 年廣州的金融業從業人員數增加了 29.1%，而深圳的增長幅度則高達 53.5%。這說明深圳近年來推出的一系列加大金融扶持力度的舉措發揮了較好的效果。

2010 年 3 月倫敦金融城發布的第七期全球金融指數（Global Financial Centres Index 7）報告顯示，深圳在全球金融中心中排名第九，超過了上海和北京 [02]，反映了深圳的金融發展潛力不容輕視。**圖表 5.4** 顯示，儘管除金融增加值佔第三產業及 GDP 的比重外，深圳的各指標均與北京、上海有較大差距；但在第三產業中金融業增加值的比重方面，深圳超過了上海和北京，位居全國之首；在金融業增加值佔整

02

張 建 森 編：《CDI 中
國金融中心指數（CDI
CFCI ） 報 告（ 第 二
期）》，中國經濟出版
社，2009 年，第 65 頁。

體 GDP 的比重方面，深圳也超過上海，躍居全國第二。而廣州只在總體經濟量指標上比深圳佔優勢，金融相關類指標都弱於深圳。

圖表 5.4 ｜ 2009 年國內主要金融中心比較

項目	北京	上海	深圳	廣州
金融業增加值（億元）	1,720.9	1,817.85	1,110.623	553.32
第三產業增加值（億元）	9,179.2	89,99.26	4,367.552	5,560.77
GDP（億元）	11,865.9	14,900.93	8,201.23	9,112.76
金融業增加值佔第三產業比重	18.75%	20.20%	25.43%	9.95%
金融業增加值佔 GDP 比重	14.5%	12.2%	13.5%	6.07%
金融機構存款餘額（億元）	56,960.12	44,620.27	18,357.47	21,207.96
金融機構貸款餘額（億元）	31,052.89	29,684.1	14,783.39	14,473.39
金融機構存貸款餘額總和（億元）	88,013.01	74,304.37	33,140.86	35,681.35
金融相關比 FIR	7.42	4.99	4.04	3.92
上市公司數（家）	126	165	114	38
籌資額（億元）	1,508.15	980.8	344.15	155.58
保費收入（億元）	697.6	665.03	271.59	322.95
金融從業人數（萬人）	20.73	22.11	8.72	8.2
總就業人數（萬人）	998.3	1,062.98	692.49	738.7
金融從業人數佔比	2.08%	2.08%	1.26%	1.11%

資料來源

2010 年各市統計年鑒

分析顯示，廣州和深圳是珠三角地區乃至廣東省無可爭議的經濟金融中心，對廣東省的金融發展起著拉動作用。但廣州和深圳的金融集聚度的發展水平及發展趨勢又有所不同，為深入瞭解這種差異背後更深層次的原因，需要進一步分析影響金融集聚度的因素。

貨幣地理學派認為，與金融發展密切相關的貨幣具有與生俱來的空間性。任英華等人認為，金融集聚本身是一種產業演化過程中的地理空間現象，具有極強的空間自相關性；不同地區間的空間差異非常明顯，採用傳統回歸分析方法解釋金融集聚現象往往會掩蓋這種十分顯著的空間差異[03]。故本文在納入空間效應的前提下，以廣東省的 2008 年的截面數據為基礎，對廣東省 21 個市域金融集聚影響因素進行空間計量分析，揭示金融集聚的影響因素。金融產值、經濟發展，以及各項影響因素的基礎數據來自《2009 年廣東統計年鑒》和各市統計年鑒，實證研究主要借助於 Arcviews3.3 和 GeoDA0.9.1 兩個軟件完成。

03
任英華、徐玲、游萬海著：《金融集聚影響因素空間計量模型及其應用》，《數量經濟技術經濟研究》，2010 年第 5 期，第 104-114 頁。

5.2.1 / 被解釋變量及解釋變量的選擇

（一）被解釋變量的選擇

反映一個產業集聚程度的方法有很多，主要有區位熵法、基尼係數法、洛侖茲曲綫法和地理集中指數法等，本文採用區位熵（Location Quotient，簡稱 LQ）。採用區位熵計算產業集中度的優點在於：第一，統計數據較容易獲得；第二，能夠充分比較區域生產水平與全國平均生產水平，確定該地區的產業集中狀況在大區域所處的位置。由於這種方法的簡單性，在歐美產業集群的產業集中度的實踐中得到廣泛的應用。區位熵是衡量產業專業化的重要指標，其式如下：

$$LQ_{ij} = \frac{E_{ij} / E_{i}}{E_{j} / E}$$

其中，LQ$_{ij}$代表區位熵；E$_{ij}$為 j 區 i 部門的產值（或就業人數）；E$_j$為 j 區的產值（或就業人數）；E$_i$是大區域（或全國）i 部門的產值（或就業人數）；E 為大區域的總產值（就業人數）。該指標反映了 j 區域的 i 部門在大區域中的重要性。本文用城市金融機構存貸款除以全省金融機構存貸款的比值來計算區位熵，以測量金融集聚度。主要考慮到儘管我國金融資源多樣化的發展勢頭良好，金融機構信貸資金仍然是最主要、數量最多的金融資源。

（二）解釋變量的選擇

通過對金融產業集聚動因的考察，參照張志元和季偉杰（2009 年）等人關於金融集聚因素的選取，本文把影響廣東省金融產業集聚的因素初步分為以下兩類：

1. 需求因素

i. 經濟發展水平（GDP）

無論是何種模式的金融產業集聚，都需要強大的經濟基礎，這是巨大資金需求和供給的前提條件。理論上說，經濟基礎越雄厚，金融產業集聚程度越高。我們使用 2008 年各城市地區生產總值與廣東省地區生產總值的比值表示各城市的經濟發展水平。

ii. 工業化水平（IND）

金融業是為工業企業提供資金服務的，工業化水平越高，對金融資源的需求也就越大，進而會引導金融企業向該地區流動。從這個角度講，工業化水平越高，金融產業集聚程度應該越大。我們使用各城市第二產業增加佔全省地區生產總值的比重表示各個城市的工業化水平。

iii. 對外開放水平（OPEN）

高國際貿易水平需要高金融服務水平。國際貿易水平越高，金融產業集聚程度也越高。我們用各城市進出口總值與廣東省進出口總值的比重表示對外開放水平。

2. 供給因素

i. 技術創新水平（INN）

專利數量是一個國家技術創新能力的重要標誌，是一個衡量知識吸收和技術進步比較理想的變量。理論上，技術創新水平越高的地區，金融產品的供給能力也會越強，金融集聚程度也越高。這裏以2008年廣東省各市的專利授權量與全省三種專利授權量的百分比表示各市的技術創新水平。

ii. 人力資本（L）

採用各城市金融從業人口數與全省金融業從業人口數的比值來表示各城市金融部門的勞動力情況。該指標主要度量勞動力在金融產業集聚中的作用，回歸係數代表勞動力水平的增加對金融產業集聚彈性係數。如果該係數為正且大於1，則表明金融業從業人員對金融產業集聚的規模報酬增加；相反，如果該係數為負數，則表明金融業從業人員對金融產業集聚的規模報酬遞減。

iii. 固定資產投資水平（INV）

採用各城市固定資產投資與全省固定資產投資總值的比重衡量該指標。全社會固定資產投資反映了經濟發展潛力及保障，某種程度上可以提升金融集聚的水平。

iv. 規模經濟規模報酬（FNA）

規模經濟是報酬遞增的重要來源，構成了產業集聚的重要集聚因素。在此，採用各城市金融產業增加值佔全省金融業增加值的比重來度量規模經濟。

5.2.2 / 模型的建立與估計

根據以上對金融產業集聚的影響因素分析，建立以金融產業集聚度為被解釋變量的回歸方程為：

$$LQ = C + \beta_1 GDP + \beta_2 IND + \beta_3 OPEN + \beta_4 INN + \beta_5 L + \beta_6 INV + \beta_7 FNA + \varepsilon$$

方程中 β 為回歸參數（Regression Coefficient），ε 為隨機誤差項（Random Error）。

本文選用的空間計量模型是納入了空間效應的空間滯後模型（Spatial Lag Model，簡稱SLM）與空間誤差模型（Spatial Error Model，簡稱SEM）兩種。為比較不同時期各影響因素對當期被解釋變量的影響作用，根據設定的空間計量模型形式，又分別設定當期模型和跨期模型如下：

模型 I（當期模型）：被解釋變量和解釋變量均選取2008年的數據，反映當期解釋

變量對當期被解釋變量的影響。

模型 II（跨期模型）：被解釋變量選取的是 2008 年的數據，各解釋變量選取的是 2005 年的數據，反映初期解釋變量對當期被解釋變量的跨期影響。

由於事先無法根據先驗經驗推斷在 SLM 和 SEM 模型中是否存在空間依賴性，有必要構建一種判別準則，以決定哪種空間模型更加符合客觀實際。擬合優度 R^2 檢驗以外，常用的檢驗準則還有自然對數似然函數值（LogL），似然比率（LR）、赤池信息準則（AIC），施瓦茨準則（SC）。對數似然值越大，AIC 和 SC 值越小，模型擬合效果越好。為進行 SLM 和 SEM 模型的選擇，首先對模型 I 和模型 II 進行不考慮空間效應的 Ordinary Least Squares（OLS）估計。

圖表 5.5　｜　模型 I 和模型 II 中相關統計量的值

檢驗統計量	模型 I SLM 估計	模型 I SEM 估計	模型 II SLM 估計	模型 II SEM 估計
R^2	0.997	0.996	0.998	0.997
LogL	84.53	81.16	90.64	83.99
AIC	−151.064	−146.32	−163.29	−151.98
SC	−141.66	−137.97	−153.89	−143.62

資料來源

作者整理

由**圖表 5.5** 結合上述判斷規則可知，對於模型 I（當期模型），SLM 是相對比較合適的模型。同理，對於模型 II 同樣是選擇 SLM。根據以上判斷，在模型 I 和模型 II 中加入空間效應，分別建立 SLM。利用極大似然估計法對參數進行估計，估計結果如**圖表 5.6** 和**圖表 5.7** 所示：

圖表 5.6　｜　SLM 模型的 ML 回歸結果（模型 I）

模型	回歸係數 β	標準差	Z 量	P 值
W_LQ	−0.1162 *	0.0397	−2.9237	0.00346
C	−0.0114*	0.00270.4774	−4.1788	0.0000
GDP	1.2259*	0.1991	2.7742	0.0000
IND	−1.8658*	0.3389	−5.5048	0.0000

模型	回歸係數 β	標準差	Z 量	P 值
OPEN	0.0056	0.0711	0.0791	0.9369
INN	0.2330*	0.0840	2.7742	0.0055
L	0.3308	0.2746	1.2044	0.2284
INV	0.4854*	0.1239	3.9165	0.0000
FNA	0.0392	0.0345	1.1367	0.2557
統計檢驗	統計值			
R^2	0.997			
LogL	84.53			
AIC	−151.06			
SC	−141.66			

資料來源

作者整理

* 通過 1% 水平下的顯著性檢驗（即 P 值低於 0.01）

圖表 5.7 ｜ SLM 模型的 ML 回歸結果（模型 II）

模型	回歸係數 β	標準差	Z 量	P 值
W_LQ	−0.1317*	0.02840	−4.6376	0.0000
C	−0.0091*	0.0021	−4.2761	0.0000
GDP	1.4742*	0.1928	7.6460	0.0000
IND	−1.7576*	0.1764	−9.9622	0.0000
OPEN	0.0939*	0.0361	2.6047	0.0092
INN	0.0235**	0.0118	2.0024	0.0452
L	−0.0723	0.1917	−0.3773	0.7060
INV	0.6895*	0.1450	4.7546	0.0000
FNA	0.0479*	0.0078	6.1045	0.0000
統計檢驗	統計值			
R^2	0.998			
LogL	90.64			

| AIC | −163.29 | | | |
| SC | −153.89 | | | |

資料來源
作者整理

* 通過 1% 水平下的顯著性檢驗（即 P 值低於 0.01）

** 通過 5% 水平下的顯著性檢驗（即 P 值低於 0.05）

5.2.3 / 實證結果分析

根據圖表 5.6、圖表 5.7 的數據分析結果，模型 I 和模型 II 的 SLM 中的參數 P 都通過了 1% 的顯著性檢驗，這說明隨著經濟全球化、市場化和信息化的不斷發展，我國金融業空間集聚現象日益明顯，金融產業發展的空間依賴性和空間溢出效應顯著。

模型 I 和模型 II 中，區域技術創新水平（INN）、經濟發展水平（GDP），以及固定資產投資（INV）對金融集聚有顯著的正向作用，這與我們的分析一致。不論是從當期還是跨期的影響來看，經濟基礎都為金融發展提供了強大的支撐，技術創新則通過增強金融產品的供給能力，從而增加金融集聚程度。而固定資產投資反映了經濟發展潛力及保障，從而提升了金融集聚的水平。

工業發展水平（IND）在兩個模型中都通過了 1% 的顯著性檢驗，但值得注意的是，工業化水平的係數都為負數，且在當期模型中的絕對值更大。這說明在經濟發展的初期階段，工業化水平越高，對金融資源的需求也就越大，從而金融集聚度越大。但隨著經濟的發展，近年來廣東省的工業化水平（IND）有所下降，工業發展帶動金融發展的階段已經悄然離去。

對外開放程度（OPEN）在模型 I 中未能通過顯著性檢驗，但在模型 II 則在 1% 的水平上顯著。一個可能的解釋是，在廣東省經濟發展的初期，對外開放程度的擴大、大量外商直接投資的進入，增加了金融服務的市場需求，對金融集聚產生了顯著的促進作用。但隨著時間的推移，這一需求拉動略顯乏力，後勁不足，對外開放水平的提高程度並不能滿足金融業進一步集聚的需要，因而在一定程度上抑制了金融業的集聚發展。

人力資本（L）在兩個模型都沒有通過顯著性檢驗，一個可能的解釋是，人力資本對金融集聚的促進作用仍需要一個隨時間的推移來吸收和消化的過程，而不是立即顯現的，故而導致當期人力資本水平對當期金融集聚的作用不顯著。在本文的模型 I 中則選用的是 2005 年的專業化勞動力數量對 2008 年金融集聚度的影響，而地區人

力資源優勢轉化為人力資本優勢的時間長可能大於模型 II 的 3 年，從而導致模型 II 的人力資本的係數也不顯著。這一推測也是有一定的現實依據的。目前廣東省相當大地區教育水平偏低，使得人力資本存量不足，尤其是高質量金融專業人才稀缺，企業組織人力資本後勁不足，這就在一定程度上阻礙了人力資本的再積累和有效的發揮，金融集聚受到人力資本的約束。

規模報酬遞增（FNA）在模型 I 中不顯著，在模型 II 中則對金融集聚度有顯著的正作用。這可能是因為金融機構在選址或者勞動力跨區域流動時，對規模經濟反應的滯後性。不完全信息讓他們需要一定的時間才能對地區具有的規模經濟作出正確的反應。從而抑制了規模經濟效用在當期模型中的發揮。

5.2.4 / 香港對廣州、深圳的金融集聚度影響

上文分析了地區經濟發展水平以及對外開放水平等上述 7 個因素，對包括廣州和深圳在內的廣東省金融集聚的影響。然而，廣州和深圳毗鄰香港的特性，使它們具有上海、北京等其他金融中心所不具有另一影響因素，即香港金融輻射對廣州和深圳的金融集聚度影響。因此有必要進一步分析香港方面對廣州和深圳金融集聚度的影響。方法是對廣州、深圳和香港從 2003 年到 2009 年的金融集聚度進行格蘭杰因果檢驗（Granger Casualty Testing）。首先對三個區域的金融集聚度的變化情況進行單位根檢驗，結果見**圖表 5.8**、**圖表 5.9** 及**圖表 5.10**。

圖表 5.8 | **廣州金融集聚度序列 ADF 檢驗結果**

		t 量	P 值
ADF		−4.200908	0.1119
檢驗	1% 水平 5% 水平 10% 水平	−8.235570 −5.338346 −4.187634	

資料來源
作者整理

圖表 5.9 | **深圳金融集聚度序列 ADF 檢驗結果**

		t 量	P 值
ADF		−0.262565	0.9479
檢驗	1% 水平 5% 水平 10% 水平	−7.006336 −4.773194 −3.877714	

資料來源
作者整理

圖表 5.10　│　香港金融集聚度序列 ADF 檢驗結果

		t 量	P 值
ADF		−4.366312	0.0932
檢驗	1% 水平 5% 水平 10% 水平	−8.235570 −5.338346 −4.187634	

資料來源
作者整理

檢驗結果均顯示 Augmented Dickey-Fuller test stastic（ADF）的檢驗值均小於 5% 顯著水平條件下的臨界值，說明序列是平穩的，滿足協整檢驗的前提。對其殘差序列的進一步單位根檢驗也顯示原始序列之間具有協整關係。可以對其進行因果檢驗。結果見圖表 5.11。

圖表 5.11　│　序列格蘭杰因果檢驗結果

虛無假設	觀測值總數	t 量	P 值
香港不是廣州的格蘭杰成因 廣州不是香港的格蘭杰成因	6	0.16863 0.09814	0.7089 0.7746
深圳不是廣州的格蘭杰成因 廣州不是深圳的格蘭杰成因	6	10.5889 4.09481	0.0473 0.1362
深圳不是香港的格蘭杰成因 香港不是深圳的格蘭杰成因	6	2.44372 4.56684	0.2159 0.1222

資料來源
作者整理

在一階差分條件下的因果檢驗結果顯示，香港的金融集聚度序列是深圳的格蘭杰成因，但不是廣州的格蘭杰成因。廣州和深圳金融集聚度序列都不是香港的格蘭杰成因。深圳和廣州金融集聚度序列分別是彼此的格蘭杰成因。這說明香港的金融深化程度具有對深圳的先期影響作用，但對廣州的則相對不明顯。另外，廣州與深圳的金融集聚作用彼此影響，其傳導路徑可能是香港先對深圳產生影響，而對廣州的影響可能部分通過由廣深之間的金融聯動進行傳導。廣州在深圳的金融輻射區域內，深圳同時也受廣州的金融輻射影響。以上分析說明，金融集聚的擴散效應具有一定的層次性，在空間傳導上可能並不是均質的，與地理區位的遠近有關，同時也與地區之間的經濟聯繫強度以及擴散地區的經濟發展程度和基礎設施建設水平有關。

5.3 | 廣州與深圳金融發展的比較分析

5.3.1 / 廣州、深圳兩市金融發展歷程的簡要回顧
（一）廣州市金融業的發展歷程

廣州地處廣東珠三角城市群的中心地帶，毗鄰港澳，擁有獨特的區位優勢。作為省會城市，廣州是廣東省的政治、經濟、文化中心，經濟總量連續 20 年居全國第三，僅次於上海、北京，被定位為「國家中心城市」。廣州金融業在歷史上曾有過輝煌的歷史，是我國現代金融的發源地之一，很多方面原來在全國一直處於領先地位。改革開放以來，特別是「十五」時期（2001–2005 年）以來，隨著經濟實力的大幅提高，廣州市金融業取得了跨越式的發展，資金實力穩居全國大城市第三位。廣州金融業的發展大致經歷了 4 個階段：

1. 起步發展階段（1978–1986 年）

改革開放之初，廣東經濟基礎薄弱，金融資源匱乏，經濟發展面臨著嚴重的資金瓶頸。全省金融機構人民幣存款餘額只有 58.5 億元，貸款餘額只有 123.3 億元。改革開放以來，廣州市開始對金融體制進行改革，如分設專業銀行，人民銀行專門行使中央銀行職能；貸款納入固定資產和一些非物質性生產領域；銀行統一管理國營企業流動資金；多次調整存、貸款利率；恢復了國內保險業務等。這些改革對搞活經濟、搞活金融發揮了積極作用，緩解了資金瓶頸。

2. 快速發展階段（1986–1997 年）

1986 年 1 月，國家體改委和人民銀行確定廣州為全國首批金融體制改革試點。隨後，廣州市體制改革辦公室和人民銀行廣州分行制訂了《廣州市金融體制改革方案》和《廣州市外匯體制改革方案》，揭開了廣州金融體制改革新的一頁。1986 年 6 月，廣州成立外匯調劑中心，開辦國內企業流程額度限價調劑業務；同年 10 月，由市人民銀行牽頭，成立了有珠江三角洲各專業銀行參加的跨地區、跨系統的金融同業拆借中心，1988 年進一步發展為廣州市融資公司，1991 年，廣州金融市場正式開

業。為了改革傳統金融體制所形成的銀行內部條條分割、壟斷經營的格局，廣州市放開了儲蓄業務，開展了外匯業務交叉、信貸業務交叉，在金融內部引入競爭機制；同時建立多種金融機構，包括信託投資機構、城市信用合作社和各種財務公司等。1992年9月，廣州市成立了全國第一家期貨經紀公司，1993年又設立了華南商品期貨交易所，後與廣州商品期貨交易所合併為廣東聯合期貨交易所，但在1996年全國期貨業清理整頓中被關閉。

金融體制改革突破了傳統的僵化體制，提高了資金的使用效益，繁榮了廣州的金融業。1993年以後，廣州的專業銀行紛紛採取措施，改革管理體制和運作機制，逐步向商業銀行過渡，同時鼓勵外資銀行、地方商業銀行、異地證券機構在廣州設立機構，初步形成了以國家銀行為主體，各類金融機構並存和分工協作的多層次、多形式的金融體系，為廣州成為區域性金融中心打下了基礎。

3. 整頓處理金融危機遺留問題階段（1998−2005年）

1993年，廣州提出建設現代化區域性金融中心的目標，但遺憾的是，1997年突如其來的亞洲危機風暴讓在漩渦邊緣的廣州金融業遭遇重挫，此後廣州金融發展速度開始減慢。1999年爆發的「廣信事件」，更給廣州金融帶來了沉重打擊。2004年6月，「泛珠三角區域合作論壇與發展論壇」在廣州召開，九加二政府共同簽署《泛珠三角區域合作框架協議》，給廣州金融業的發展帶來了機遇。然而，在這一段時期，廣州一直在花大力氣化解、處理亞洲金融危機和廣信事件的金融機構不良貸款的歷史遺留問題，金融業發展相對滯後。

儘管如此，廣州金融業也得到一定的發展。截至2005年底，廣州地區金融增加值213.44億元，金融機構本外幣存款餘額為11,734億元，貸款餘額為7,622億元，上市公司33家，實現保費收入155億元。1999年6月，廣州組建了廣州產權交易所，

經過多年發展，初步形成了與國家中心城市經濟發展規模相適應、流轉順暢的交易市場。

4. 大力發展階段（2006 年至今）

2005 年，廣州市政府制定了《廣州市金融業發展「十一五」規劃》，提出了「到 2010 年，初步形成帶動全省、輻射華南、聯通港澳、面向東南亞、與國際接軌的區域金融中心；到 2020 年，基本達到發達國家區域金融中心的水平，初步形成與香港國際金融中心功能互補、具有國際影響力的區域性金融中心」的戰略目標，並進一步把戰略目標分解為「強化八個中心，建設四大體系」⁰⁴，標誌著廣州市區域性金融中心發展戰略進入新的里程。

2006 年，在建設金融強省的大背景下，廣州市政府頒布了《廣州市支持金融業發展意見的若干實施細則》和《廣州市金融業發展專項資金使用管理辦法》，提出引進金融機構、金融人才和建設珠江新城金融商務區等一系列政策措施。2008 年底，國務院批覆了《珠江三角洲地區改革發展規劃綱要（2008-2020 年）》，明確支持廣州建設區域金融中心，允許在金融改革創新方面「先行先試」，建立以廣州為中心的珠三角金融改革創新綜合試驗區，廣州區域金融中心建設上升為國家戰略，為全市金融業的發展帶來了新的機遇。這一階段，廣州金融業發展取得了明顯的成效。2010 年，廣州金融業實現增加值 615.54 億元，佔第三產業增加值比重為 9.52%，說明金融業已成為廣州國民經濟的支柱產業。

「十一五」期間，廣州金融業一手抓發展、一手處理歷史遺留問題，舊「包袱」清理完畢。廣州國投沒有走倒閉路，而是委託給廣州越秀集團來重組；廣州商業銀行經過了不斷發展，2010 年盈利 22 億元。廣州農信社成功改制，成為廣州農村商業銀行。曾經被認為是歷史包袱的金融機構大多盈利，實力不斷增強。

2011 年 6 月，廣州市政府通過了《廣州區域中心建設規劃（2011-2020 年）》和《關於加快建設廣州區域金融中心的實施意見（2011-2015 年）》，計劃全面布局區域金融中心建設，明確到 2020 年要把廣州打造為與香港功能互補、在國內外具有重要影響力、與廣州國際大都市地位相適應的國際化區域金融中心。

<u>（二）深圳市金融業的發展歷程</u>

深圳是中國南部海濱城市和規模最大的經濟特區，地理位置優越，亦是中國口岸最多和唯一擁有海陸空口岸的城市，是中國外交的主要門戶之一，也是內地唯一與香港接壤的城市，能接受香港經濟的輻射。深圳作為改革開放的「橋頭堡」，是銀行業、證券業、保險業進行金融改革的前沿陣地。深圳經濟特區創造了全國金融業內的諸多「第一」。改革開放以來，深圳金融業歷經創業發展、調整轉型、深化提高三個階段，取得了令人矚目的成就。

1. 創業發展階段（1980–1997 年）

改革開放以來，深圳在中國金融業發展中一直扮演重要角色。深圳經濟特區成立以後，為了籌集發展資金，支持特區經濟建設，深圳金融業大膽推進改革創新，在銀行、證券、保險等行業創造了中國金融發展史的上百個「第一」和「率先」，有力帶動了全國金融業的創新發展，被譽為「金色輝煌」。

◆ 1981 年，香港南洋商業銀行在深圳設立分行，成為第一家進入內地開展業務的外資銀行，為香港和內地的客戶提供跨境金融服務。

◆ 1985 年，深圳創建全國第一家外匯調劑中心，催生了全國近百家外匯調劑中心，成為全國統一的外匯大市場的源頭。

◆ 1986 年 12 月 5 日，深圳成立了全國第一家中外合資財務公司 —— 中國國際財務有限公司（深圳）。

◆ 1987 年 4 月 8 日，招商銀行成立，這是我國第一家完全由企業法人持股的股份制商業銀行，拉開了金融體制改革的帷幕；同年，深圳發展銀行成立，作為第一家允許私人入股和股票上市買賣的銀行，引起了國內外金融界的關注。

◆ 1987 年 5 月，全國第一家公開發行股票的上市銀行 —— 深圳發展銀行發行上市股票。

◆ 1988 年 3 月 21 日，全國第一家股份制保險企業 —— 中國平安保險（集團）股份有限公司成立，打破了中國人民保險公司壟斷保險市場的局面。

◆ 1990 年 12 月 1 日，深圳證券交易所正式試運行，這在深圳金融發展史上具有里程碑式的意義。1993 年股票發行試點推行到全國，股票市場進入了較快發展階段，1995 年後長達兩年的大牛市，擴大了深圳證券市場在全國的影響力，奠定了其全國性市場的地位，深圳金融業開始在中國具有舉足輕重的地位。

◆ 1991 年 6 月 10 日，全國第一家期貨交易所 —— 深圳有色金屬交易所（SME）經中國有色金屬工業總公司和深圳市人民政府批准正式成立。

◆ 1993 年，全國首家中外合資銀行 —— 華南銀行在深圳開設分行。

◆ 1993 年 6 月 3 日，向全國資金市場開放的全國首家試行資金公開買賣的貨幣市場 —— 深圳經濟特區融資中心在深圳正式成立。

◆ 1994 年 5 月 28 日，全國首家外匯經紀中心 —— 深圳外匯經紀中心開業，成為當時國內唯一能參與國際市場交易的外匯經紀中心。

◆ 1995 年 6 月 22 日，全國首家地方性股份制商業銀行 —— 深圳城市合作商業銀行經中國人民銀行總行批准宣告成立。

◆ 1995 年 12 月 18 日，深圳金融電子結算中心成立，成為全國第一家按照與國際金融標準接軌的要求，專業從事金融電子化清算系統開發、運行與維護的金融機構。

此外，全國第一家中外合資財務公司、第一家證券公司、第一批證券管理條例和法規、第一個基金管理條例、最早的電話銀行服務、國內銀團貸款、樓宇按揭貸款、第一台自動櫃員機……，都在深圳誕生。這一階段，深圳金融發展通過改革創新突飛猛進，初步建立起包括金融調控與監管體系、金融組織體系、金融市場體系等較為完整的金融體系，金融發展速度較快，機構家數眾多，存貸款規模迅速擴大，金融實力大增。

2. 轉型調整期（1998−2003 年）
1997 年爆發的亞洲金融危機，對快速發展的深圳金融業造成了嚴重的衝擊，促使深

圳認識到金融體系傳統的規模擴張式的增長方式已經難以為繼，須重新審視一些不合適的發展理念和發展模式，重新調校未來發展的步伐和發展方向。1998 年，中國人民銀行組織架構改革，人民銀行深圳分行不再是中國人民銀行的一級分支機構，而變成了其九大分行之一廣州分行的分支機構——深圳市中心支行。2000 年 9 月，深圳證券交易所停發新股，一定程度打擊了投資者對深圳金融業前景的信心，導致了 2001–2003 年深圳金融業的最低潮。這一階段，深圳金融業發展進入轉型調整期。金融發展的重點，主要化解金融風險，整頓金融秩序，改善和加強金融監管，致力使金融風險防範體系更趨完善。

3. 深化提高階段（2003 年至今）

從 2003 年起，在轉型調整的基礎上，深圳加大了金融發展的支持力度。2003 年，深圳在全國率先推出《關於金融業發展的若干措施和規定》及其細則，並率先成立了專門的服務機構。2004 年 5 月，中國證監會批准深圳證券交易所在主板市場內設立「中小企業板塊」，為內地中小企業提供了通過資本市場進行融資的途徑，標誌著深交所恢復了企業上市。2004 年，香港個人人民幣業務開始啟動，人民銀行深圳市中心支行為該項業務提供清算安排，並在中銀香港設立了首個人民幣境外代保管庫；同年，8 家外資商業銀行進入深圳市，成為繼 1986 年、1993 年之後深圳市引入外資銀行的又一高峰年。2008 年，深圳市政府通過《深圳經濟特區金融發展促進條例》，明確提出深圳市政府應當把金融業當做戰略性支柱產業，以多層次資本市場為核心，以深港金融合作為紐帶，鞏固提升深圳金融中心城市地位。

2009 年初《珠三角地區改革發展規劃綱要（2008–2020 年）》發布，進一步明確了深圳市建設區域金融中心的發展方向，把構建多層次的資本市場體系和多樣化、比較完善的金融綜合服務體系作為目標，提出了支持符合條件的優質企業上市融資、擴大直接融資比重、培育具有國際競爭力的金融控股集團、大力發展金融服務外包產業、建設輻射亞太地區的金融後援服務基地等具體任務。隨後，深圳市政府發布《深圳市支持金融業發展若干規定實施細則》，擴大了對金融機構和金融人才的獎勵額度。同年 7 月，深圳作為首批試點城市正式啟動跨境貿易人民幣結算業務，深港金融合作步入新的階段；10 月，創業板正式啟動，深交所主板、中小企業板、創業板，以及非上市公司股份報價轉讓系統協調發展的多層次資本市場體系架構基本確立。

通過 30 餘年的發展，廣州和深圳金融業都取得了相當的成績，但相比較而言，深圳在金融創新和金融改革方面表現更加突出，金融發展勢頭強勁，已成為深圳四大支柱產業之一。而廣州金融業在沉寂多年後得到了政府的高度重視，開始發力趕上，因此穗深兩市金融業的發展都將進入一個新階段。

5.3.2 / 廣州、深圳兩市金融產業發展比較

（一）整體經濟實力比較

作為廣東省的省會，廣州是廣東省的政治、經濟、科技、金融、教育和文化中心，也是華南地區最大的交通、通信樞紐和重要的對外貿易口岸。廣州工業基礎雄厚，第三產業發達，形成了汽車、電子產品和石油化工製造業三大支柱產業。國民經濟以年均 14% 的速度持續增長，綜合經濟實力位居中國城市第三位，在 2010 年「全球十大經濟活力城市」中排第七位。而深圳作為我國第一個經濟特區，毗鄰香港，擁有內地兩大證券交易所之一，現已形成了高新技術、金融、物流、文化四大支柱產業，是連接香港和中國內地的紐帶和橋梁，有著強勁的經濟支撐與現代化的城市基礎設施，並在 2010 年「全球十大經濟活力城市」中排第二位（**圖表 5.12**）。

圖表 5.12 | 2010 年廣州、深圳宏觀經濟指標比較

資料來源

《2011 年廣州市政府工作報告》；《深圳市2010 年國民經濟和社會發展統計公報》

	GDP（億元）	人均 GDP（萬元）	進出口額（億美元）	財政收入（億元）	固定資產投資（億元）	實際利用外資（億美元）	社會消費品零售總額（億元）
廣州	10,604.48	10.261	1,037.8	872.65	3,263.57	40.81	4,476.38
深圳	9,510.9	10.672	3,467.49	1,106.82	1,944.70	42.97	3,000.76

從**圖表 5.12** 看，廣州市國內生產總值高於深圳，但深圳人均 GDP 略高於廣州，位居全國首位。另外，廣州市固定資產投資和社會消費品零售總額均大於深圳，廣州批發零售業、住宿和餐飲業等傳統服務業發達，獲得「福布斯 2010 年中國大陸最佳商業城市」排行榜第一名；而深圳市的進出口總額、實際利用外資總額均高於廣州，是全國外貿最發達的城市，體現了深圳的經濟外向度強於廣州。在財政收入上，深圳多於廣州，展現了深圳市整體經濟增長效益優於廣州的局面。此外，經濟腹地能夠為金融中心提供充足的多樣化的融資需求和資金供給渠道。對廣州而言，CEPA、九加二泛珠三角等區域金融合作為廣州金融業發展提供廣闊的經濟腹地，以廣州為中心，東莞、順德、中山、佛山、深圳、汕頭、珠海等地已經形成了相對完整的珠

三角城市帶和南方製造業中心區；而深圳則缺乏輻射廣闊的經濟腹地，這在一定程度上制約了深圳金融業的發展。

綜上所述，廣州經濟實力雄厚，資金充裕，是大珠三角的基礎工業和機械裝備製造業中心，經濟腹地廣闊；而深圳對外貿易發達，外向型經濟特點明顯，產業結構優良，具有特區的政策優勢。因此，從現有宏觀經濟基礎來看，廣州總體經濟實力略勝一籌，但從未來經濟發展潛力來看，深圳比較有優勢。

（二）整體金融實力比較

1. 金融業在國民經濟中地位比較

經過多年的發展，廣州、深圳均已成為全國重要的區域性金融中心。2010年，廣州金融業實現增加值660億元，是2005年的3.3倍，佔地區生產總值的比重達6.22%，比「十五」期末提高2.35%，金融業已成為廣州重要的戰略性支柱產業。廣州金融業的實力也位居全國前列。2010年末，廣州金融機構存款餘額23,954億元，是2005年末的2.04倍；貸款餘額16,284億元，是2005年的2.14倍，資金實力穩居全國大城市第三位。保險業實現保費收入420.4億元，是2005年的2.71倍，居全國大城市第三位；廣州地區股票交易額41,400億元，是2005年的12.65倍，期貨代理交易額24.64萬億元，是2005年的23.03倍，兩方面均位居全國前列。

相比之下，深圳的金融業發展更勝一籌。2010年，深圳金融業實現增加值1,279.27億元，是同期廣州的1.94倍；佔GDP的13.5%，比廣州高出7.28%。2010年末，深圳金融業總資產超過4萬億元，金融機構本外幣存款餘額21,900億元；銀行間貨幣市場和債券市場交易總量33.46萬億元，交易總量佔全國的9.36%；深交所新上市公司321家，籌集資金4,083.79億元，成為全球第一；黃金夜市總成交39,503.51噸，佔全國黃金交易總份額的49.6%；總部級金融機構達78家。金融業已成為深圳重要的支柱產業，基本建成以銀行、證券、保險業為主體，其他多種類型金融機構並存，結構比較合理，功能比較完備的現代金融體系，綜合實力和競爭力位居全國前列，已初步成為具有全國影響力的金融中心。

2. 金融機構聚集度比較

金融機構的聚集度包括了總體金融機構數以及各類金融機構的構成情況。從歷年的總體數據看，深圳的金融機構數逐年增加，到2009年達到1,305家；廣州的機構

數量近幾年波動較大，但始終比深圳要多，到 2009 年為 2,273 家，接近深圳的兩倍（圖表 5.13）。不過，若從金融機構的構成分析，儘管廣州的金融機構總數多於深圳，但是證券、基金管理、期貨經紀公司及上市公司的數量都遠低於深圳，這反映了廣州缺乏資本市場，仍是傳統意義上以銀行業為主的金融市場結構（圖表 5.14）。

圖表 5.13　｜　2002-2009 年度廣州、深圳金融機構數比較（單位：家）

年度	2002	2003	2004	2005	2006	2007	2008	2009
廣州	2,385	2,33	2,387	2,093	2,190	2,290	2,344	2,273
深圳	1,023	1,035	1,105	1,166	1,176	1,235	1,270	1,305

資料來源
中國人民銀行：《中國區域金融運行報告》（2002-2009）

圖表 5.14　｜　2009 年廣州、深圳金融機構構成情況（單位：家）

	金融機構總數	證券公司	基金管理公司	期貨經紀公司	上市公司	保險機構
廣州	2,273	3	3	8	38	280
深圳	1,305	17	16	13	114	243

資料來源
深圳金融發展報告編委會編著：《深圳金融發展報告（2009）》，人民出版社，2010 年。

3. 金融資產規模比較

從金融資產規模看，2009 年除了本外幣貸款餘額，各項金融資產廣州規模都要大於深圳。進一步查歷年資料可以發現，2002-2008 年表中的廣州各項指標都高於深圳。總體而言，廣州的金融資產規模大於深圳。

圖表 5.15　｜　2009 年廣州、深圳金融資產規模的比較（單位：億元）

地區	本外幣存款餘額	本外幣貸款餘額	居民儲蓄餘額	保費收入	金融機構現金支出
廣州	20,944.19	13,851.83	7,920.13	327.38	17,900
深圳	18,357.47	14,783.39	5,723.76	271.59	12,931.37

資料來源
《2010 年廣州統計年鑒》；《2010 年深圳統計年鑒》

05
焦瑾璞著：《中國銀行業競爭力比較》，中國金融出版社，2002 年。

（三）金融業具體行業比較

1. 銀行業

根據焦瑾璞等（2002 年）的分析框架[5]，本文從銀行規模、現實競爭力、銀行類金

融機構數展開分析。從銀行規模看，2009 年，深圳銀行機構的資產、負債規模分別為 27,634.1 億元和 26,716.6 億元，比廣州的 26,389.0 億元和 25,857.7 億元的規模要稍大一點，但總體差距不大；不過，若從相對規模來看，深圳的銀行業資產額在國民經濟中所佔比重則要遠高於廣州（**圖表 5.16**）。

圖表 5.16　｜　2009 年廣州、深圳銀行規模比較

地區	絕對規模		相對規模	
	銀行機構資產總額（億元）	銀行機構負債總額（億元）	當地 GDP（億元）	銀行業資產額佔 GDP 比重
廣州	26,389.0	25,857.7	9,138.21	288.78%
深圳	27,634.1	26,716.6	8,201.23	336.95%

資料來源

《2010 廣州金融白皮書》；《深圳金融發展報告（2009）》

從競爭力看，2009 年廣州金融機構本外幣存款餘額為 20,944.19 億元，佔廣東全省金融機構本外幣存款餘額的 30%，比深圳多出了 2,586.72 億元。這說明廣州具備雄厚的資金實力；但從存貸款比率看，廣州則遠低於深圳，反映深圳銀行業資產運用的效率更高。從盈利能力來看，則廣州稅前利潤總額和資產利潤率均低於深圳，反映廣州銀行業的資本獲利能力低於深圳。從資本充足率看，2009 年深圳銀行業發展迅速，各項存貸款增加額都要高於廣州。無論是按照存款還是按照貸款計算，廣州接受壞賬風險的能力都不及深圳（**圖表 5.17**）。

圖表 5.17　｜　2009 年廣州、深圳銀行現實競爭力分析表（單位：億元人民幣）

地區	流動性指標			盈利能力指標		資本充足率指標			
	金融機構本外幣存款餘額	金融機構本外幣貸款餘額	貸存款比率	稅前利潤總額	資產利潤率	比上年存款增加額	比上年貸款增加額	資本充足率（按存款算）	資本充足率（按貸款算）
廣州	20,944.19	13,851.8	66.14%	231.69	0.88%	4,014.72	2,772.28	19.17%	20.01%
深圳	18,357.47	14,783.4	80.53%	335.35	1.21%	4,096.53	3,549.34	22.32%	24.01%

資料來源

《2010 廣州金融白皮書》；《深圳金融發展報告（2009）》

從銀行機構數看，整體而言廣州的金融機構遠遠多於深圳。建國後，廣州就是整個

華南區金融總部所在地。現在構成「一行三局」的廣東銀監局、廣東證監局、廣東保監局與人民銀行廣州分行等金融調控監管體系機構總部基地均設在廣州。國有商業銀行的「總一分一支」的行政科層結構，使廣州集中控制了全省、管理權限較高的金融服務機構，提高了其平均規模水平，實質上控制了整個廣東（深圳除外）的金融資源。除了「一行三局」，各大國有商業銀行、股份制銀行、政策性銀行等廣東省級分行都設在廣州，2009 年 6 月，中國進出口銀行廣東省分行在廣州成立，業務區域包括廣東與廣西，為華南地區外貿出口行業提供更為豐富、更高層次的金融服務與支持。這一點是深圳所無法企及的。但是，由於缺乏資本市場，加上國有商業銀行的強勢競爭，金融創新能力薄弱，廣州對股份制商業銀行以及外資銀行吸引力相對要弱一點，因而這兩類銀行在廣州市場份額不如深圳。這可能也是深圳銀行業規模及資產利潤率優於廣州的原因。

總的來說，傳統意義的銀行業發展廣州優於深圳，但是近幾年深圳的銀行業發展有追趕廣州之勢。

2. 證券市場

廣州缺乏資本市場，這已成為其金融業發展的重要限制因素。而深圳則已建立起包括主板、中小企業板、創業板，以及非上市公司股份報價轉讓系統協調發展的多層次資本市場體系。從圖表 5.18 可看出，廣州的股票市場發展落後於深圳。2009 年底，深圳 17 家證券公司總資產達 4,701 億元，淨資產 1,291 億元，股票交易總額為 25,568.38 億元，實現營業收入 463 億元，稅後淨利潤 225 億元，佔全行業淨利潤總額的 24.12%，各項指標在全國各地區中都排第一。而由於臨近深圳股票交易所和香港聯交所，金融集聚的作用使得廣州的證券業較為落後，目前證券公司僅有 3 家，數量遠遠少於北京、上海、深圳。證券公司中除了廣發證券，其餘綜合實力都不強，經營模式單一，抗風險能力弱。由於廣州市企業改制上市步伐太慢，2009 年廣州市 GDP 是杭州的 2 倍，但上市公司卻只有 39 家，比杭州還要少 8 家；上市公司經營業績也總體偏低。

圖表 5.18 | 2009 年廣州、深圳股票市場發展比較

	上市公司總數	上市公司總市值（億元）	上市公司融資額（億元）	證券公司數	證券機構總資產（億元）
廣州	39	3,379.89	155.58	3	1,215.65
深圳	114	21,710.38	344.15	17	4,701.05

資料來源

《2010 廣州金融白皮書》；《深圳金融發展報告（2009）

儘管深圳證券業比廣州發達，但是就全國來看，深交所與上交所在主板市場上仍有較大差距，上海證券交易所交易總量、市場範圍都要大於深圳（**圖表 5.19**）。這與近幾年國家大力扶持上海建設全國金融中心的各項政策措施分不開。

圖表 5.19 | 2009 年上交所與深交所基本情況的比較

	交易所會員數	上市公司數	上市股票數（隻）	發行總股本（億股）	流通股本（億股）	流通市值（億元）	市價總值（億元）	成交金額（億元）	成交量（百萬股）
上交所	107	870	914	16,659.96	11,578.56	114,805	184,655.23	346,511.91	3,367,964.25
深交所	114	848	890	3,946.3	2,621.63	36,453.65	59,283.89	189,474.86	1,742,736.24

資料來源

《中國證券期貨統計年鑒 2010》

不過，深圳擁有多層次資本市場，比上海更加靈活、多樣。從**圖表 5.19** 可看到，經過數年發展，深圳中小企業板發展已具有一定規模。創業板雖然是 2009 年 10 月才推出，但是截至 2009 年底，已有 36 家上市公司；創業板的平均市盈率超過中小板的兩倍，投資吸引力很強（**圖表 5.20**）。憑藉著擁有有多層次資本市場，深圳不僅可以吸引和培育投資銀行、基金管理公司、信託投資公司等機構，也推動了衍生市場、基金市場、保險市場的發展。

圖表 5.20 ｜ 2009 年深圳中小企業板、創業板發展狀況

	上市公司數	總股本（億股）	流通股本（億股）	上市公司總市值（億元）	流通市值（億元）	成交金額（億元）	累計籌資（億元）	平均市盈率（倍）
中小板	327	794.13	380.49	16,872.55	7,503.57	45,273.52	577.12	51.01
創業板	36	34.6	6.48	1,610.08	298.97	1,828.11	204.09	105.38

資料來源

《中國證券期貨統計年鑒 2010》

3. 基金業

深圳基金業發展較早，是我國重要的基金公司聚集地。至 2009 年底，註冊地在深圳的基金公司有 16 家，管理基金數量 179 隻，基金管理資產規模達 9,242 億元，三項指標均排名全國第二，位居上海之後（**圖表 5.21**）。其中，博時基金管理公司是我國資產管理規模最大的基金管理公司之一。相比之下，廣州的基金公司起步較晚，目前僅有 3 家公司，管理著 35 只基金。但是廣州未來基金的發展潛力不容小覷。廣州儘管只有 3 家基金公司，分別是易方達基金管理有限公司、廣發基金管理有限公司、金鷹基金管理有限公司，但易方達和廣發基金無論是在管理資產規模、投資收益水平、產品創新等方面都是全國基金行業的領軍人物。

圖表 5.21 ｜ 2009 年廣州、深圳基金業發展比較

	基金管理公司數	管理基金數	基金總規模（億份）	基金資產淨值（億元）
廣州	3	35	2269.99	2746.45
深圳	16	179	8071.28	8677.57

資料來源

《2010 廣州金融白皮書》：《深圳金融發展報告（2009）》

從基金行業的創新能力競爭角度看，2010 年 1 月 1 日起，新基金法開始實行分類審核制度，打開了基金產品創新空間大門，2009 年的基礎上迅速擴大，行業競爭更加激烈。與此同時，近年來，基金業績的分化使多數投資者越來越認識到基金品牌的重要性，基金業已經進入了品牌競爭時代，公司品牌形象已經成為基金公司的核心競爭力的關鍵所在。這種兩極分化的馬太效應，加上保險公司、銀行等其他資產管理機構都在向全牌照邁進，僅擁有投資管理人單項拍牌的基金公司將承受巨大的擠壓，這些都將給深圳的基金公司帶來不小的壓力。而且，由於擁有 16 家基金公司，深圳本地基金公司的競爭也很激烈。以 2009 年來看，由於該年新基金發行比較密集，基金公司對渠道的維護力度和投入費用都加大，廣告營銷費用及人員招聘支出

也不斷增多，致使行業利潤越來越薄，從而使得深圳基金公司集體競爭力下降[06]。

當然，深圳的基金規模、數量均佔全國的三分之一，深圳市政府一直力求把深圳建設為中國的「基金之都」，加上深圳證券交易所具有較好的產品創新平臺，融資證券、股指期貨的推出將不斷刺激深圳湧現新的基金產品。從**圖表 5.22** 可看到，儘管深圳的基金成交規模不如上海，但是深圳基金上市品種、成交筆數都多於上海，這表明深圳的基金業雖不強大，卻有活力。

圖表 5.22 ｜ 2009 年上海、深圳基金成交概況比較

	交易日數	基金上市品種	基金成交金額（億元）	基金成交份數（億份）	基金成交筆數（百萬筆）	基金日均成交金額（億元）
上海	244	18	6,549.06	3,690.94	14.83	26.84
深圳	244	55	3,790.96	2,840.46	15.39	15.54

4. 期貨業

金融危機之後，中國期貨市場逆勢增長，成為全球第二大商品期貨市場和第一大農產品期貨市場。在市場總體向好的環境下，廣州與深圳期貨市場的運行質量和規範化水平都有明顯的提高。但從**圖表 5.23** 看，深圳的期貨市場發展優於廣州。

圖表 5.23 ｜ 2009 年廣州、深圳期貨市場比較

	期貨公司數	客戶保證金（億元）	代理成交量（億手）	代理成交量佔全國份額	代理成交額（萬億元）	代理成額佔全國份額
深圳	13	98.4	2.35	10.88%	13.88	10.64%
廣州	8	80.94	1.72	8%	10.32	7.9%

總的來看，廣州與深圳兩市期貨業總體實力都還不強，與江浙等發達省份相比仍有較大差距。但廣州期貨公司在白糖、銅、螺紋鋼等品種的交易方面具有一定優勢。以 2009 年 PVC（聚氯乙烯）期貨上市為例，大連商品交易所選擇廣州作為基準交割地，就是因為廣州具有完善的倉儲物流設施，輻射能力強，同時廣州 PVC 現貨交

06

深圳金融發展報告編委會編著：《深圳金融發展報告（2009）》，人民出版社，2010 年，第 178-179 頁。

資料來源

《中國證券期貨統計年鑑 2010》

資料來源

《2010 廣州金融白皮書》；《深圳金融發展報告（2009）》

07

胡劉繼著：《PVC 期貨基準交割地初定廣州》，《第一財經日報》，2009 年 4 月 27 日。

08

熊國平著：《創新與融合——珠三角金融發展研究》，新華出版社，2010 年，第 82 頁。

資料來源

《加快廣州市創業投資發展的研究》，2007 年。

易為全國最發達，「廣州價格」將影響全國市場價格[07]。各地期貨公司普遍看好廣州地區期貨市場的發展前景，紛紛選點廣州設立分支機構。相較而言，深圳目前的規模較大，但是廣州在期貨市場上的話語權似乎更多。

5. 創業投資業

憑藉堅實的高新技術產業基礎，深圳是全國本土創投最活躍的地區，本土創投機構數量最多，投資項目回報率最高，創業板上市項目最多，全國創業氛圍最好。其實，廣州是國內最早發展創業投資的地區之一，但由於廣州創投嚴重依賴國有股本，創投機構以公有制為主，自 2000 年後發展減速。從**圖表 5.24** 可看到，廣州創投機構股本佔本地生產總值、地方財政收入的比例都相當低，創投機構發展滯後地區經濟發展水平。可以這樣理解：創業投資對民營資本「擠出效應」明顯，廣州的創投機構的所有制結構影響了地區創投行業的發展[08]。

圖表 5.24　｜　廣州、深圳 2006 年創業投資概況比較

地區	創投機構數量	創投機構股本（億元）	國有機構佔比	2006 年GDP（億元）	創投股本佔 GDP 比重	2006 年地方財政收入（億元）	創投股本佔地方財政收入比重
廣州	23	29.34	79.52%	6,073.83	0.48%	427.08	6.87%
深圳	193	173	3.85%	5,813.56	2.98%	500	34.6%

與廣州的相比，深圳創投業前景看好。隨著 A 股上市重啟和創業板的正式開啟，創業投資的退出通道更暢通，機構投資項目的上市價格使得的財富效應凸顯，民間資本開始流向創投市場，加上基金、社保基金、券商基金等非銀行金融機構資本的引入，創投資金來源充實。同時，國家財政、國家稅務總局發出的《關於促進創業投資企業發展有關稅收政策的通知》中提出：創業投資企業採取股權投資方式投資於未上市中小高新企業 2 年以上的，可按其對中小高新技術企業投資額的 70% 抵扣該創業投資企業的應繳納所得額。這將大大激勵創投行業。

6. 保險業

從保險的機構數看，截至 2009 年底，深圳的保險機構共有 53 家，其中中資有 44 家，三資有 9 家，保險中介機構有 183 家。而廣州保險機構主體 56 家，其中，外資保險公司有 19 家，共有保險中介機構 224 家。不僅保險機構多於深圳，外資保險機構、

保險中介機構數量都遠多於深圳，這對未來廣州的保險業發展至關重要。而且廣州 56 家保險主體中產險 25 家，人壽保險 31 家，市場主體分布較均勻。從保費收入及相應的保費結構看，歷年來廣州的保費收入都高於深圳，相應的廣州保險賠款更多，但賠款率卻比深圳低，這表明廣州保險業競爭力比深圳更強。2009 年廣州保費收入達 327.38 億元，保險市場規模全國第三，領先於深圳 55.79 億元（**圖表 5.25**）。

圖表 5.25　│　2004–2009 年廣深保費收入、給付賠償支出、賠付率比較

		2004	2005	2006	2007	2008	2009
保費收入（億元）	廣州	132.94	158.63	175.46	227.50	310.60	327.38
	深圳	91.77	106.39	134.69	183.70	240.82	271.59
賠款及給付支出（億元）	廣州	27.89	31.21	39.96	54.29	67.60	78.54
	深圳	24.44	28.63	35.15	56.87	67.94	73.34
賠付率	廣州	20.98	19.67	22.77	23.86	21.76	23.99
	深圳	26.63	26.91	26.10	30.96	28.21	27.00

資料來源▶

《2010 年廣州統計年鑒》；《2010 年深圳統計年鑒》。

當前中國的保險市場主要分成財產保險與人身保險兩大部分。人身保險又可以具體分為：人壽保險、健康險、意外險三方面。從內部結構看，廣州的人壽保險比重高於深圳，財保保險金額多於深圳，但是保費收入較低。廣州財保目前還主要在量上的擴張，缺乏質的提高，廣州財保市場還屬於買方市場，投保人的議價能力更高。因此，財產保險的競爭力較深圳稍顯弱一些。人壽保險中，廣州健康險的保險金額少，但保費金額比深圳多將近 1 倍。意外險廣州的保險金額、保費收入則都不如深圳，賠款給付也很低。因此，儘管深圳的保費規模小於廣州，但是財產保險、意外險等的發展都優於廣州（**圖表 5.26**）。

圖表 5.26　│　2009 年廣州、深圳保險公司主要指標比較（單位：億元）

		保險金額 *	保費收入 **	賠款與給付支出 ***
財產保險	廣州	77,159.86	85.01	45.62
	深圳	52,091.03	97.07	54.51

			保險金額 *	保費收入 **	賠款與給付支出 ***
人身保險	人壽保險	廣州	3,962.09	215.87	24.79
		深圳	2,387.02	153.65	12.34
	健康險	廣州	4,248.66	20.19	7.19
		深圳	5,908.76	13.65	4.99
	意外險	廣州	28,313.67	6.31	0.93
		深圳	37,863.83	7.22	2.39

資料來源

《2010 年廣州統計年鑒》;《2010 年深圳統計年鑒》

* 保險人承擔賠償或者給付保險金責任的最高限額。
** 保險公司為履行保險合同規定的義務而向投保人收取的對價收入。
*** 事故發生後,經查確屬保險責任範圍以內的保險標的損失,給予被保險人的款項。

綜上,廣州保險業整體實力強於深圳,不僅保費收入更多,經營成本也更低。雖然財產險的保費收入不及深圳,但是從財產險結構和長遠發展來看,廣州的財產險競爭力更強。人壽保險業務雖然目前還屬強勢,但是對新型的投資業務如分紅險、萬能險等市場佔有較少,人壽保險活力不夠。與上海和重慶相比,可以發現廣州和深圳還存在著具有社會管理效應的保險產品覆蓋面不廣、保險產品同質化與需求變化不適應,財產險中車險一業獨大、服務水平亟待提高等問題。兩市保險業發展都亟待改革 [09]。

7. 債券市場

我國的債券交易主要在上海、深圳兩地,依託上交所、深交所進行,廣州憑藉雄厚的資金實力、發達的銀行業背景,2009 年銀行間債券市場交易額達到 22,539.17 億元,同年深圳的交易額為 23,734 億元,兩市相差不大。這對於缺乏成形的資本市場的廣州來說難能可貴,未來可依託銀行業進一步發展。

8. 其他行業(私募、信用擔保業、產權交易市場)

從目前狀況看,深圳的私募基金發展好於廣州。2009 年,深圳無論是信託證券基金還是私募股權基金,都佔到全國三分之一,是中國私募基金最密集最活躍的地區 [10]。同年,收益前的私募基金中,有一半是深圳的基金,私募基金的盈利能力處於全國上游。但就政府支持力度來說,2009 年 6 月廣州市政府就在廣州設立了第一家專業從事私募股權投融資交易的股權交易機構——廣州私募股權交易所,隨後廣州又發布了《建設廣州「中國私募資本市場中心」的可行性調研報告》,將目標定

09

廣州市金融辦編著:《借鑒滬、渝經驗,大力拓展保險業社會管理功能》,《2010 廣州金融白皮書》,廣州出版社,2010 年,第 199-204 頁。

10

深圳金融發展報告編委會編著:《深圳金融發展報告(2009)》,人民出版社,2010 年,第 124 頁。

位至全國的私募中心，潛力頗大。

產權交易市場發展，廣州優於深圳。2009 年 3 月，廣州產權交易共同市場正式成立，促進珠三角及周邊地區產權交易市場的和協同以及高效運作。同年 6 月，廣州私募股權交易所、廣州環境資源交易所、廣州農村產權交易所、廣州企業財務清算公司正式成立。這些都為廣州加快資本市場的建設、盤活資本提供了有力的工具[11]。

中小企業信用擔保業發展，廣州優於深圳。截至 2009 年末，廣州共有信用擔保公司 185 家，而深圳僅有 20 家。廣州信用擔保公司無論從管理上和員工素質上都要優於深圳。

11′

廣州產權交易所：《2009年廣州產權交易市場發展情況與 2010 年展望》，《2010 廣州金融白皮書》，廣州出版社，2010 年，第 105 頁。

5.3.3 / 廣州、深圳金融基礎建設比較

（一）支付清算體系建設

廣州的支付清算體系、電子支付技術領先全國，這也是廣州銀行業發達的表現之一。截至 2009 年，廣州支付清算體系系統保持安全穩定運行，業務量比去年同期增長 25.9%；可以實現任何時間（Anytime）、任何地點（Anywhere）、多種方式（Anyhow）的 3A 級現代化跨行電子支付網絡二期順利投產，電子支付工具實現新突破；推出支票授信業務，有效處理空頭支票，支付生態環境不斷優化，部分解決了中小企業的融資難題；電子商業匯票系統 2009 年 10 月 28 日投入運行，票據電子化水平進一步提高。同樣，為了建設支付清算制度、解決空頭支票問題，深圳市構造了「銀行結算賬戶、支付工具與支付清算系統」三位一體的管理體系，建立了銀行賬戶業務考核制度和銀行卡業務通報與考核制度，啟動了第三方支付清算服務組織登記工作。深圳在這方面有創新，但這些創新成果影響力不夠，不如廣州使整個珠三角受益。

另外，2009 年，廣州、深圳兩市都順利啟動跨境貿易人民幣結算試點，結算業務發展至香港、澳門、馬來西亞、新加坡、越南、蒙古、巴西、俄羅斯等 8 個國家和地區。

（二）社會徵信體系

深圳市社會徵信體系構建較早，包括個人信用徵信系統和企業信用信息系統。2001年 3 月，深圳市政府委託鵬元公司承建個人信用徵信系統，後者是廣東省唯一一家從事徵信事業的公司，目前該系統已經徵集到國家和地方多個政府部門的金融機構

的信用信息，涵蓋全國近 13 億人，2009 年 3 月 1 日正式對外提供廣東省個人信用報告的查詢業務。深圳的企業信用信息系統成員單位已發展到 62 家，徵信面覆蓋市級行政機關、司法機關、行業協會和部分公用事業單位。該系統已經收集企業數據 7,000 多萬條，深圳信用網網站訪問量達 1,224 萬人次，數據交換方式齊全。同時，企業信用系統還與香港互通查詢通道，與江蘇、成都、湖南等省市互聯互查，拓寬了查詢空間。該系統還進行了技術開發嵌入工商註冊登記系統，以便註冊時核實身份；企業信用信息信貸風險預警系統也已在深圳市的金融機構廣泛應用。深圳市在構建誠信體系方面還做出了很多有益嘗試，如在全國率先成立誠信聯盟協會，頒布全國首部反走私綜合治理地方性法規，開展進出口 AAA 誠信企業推選活動等。2009 年 10 月，深圳市法制辦完成了對《深圳經濟特區企業信用促進條例》的初審，深圳市企業信用體系建設即將邁入法制化軌道。

近幾年，廣州也在緊鑼密鼓的展開誠信系統的建設。截至 2009 年底，廣州市企業徵信系統收錄廣州市辦理貸款卡的企業及其他組織 95,000 萬戶，涉及信貸金額 10,396.5 億元；個人徵信系統累計收錄自然人 713.33 萬個，涉及信貸餘額 2,375.19 億元。同時，廣州市積極推行行業信用記錄建設，全市有 2,849 家企業和 192 家個體工商戶參加「守合同重信用」公示活動，廣州信用建設得到了很大的重視。

（三）金融信息化建設

目前，廣州的金融信息建設主要是集中在銀行業的信息建設上，尤其是建設人行省級數據中心試點建設項目將為銀行業業務發展和內部管理提供強大支撐。不過，廣州的金融信息化建設還停留在銀行業界，而深圳則早已深入到證券、基金、保險、黃金交易等金融的各個行業，無論是在基礎平臺搭建、客戶服務系統建設、員工管理系統建設，還是在信息系統安全演練與備案方面，深圳都走在我國的前沿 [12]。從行業協會發展來看，深圳也佔有優勢。與廣州僅有 3 家同業協會相比，目前深圳金融行業協會包括有深圳市國內銀行同業公會、深圳外資金融機構同業公會、證券業同業公會、期貨同業協會、保險同業公會、保險中介行業協會、創業投資同業公會、金融顧問協會、信用評級協會、信用擔保同業公會共十家協會 [13]。這些協會在互通信息、自律規範市場秩序、因早良性金融生態方面起到不小的作用。

（四）金融集聚區建設

深圳傳統的金融集聚區是在羅湖區，新的金融產業集聚區位於福田中心區，超過

12

深圳金融發展報告編委會編著：《深圳金融發展報告（2009）》，人民出版社，2010 年，第 39 頁。

13

深圳金融發展報告編委會編著：《深圳金融發展報告（2009）》，人民出版社，2010 年，第 52 頁。

70% 的高端寫字樓集中在那裏，涵蓋銀行、證券、保險、基金、期貨等金融機構。2007 年，深圳的金融功能區進一步擴張，包括三項工程：羅湖區蔡屋圍金融中心區改造，龍崗區貧戶金融產業服務基地建設、福田區金融發展用地擴大。對金融產業發展的重視程度可見一斑。深圳的前海深港現代服務業合作區於 2010 年 10 月獲國務院批准，被譽為「特區中的特區」，將試行離岸金融業務、人民幣有限度的自由兌換等，為中國金融開放與人民幣國際化提供創新案例與經驗。

廣州有將近 95% 的金融機構集中在越秀區及天河區，其中越秀佔 65% 左右，天河佔 25%。越秀區環市東是華南區傳統的金融要地，區內有中行廣東省分行、工行廣東省分行、渣打、匯豐、安聯等大型銀行保險機構。而天河北則是目前廣州層次最高的金融機構總部和地區總部密集區，招商、東亞、民生、住友、中心、交通、工商、廣大、恒生、花旗、廣發等銀行證券機構總部都在該區。廣州將現有的珠江新城金融商務區延伸到員村地區，吸引更多的金融機構入駐，做大金融資產總量。不過，廣州銀行、證券、保險等金融機構布局較為鬆散，金融集聚區發展的相關法規制度都還未出臺，金融機構網點布局需要的政策、醫療保險、休閑娛樂等配套環境都還沒有形成。

（五）金融人力資源

廣州是廣東高等院校最密集的城市，廣東省四所「211」（即「21 世紀的 100 所重點大學」）著名高校坐落於此。2009 年，廣州擁有普通高等院校 74 所，高校在校生 79.6 萬人；深圳擁有深圳大學等普通高等院校 8 所，高校在校生 67,000 人。因此，廣州人才儲備優勢明顯。但從金融從業人數來看，2009 年廣州、深圳金融從業人員分別為 81,950 人和 87,200 人，分別佔總從業人數比重的 1.11% 和 1.26%。

深圳金融業人才之所以多於廣州，與深圳市政府高度重視對人才的引進有關。2003 年，深圳頒布了《深圳市支持金融業發展的若干規定》，對金融從業人員的發展環境、居住與生活環境給予優厚的待遇，深圳對金融機構高層管理人員子女入學等方面給予支持，安排其子女就近讀重點學校。2006 年，深圳市政府設立了「深圳市產業發展與創新人才獎」，規定高級人才可以享受市政府的產業發展與創新人才獎獎勵，這對於深圳金融業引進高端人才具有重要的吸引力。2008 年 10 月，深圳發布了關於高層次人才的「1+6 文件」，從住房、配偶就業、子女入學及學術研修等方面入手給予支持，人才吸引力大大提升。此外，深圳毗鄰香港，在引進海外人才方

面具有地緣優勢。

近年來，廣州在吸引人才方面也加大了政策力度。2005 年，廣州制定了《關於開展廣州市人才引進貼身服務活動的通知》，啟動了「廣州數字人才工程」，建立人才引進的綠色通道等服務機制；同年正式頒布了《關於廣州發展金融業的意見》，設立金融發展專項基金獎勵對廣州金融業發展做出突出貢獻的人才。2008 年，廣州制定了《關於鼓勵海外高層次人才來穗創業和工作的辦法》，啟動了「萬人海外人才集聚工程」。

CHAPTER 6.

●●●●●●●●●●●●●●●●●●●●●●●●●●

粵港澳金融合作

發展現狀與

存在問題

在 20 世紀 80 年代的改革開放浪潮中，中國金融開放是按不同行業和地域循序漸進展開，從行業上來看依次是銀行業—證券業—保險業，從地域上來看依次是經濟特區—沿海開放城市—內地開放城市。改革開放以來，粤港澳銀行業合作，大體經歷了以下 3 個發展階段：

（一）起步發展階段（改革開放初期至港澳回歸）

1982 年 1 月，經中國人民銀行批准，香港南洋商業銀行在深圳開設分行，這是改革開放以後內地引進的首家外資銀行營業機構。隨後，東亞銀行、匯豐銀行等先後獲准在深圳開設分行。1985 年 9 月，珠海南通銀行正式對外營業，成為內地首家外資銀行。截至 1997 年底，共有 12 家港澳銀行在廣州、深圳、珠海等地設立了 14 家分行、6 家代表處。20 世紀 80 年代初中期，港澳銀行在粤營業機構主要經營進口押匯、打包貸款、信息諮詢等業務；到 90 年代末，經營範圍擴大到外匯外匯存款、貸款、打包貸款、外匯單據、外匯票據貼現和信息諮詢業務 [01]。

01

馬經著：《粤港澳金融合作與發展研究》，中國金融出版社，2008年，第 218 頁。

20 世紀 90 年代初，廣東金融機構也開始到香港設立分支機構。1992 年 8 月，總部設在深圳的招商銀行在香港設立代表處。1995 年，廣東發展銀行在香港設立代表處。1996 年，深圳發展銀行在香港設立代表處。深圳發展銀行還參股深業投資發展財務公司，並同光大集團等機構在香港合組江南財務公司，從事有關金融業務。90年代以後，廣東金融機構也在澳門發展。1993 年 7 月 5 日，經中國人民銀行和澳葡政府批准，廣東發展銀行在澳門註冊成立分行，同年 11 月 8 日開業。該分行屬於廣東發展銀行的直屬分行，也是中國第一批股份制商業銀行在境外開設的首家分行，業務範圍涵蓋全部商業銀行服務。這一階段，廣東一些省屬和市屬駐港澳窗口公司（Window Companies）相繼成立，並通過開設、購併、參股等形式進入港澳金融服務市場。如廣東國際信託投資公司在香港設立全資附屬公司——廣東國際信託（投資）香港有限公司，並與日本、中國香港、法國等金融機構合資組建中聯國際租賃

公司；越秀集團在香港開設了越秀財務、香港越秀證券、香港越秀保險事務等機構；廣州國際信託投資公司在香港設立了越信隆財務有限公司。

（二）調整轉折時期（港澳回歸至 2003 年 CEPA 簽署）

1997 年及 1999 年香港、澳門分別回歸後，在金融方面與內地的關係是在一個主權國家內，不同經濟制度區域之間，多種貨幣、多種貨幣制度、多個金融監管局之間的關係，內地與港澳的交往按國際慣例進行，這是內地與港澳金融關係的基礎，也是開展港澳金融交往和處理金融關係的準則。這一時期，港澳金融機構在粵繼續拓展。在銀行機構方面，截至 2002 年末，共有 10 家港澳註冊金融機構在廣東設立了 26 家機構，包括 20 個營業性機構（其中分行 14 家，下設分行 3 家；合資銀行 3 家，下設分行 1 家）和 6 家代表處，集中分布在廣州、深圳、珠海和汕頭。在業務規模方面，20 家港澳銀行在粵營業性機構的資產總額為 24.8 億美元，佔全省外資銀行總額的 33.6%，其中普通存款為 15.2 億美元，佔全省外資銀行普通存款餘額的 41.8%；負債總額 19.9 億元，佔全省外資銀行負債總額的 30.9%。2002 年度，港澳銀行在粵營業性機構的盈利為 3,000 萬美元，佔全省外資銀行當年盈利的 51%[02]。

02

馬經著：《粵港澳金融合作與發展研究》，中國金融出版社，2008年，第 218 頁。

這一時期，相繼爆發的亞洲金融危機、九一一事件及「非典」事件直接影響或衝擊了粵港澳金融合作。1997 年爆發的亞洲金融危機不僅給香港金融體系帶來了很大的衝擊，也直接引發廣東的地方金融危機。1998 年 10 月 12 日，廣信集團宣布委任畢馬威會計師事務所為其在香港的兩家全資附屬公司清盤。據估計，兩家公司的總負債約 66 億港元（未計算擔保的或有負債）；其中廣信香港負債 28 億港元，債權銀行約 20 家；廣信事業負債 38 億港元，債權銀行約 40 家。香港金融管理局向銀行查詢後表示，香港銀行系統借予廣信集團的貸款及或有負債，總數約 110 億元，其中沒有在國家外匯管理局登記的借貸超過 35 億港元。其後，香港粵海集團宣布債務重組。廣信集團破產和粵海集團重組，意味著廣東在港澳投資設立的金融機構及

業務進入調整階段。對於政府而言，「窗口公司信用」消失，亦政亦企的方式再也無從在市場融資了；對於企業而言，曾被視為成功經驗廣泛推廣的粵企模式（即通過融資迅速實現企業擴張）已不足為法。

（三）深化發展階段（2003 年 CEPA 簽署至今）

2003 年 6 月及 10 月，為了支持港澳經濟發展，並深化內地與港澳的合作，內地中央政府先後與香港、澳門簽署《關於建立更緊密經貿關係的安排》（CEPA）。根據 CEPA 協議中關於「先易後難，逐步推進」的原則，內地與港澳又先後簽署了 7 份補充協議，逐步加大對港澳金融業的開放。CEPA 協議簽署後，粵港澳金融合作進入新的發展時期，港澳與內地金融機構互設、業務協作以及市場融合增加。2004 年以來，受惠於 CEPA 降低銀行准入門檻至 60 億美元的規定，多家香港中型銀行，包括永隆銀行、上海商業銀行、大新銀行等相繼在廣東深圳等城市開設分行，或以收購、重組方式開展業務。2006 年 9 月，恒生銀行在東莞設立分行，並於 2008 年 6 月在東莞長安鎮開設支行。2007 年 11 月，匯豐銀行在東莞設立分行。2009 年 11 月以來，匯豐、東亞、恒生、永亨等 4 家港資銀行申請設立的 12 家異地支行先後開業，營運情況良好。

據統計，截至 2011 年 5 月底，港資銀行在廣東的營業機構已增加至 104 家（包括法人機構 4 家，分行 25 家，支行 75 家）。在粵港資銀行總資產達 2,116.87 億元人民幣，存款達 1,587.39 億元，貸款達 971.41 億元，在全省外資銀行中分別佔57.67%、59.71% 和 57.13%。這些金融機構中主要設在深圳、廣州、珠海和汕頭等地。香港銀行還將其後勤業務部門，包括數據處理中心、檔案管理中心、單證業務、電話業務中心等從香港移至深圳、廣州、佛山等城市。例如，在深圳，就有東亞銀行設立的產品研發中心，渣打銀行設立的中國及香港區電話銀行客戶服務中心，恒生銀行設立的華南區管理中心等。佛山的廣東金融高新區就吸引了包括美國友邦保險亞太區後援中心、香港新鴻基金融集團華南金融國際中心、新宇軟件服務外包等51 家金融機構入駐，總投資額超過 180 億元人民幣。

港澳銀行機構在粵的經營範圍也進一步拓展。粵港銀行業在授信融資業務、結算代理業務、外匯資金業務、個人銀行業務、港資銀行經營人民幣業務以及港資銀行代理保險業務和信息交流和人員培訓等方面全面展開合作，合作形式逐步多樣化，合作對象逐步多元化。近年來，港澳銀行注重發展個人業務，開始在廣東增設支行網

點，增加自助服務設備投入，積極拓展個人金融業務。港澳金融機構在廣東省的分布地域範圍也進一步放大。從廣州、深圳、珠海開始向珠三角其他經濟發達地區和城市擴展業務和網點。

與此同時，廣東金融機構也加快了拓展港澳市場的步伐。廣東發展銀行、深圳發展銀行和招商銀行先後在香港或澳門設立分支機構；招商銀行在香港設立了分行；深圳發展銀行在香港設立代表處；廣東發展銀行在香港設立了代表處，在澳門設立了分行。2007 年 8 月，中國工商銀行以 46.83 億澳門元收購澳門誠興銀行 79.93% 的股份。招商銀行斥資 193 億元人民幣收購香港永隆銀行，拓展其在香港的銀行網絡。

隨著跨境商業活動急劇增長，港澳與廣東的銀行同業的信貸業務合作亦大大增強。粵港澳銀行信貸合作涉及的業務範圍包括信用證業務合作、應收賬款融資合作、跨境銀團業務合作、銀行間結算、資金拆借業務等傳統業務，以及人民幣業務等，服務對象包括省內外貿企業，港資企業和需要銀團貸款的大型基建項目或大型企業。2009 年 8 月，經國家外匯管理局批准，廣東省轄內（不含深圳市）率先開展中資企業外保內貸試點，為中資企業提供了新的融資渠道和方式，實現了中外資企業外保內貸的平等待遇。

6.1.1 / 粵港澳在證券、期貨市場的合作

改革開放以後，隨著廣東與港澳經濟合作的推進，粵港澳三地在證券市場的合作已逐步展開。主要表現在以下幾方面：

（一）廣東非銀行金融機構在香港發行債券

1987 年 6 月，廣東國際信託投資公司在香港發行 5,000 萬美元債券，成為繼中國國際信託投資公司之後第二家在香港發行債券的內地非銀行金融機構，也是首家在香港發行亞洲美元的內地非銀行金融機構[03]。

03

馬慶泉編：《中國證券史（1978-1998）》，中信出版社，2003 年，第 27 頁。

（二）粵港兩地證券商跨境互設機構開展業務

1992 年初，深圳設立 B 股市場，中國人民銀行深圳分行允許香港百富勤等境外特許證券商派出代表進入深圳證券交易所，參與內地 B 股交易，並確認浩威證券等 14 家境外證券商為深圳 B 股境外承銷商；渣打銀行、花旗銀行、匯豐銀行深圳分行成

為深圳 B 股的託管行（後改由匯豐銀行深圳分行一家作為託管行）。到 2007 年底，內地有關部門已認可 13 家香港經紀商作為深圳 B 股境外經紀商，代理深圳 B 股交易。在 2007 年深圳 B 股前 20 個特別席位及特許經紀交易商中，香港的經紀商佔據 10 席[04]。在證券機構方面，一些外資證券機構也相繼在廣東設立代表處，包括香港基鴻投資服務有限公司、法國興業證券、唯高達，荷銀證券、香港怡富證券、倍利證券。

與此同時，廣東的證券、期貨保險、基金等金融機構也開始積極開拓香港市場。2005 年 7 月，招商證券公司收購招商證券（香港）有限公司的申請獲得了中國證監會批准，成為中國證券業經監管機關批准在境外設立分支機構的首例。廣發、招商、中信三家證券公司先後在香港設立分支機構，並獲得香港證監會頒發的證券經紀和投行業務牌照。在基金管理業，南方基金、易方達基金等先後在香港開設分支機構。在期貨業，中國國際期貨、金瑞期貨和廣發期貨等已在香港設立從事期貨業務的子公司。目前，廣東已有 6 家證券公司、5 家基金公司、3 家期貨公司獲准在香港開設分支機構，並開展相關業務。

（三）在 QFII 和 QDII 機制下粵港兩地證券市場合作深化

2002 年 11 月 5 日，內地頒布《合格境外機構投資者境內證券投資管理暫行辦法》，正式引入 QFII（Qualified Foreign Institutional Investors）機制，即外國專業投資機構到境內投資的資格認定制度。2003 年 1 月，花旗銀行、匯豐銀行和渣打銀行三家外資銀行獲批從事 QFII 境內證券投資託管業務，匯豐銀行、渣打銀行、恒生銀行、瑞信香港、JF 資產管理、英國保誠資產管理（現為中銀保誠）、匯豐環球投資管理、道富亞洲、羅祖儒投資管理、東亞聯豐投資管理、宏利資產管理、富達、香港金融管理局、東方匯理資產管理香港有限公司等十餘家金融機構先後獲得中國境內 QFII 牌照。截至 2010 年底，QFII 投資額度已達到 683.61 億美元，其中 25 家商業銀行獲得額度為 82.60 億美元；30 家證券類公司獲得額度為 406 億美元；25 家保險公司獲得額度為 189.01 億美元；3 家信託公司共獲得額度 6 億美元。

2006 年 4 月，內地進一步推出 QDII（Qualified Domestic Institutional Investors）機制。QDII 由香港特區政府部門最早提出，與 CDR（Chinese Depository Receipt）、QFII 一樣，將是在外匯管制下內地資本市場對外開放的權宜之計。而且由於人民幣不可自由兌換，CDR、QFII 在技術上有著相當難度，相

04′

馬經著：《粵港澳金融合作與發展研究》，中國金融出版社，2008 年，第 246 頁。

比而言，QDII 的制度障礙則要小很多。QDII 意味著將允許內地居民外匯投資境外資本市場，即指投資於香港及其他國家資本市場。2006 年 11 月 2 日，華安國際配置基金正式成立，掀開了國內基金投資海外市場的序幕，當年首批 QDII 基金受到投資人追捧，但卻遭遇雷曼觸發的全球金融海嘯的衝擊。

（四）香港交易所與深圳證券交易所的合作起步發展

隨著香港與內地證券市場的融合，香港交易所與深圳證券交易所的合作也起步發展。2009 年 4 月 8 日，深交所與港交所旗下的香港交易及結算有限公司簽訂合作協議，內容涉及管理層定期會晤、信息互換與合作、產品開發合作研究、技術合作等。2010 年，深交所旗下的深圳證券信息有限公司與香港交易所的資訊業務附屬公司香港交易所資訊服務有限公司簽訂市場行情合作協議。2010 年 10 月，深交所首隻與香港國企指數掛鈎的上市開放式基金（Listed Open-ended Fund，簡稱 LOF）掛牌上市。

（五）廣東企業加快到香港上市集資的步伐

1987 年，粵海集團收購香港上市公司，成為繼華潤創業有限公司之後，第二家通過「買殼」方式在香港上市的內地窗口公司[05]。1997 年 10 月，廣東藥業股份有限公司以 H 股的形式在香港上市。2004 年 6 月，中國平安保險（集團）在香港上市。2004 年 8 月，粵港聯席會議第七次會議將「支持廣東企業到香港上市」作為粵港金融合作的重點項目。經過粵港雙方的合力推動，富力地產公司在 2005 年成功登陸香港交易所，成為廣州首家在香港上市的民營房地產企業。其後，包括合生創展、富力地產、雅居樂、碧桂園、合景泰富、中國奧園等房地產企業亦先後在香港上市。截至 2011 年 6 月底，已有約 125 家廣東企業在香港上市，總市值約 10,200 億港元，融資額接近 1,500 億港元，形成香港股票市場上的一支廣東軍團。

6.1.2 ／ 粵港澳在保險市場的合作

香港的保險業務具有多元化、國際化的特點，令香港保險市場日益成為亞洲區一個重要國際保險中心。內地實行改革開放後，尤其是港澳回歸後，粵港澳保險市場合作與聯繫也取得一定的發展。主要表現在以下幾方面：

05′

馬經著：《粵港澳金融合作與發展研究》，中國金融出版社，2008 年，第 241 頁。

（一）香港保險業在廣東開設分支機構，承保代理保險業務。

1982 年 12 月，香港民安保險公司在深圳設立分公司，成為改革開放以來內地引進的第一家外資保險公司。1992 年，中國平安保險與香港友聯銀行達成合作協議，由前者購入後者旗下的新聯保險有限公司 75% 股權，並於 1992 年 11 月 17 日改名為中國平安保險（香港）有限公司。2001 年 11 月，中銀集團保險公司深圳代表處升格為中銀集團保險有限公司深圳分公司，並於 2005 年 1 月改名為中銀保險有限公司。2002 年 10 月，匯豐保險有限公司購入中國平安保險 10% 的股權。此後，匯豐集團多次增持，到 2005 年時所持股份增加到 19.9%，成為該公司的大股東。2006 年 4 月和 12 月，中銀保險有限公司深圳分公司和廣東分公司相繼成立。截至 2011 年 6 月底，廣東設有 8 家港資保險公司，2011 年 1 至 6 月保費收入達 270.2 億元，同比增長 12.1%。此外，香港保險公司還在廣東設有 4 家分行、7 家港資保險專業中介機構。

從 2006 年開始，恒生銀行、中國銀行、南洋商業銀行、東亞銀行四家港資銀行在深圳獲批代理內地保險業務的資格。它們提供的保險產品主要包括財產保險，包括家庭財保險（其中以樓宇按揭險為主）、貨物運輸保險以及與貿易貨款標的物（Subject Matter）相關的產險品種。在財產保險創新合作方面，以粵港兩地汽車為例，車主一般要在粵港兩地保險公司分別購買車險才能為車輛及人員在兩地的行駛提供保障。粵港雙方合作開展了打擊香港保險機構非法經營，有效遏制了地下保單，維持了市場秩序。

（二）廣東保險機構以港澳為平臺「走出去」參與國際競爭。

廣東保險企業從 20 世紀 90 年代初期就開始進軍港澳保險服務市場。近年來，廣東保險企業在港澳市場開拓力度方面有所加大，業務領域逐步擴闊。1992 年，中國平安保險購了友聯銀行旗下的新聯保險有限公司 75% 的股權後更名為中國平安保險（香港）有限公司。該公司是經香港保險業監理處批准的經營一般保險業務的保險公司。到 2006 年年末，該公司資產總額為 2.55 億港元。2006 年 6 月，中國平安保險（集團）在香港設立了中國平安資產管理（香港）有限公司，2007 年 3 月獲得香港證監會頒發的資產管理牌照。

（三）廣東保險機構引進香港同業的管理經驗、技術和人才。

一，引進港澳保險同業先進管理經驗和經營模式：目前在廣東有多家保險公司的營銷管理體制，特別是營銷員管理和培訓方式借鑒了香港同業的經驗，對廣東保險市

場的發展起到了促進作用。二，引進港澳保險產品：例如，2006 年 4 月，廣州有保險公司將香港同業設計的儲蓄投資產品引入了市場，這是內地第一款集投資、儲蓄、人壽保障於一體的保險產品。三，引進港澳保險管理和營銷人才：香港居民赴粵參加保險代理人資格考試的人員逐年增多，同時廣東也積極創造良好的條件，推動方便港人參加保險精算師、保險代理人、保險經紀人和保險公估人資格考試等方面的合作，積極吸引更多的香港保險人才到粵工作、交流。

6.1.3 / 粵港澳跨境貨幣流通及原因分析

改革開放以來，隨著粵港澳經貿關係的迅速發展，特別是港澳回歸以來，粵港澳三地之間的商品、勞動力和資本的流動性進一步提高，推動了三地貨幣跨境流通的規模逐漸擴大。在此背景下，廣東成為港元、澳門元在內地流通的主要區域，同時也成為人民幣流向港澳及海外的主要通道。

港幣在華南地區流通已有 100 多年的歷史。改革開放以後，隨著粵港兩地商口、資金和人員往來日益密切，港元持續大量流入廣東，這體現了香港在廣東經濟金融發展中所發揮的輻射帶動作用。根據香港金融管理局研究部門的專家估計，2004 年底，在香港已發行港元總額中，約有 59-63% 是因境外需求而發行的，總額高達 820 億-880 億港元 [06]。其中，估計大部分在以廣東珠江三角洲為核心的華南地區流通；澳門元則主要在毗鄰澳門的珠江三角洲西岸地區，如珠海、中山等市流通。從 2002 年 9 月起，中國銀行在廣州、珠海、中山等市開辦澳門元存款及匯兌業務。這項措施促進了澳門元在內地的流通。由於目前國內銀行外幣儲蓄存款的幣種中不含澳門元，因此澳門元在境內僅作為有限的交易支付手段，而不像港幣那樣還可作為存款，境內居民一般不願持有，因此澳門元的流入量、流通量以及沉澱量都較小，而且三者也基本相近。

06′

何漢傑、石明翰、施燕玲著：《再探港元的境外需求》，《金融管理局季報》，2006 年第 3 期，第 87-94 頁。

港幣流入廣東主要途徑包括港澳居民直接攜帶現鈔入境、通過外幣信用卡在境內提現和境外匯入匯款等，其中以直接攜帶現鈔入境為主。澳門元流入廣東的方式主要是直接攜帶現鈔入境。攜帶港幣、澳門元現鈔入境的人多為境外旅客、入境探親者、商務公幹人員、投資內地的港澳商人、出訪的境內居民、以及流動漁民等。據了解，珠海拱北陸路口岸還有約 2,000-4,000 名專門替人攜帶外幣現鈔、物品過境的「水客」。他們在拱北口岸一日內多次進出，一般在入境時以 8,000 港元為單位攜帶外幣入境。這種方式攜帶入境的港幣主要是流向外匯黑市。20 世紀 90 年代以來，到

07 ╯
《粵港澳三地貨幣跨境
流通問題研究》，《金
融研究》，2002 年第 6
期，第 87-94 頁。

內地的香港遊客越來越多，港澳同胞「北上消費」成為潮流，不少人甚至在深圳、珠海、廣州及其他珠江三角洲其他城市投資置業房地產日趨踴躍[07]，帶動了港幣在廣東流通的規模進一步擴大。

流入內地的港元，其中一部分以港元現鈔或銀行現鈔存款等形式為內地居民或企業所持有，用於直接消費或儲蓄保值。在現行外匯管理體制下，國內不存在港元的離岸市場，內地企業通過發行股票方式籌集的外資不能直接向銀行結售匯，所以內地銀行在收到存入的港元現匯後，通過同業市場進行港元拆借，這樣，流入的港幣又會通過內地銀行在香港的運行或其他中資銀行回流香港銀行體系。據統計，2005年，外匯交易中心廣州分中心港元交易量達 373.8 億港元，佔全部外匯交易額的30.7%，市場份額僅次於美元[08]。

08 ╯
馬經著：《邁向金融強
省：廣東金融改革發展
研究》，中國金融出版
社，2007 年，第 277 頁。

另一方面，人民幣也逐漸擴大在港澳地區的流通。特別是 2003 年允許香港銀行辦理個人人民幣業務、2004 年實施 CEPA 等安排之後，港澳和中國內地之間人員及經貿往來活動日益頻繁，促進了人民幣現金在港澳地區的流動以及流動規模的擴大。2003 年 11 月，中國人民銀行宣布為香港銀行開辦人民幣業務提供清算安排，這標誌著人民幣在香港的流通由民間的非正規渠道轉向由金融機構作為中介的正規渠道。中國人民銀行曾在 2002 年、2005 年及 2007 年 3 次對人民幣跨境流通，特別是在港澳地區的流通展開調查。據調查結果估計，2001 年、2004 年和 2006 年人民幣在內地與港澳之間的總流量分別為 1,036 億、7,522 億元和 7,907 億元，分別佔人民幣跨境流通量的 91.1%、97.5% 和 95.8%；在上述各年末，人民幣在港澳地區的存量分別為 82 億元、50 億元和 32 億元，分別佔人民幣在境外存量的45%、23% 和 14%[09]。

09 ╯
中國人民銀行調查統計
司：《人民幣現金在周
邊地區接壤國家和港澳
地區跨境流動的調查報
告》，《中國金融年鑒
（2007）》，中國金融
年鑒社，2007 年。

2009 年 7 月國務院批准人民幣可以在跨境貿易支付之後，人民幣在境外的使用和流通大大增加。在國家的大力支持下，香港銀行體系已形成一個略具規模的人民幣中心，人民幣存款已從 2010 年年初的 600 多億元人民幣增加到 2011 年 6 月底的 5,500多億元人民幣，其中 70% 為企業存款，30% 為個人存款。香港居民持有人民幣存款的主要目的是滿足日常消費需要和資金保值。同時，海外企業在香港銀行存放的人民幣存款也有顯著的增長，由 2011 年年初的 290 億元人民幣大幅增加至 6 月底的690 億元人民幣，佔所有企業人民幣存款的比例，亦由 15.8% 上升到 17.6%。此外，在 2011 年上半年，經過香港銀行處理的人民幣貿易結算交易的金額達到 8,000 億

元人民幣，超過 2010 年全年的 3,700 億元人民幣 1 倍有多。澳門金融機構的人民幣業務開展情況類似於香港，但業務規模較小。截至 2011 年 9 月末，澳門銀行人民幣存款餘額達到 434.34 億元，較 2010 年同期增長 6.1 倍。

目前，人民幣流入港澳地區的渠道有兩個：合法渠道以及非正式渠道。合法渠道，即遊客、商務公幹人員、或流動漁民等攜帶規定限額內的人民幣出境，其中佔多數的是出境旅客携帶出境的。1993 年 3 月 1 日，《中華人民共和國國家貨幣出入境管理辦法》實施，規定中國公民出入境、外國人出境每人每次攜帶人民幣不得超過6,000 元，在邊貿發達的口岸和地區，小額人民幣被允許用於出入境和貿易結算。從 2005 年 1 月 1 日起，中國和外國公民出入中國國境時，每次最多可攜帶的人民幣增加至 20,000 元。之後，中央政府允許內地居民持人民幣銀聯卡在港澳地區消費。近年來，內地居民在港澳地區金融市場的投資不斷增加；部分投資者將人民幣現鈔携帶至港澳兌換成港元、澳門元，從而導致人民幣流向港澳。

非正式渠道，即貨幣走私等：近年來廣東口岸貨幣走私猖獗，國內海關對超額攜鈔跨境進行管制，但每天進出香港的人數眾多，多則幾十萬，不可能逐個搜查，也很難控制非法攜帶的發生。據廣州海關統計，2001 年 3-6 月，走私出境貨幣宗數是入境宗數的 9 倍，其中走私人民幣增長了 4 倍。這一時期，正值內地到香港炒股票出現新一輪的高潮[10]。內地居民大量貨幣走私出境，與其投資外幣股（如 B 股、H 股）所產生的對外幣的需求以及少數居民的資產轉移有關。一些境內居民和公司在國內把人民幣資金交給地下錢莊等跨境集團「洗黑錢」，在港澳地區提取外幣，目的是走私貨幣，其規模難以估計。

三種貨幣跨境流通，是我國對外開放和粵港澳三地經濟高度融合的結果，有其客觀存在的必然性。與 20 世紀 80 年代港幣在深圳特區流通而人民幣在港無法流通的現象不同，目前人民幣在港澳地區一定範圍內可以流通，除了人民幣幣值穩定的因素之外，一個重要原因是港澳地區目前確實存在對人民幣的交易性需求。隨著兩岸三地經濟交往日益密切和頻繁，港澳居民來內地消費購物的規模逐年增加，而且內地生活物價較港澳地區低，人民幣對於基本生活消費品的實際購買力更強，因此在人民幣幣值穩定的前提下，港澳居民願意儲起一定數目的人民幣，用以日後在內地消費。這樣既不會損失購買力，也省去了人民幣兌換港澳貨幣時須繳付的成本差價。所以，人民幣能夠實現跨境流通是粵港澳三地經濟交流日益密切的必然結果，也與

10

林平編著：《區域金融發展探索》，暨南大學出版社，2006 年，第515 頁。

廣東省的商品經濟日益活躍及日用品消費品更具價格優勢有關。

需要指出，粵港澳三地貨幣跨境流通是在一定規範下進行的，總體上並沒有對彼此法定貨幣的有效流通構成明顯衝擊。由於內地目前對於資本項目仍然實行較為嚴格的外匯管制，規定不得以外幣計價結算，因此港澳貨幣在內地流通具有地域和範圍的有限性，主要集中在毗鄰的經濟特區的一些日常交易。同時，由於人民幣還沒有實現完全可兌換，人民幣在港澳地區的流通量也受到香港市民對人民幣交易性需求量的制約，流通的領域也只限於日常的旅遊購物消費。因此，人民幣、港元、澳門元三種貨幣的跨境流通並沒有形成一種商品異幣異價的現象，也沒有對彼此分別在內地、香港以及澳門法定貨幣地位造成衝擊，甚至是取代。

6.1.4 / 跨境金融基礎設施建設與金融監管合作

在跨境金融基礎設施的建設方面，目前粵港澳三地銀行結算系統實現了基本對接：

（一）港幣、美元和人民幣票據聯合結算系統

作為廣東省政府與香港特區政府共同商定的八項合作課題之一，1997 年 12 月，香港金管局與中國人民銀行深圳市中心支行達成協議，設立聯合結算機制，以加快處理以香港銀行作為付款人而在深圳存兌的港元支票。1998 年 1 月，香港與深圳率先實行單向港元支票（即由廣東省內銀行提出的由香港銀行付款的港幣支票）聯合結算，將支票的處理時間縮短至兩個工作天。2000 年 10 月，單向港元支票的流通性從深圳擴大至全廣東省。2001 年 9 月，香港金管局與中國人民銀行廣州分行達成協議，把粵港及深港結算機制的範圍擴展至港元本票及匯票。2002 年 6 月，粵港開展了港幣支票雙向結算業務。2004 年 7 月，香港與深圳之間跨地域聯合票據結算服務擴展至美元票據，結算以香港銀行作為收款人，並以存入深圳銀行的美元支票或以深圳的銀行作為付款人，並存入香港銀行發出的美元支票，進而提升跨境美元票據結算效率。此外，深港兩地還建立了票據清分系統相互備份機制，一旦出現異常可以利用對方設備清分票據。

票據聯合結算系統開通以來，粵港港元票據雙向聯合結算業務發展迅速，結算筆數、結算金額均呈穩步上升的趨勢。2002 年至 2008 年，廣州銀行電子結算中心處理的粵港港元票據結算業務量由 28,000 筆，逐年上升至 2008 年的 20 萬筆，6 年間增長了 6.1 倍；結算金額從 29.7 億港元上升至 129 億港元，增長了 3.3 倍（**圖表 6.1**）。

2009 年，受到全球金融危機的影響，粵港港元票據聯合結算業務有所回落，但從總體上看，港元票據聯合結算還是呈現上升趨勢。

圖表 6.1 | 2002-2009 年粵港港元票據聯合結算系統結算業務情況

年份	結算筆數（萬筆）	結算金額（億港元）	增長
2002	2.8	29.7	—
2003	6.6	56.3	89.6%
2004	8.8	69.4	23.3%
2005	14.2	97.7	40.8%
2006	15.4	97.3	−0.4%
2007	16.8	103.8	6.7%
2008	20	129	24.3%
2009	17	87.5	−32.2%

資料來源

馬經著：《粵港澳金融合作與發展研究》，中國金融出版社，2008年，第 187 頁。

2006 年 2 月，中國人民銀行為確保香港人民幣支票業務的順利開展，發布了《香港人民幣支票業務管理辦法》，為粵港人民幣支票單向結算業務的推出提供了依據。2006 年 3 月，粵港兩地實施了人民幣支票單向交換機制，即在香港擁有人民幣存款賬戶的香港居民個人簽發給內地商戶或個人的 80,000 元以下的人民幣支票可通過該交換系統得到兌付。中國人民銀行深圳市中心支行為香港人民幣業務清算行開立清算賬戶，以用於廣東省內支票的資金清算；中國人民銀行廣州分行負責全省支票業務的組織、協調、管理與資金清算以及支票的交換和其他事宜。到 2007 年末，廣東方面共有 103 家商業銀行機構參與廣州銀行電子結算中心經辦的香港人民幣支票結算業務。2008 年，粵港人民幣票據結算業務量為 820 筆，金額為 3,300 萬元。該業務的開展就為內地與香港間的人民幣資金回籠提供了新渠道，有利於內地與香港特別行政區政府簽署的 CEPA 協議的實施。

（二）粵港外幣（港元和美元）實時支付（RTGS）系統

RTGS，粵港外幣實時支付業務，是指粵方付款人委託其開戶銀行發起的支付給香港收款人，或香港付款人委託其開戶銀行發起的支付給粵方收款人的外幣資金匯劃業務。2002 年 12 月及 2003 年 11 月，香港的港元及美元的 RTGS 先後與深圳聯網，

發展跨境金融基礎建設的一個里程碑，讓香港及深圳兩地銀行均可互相進行港元和美元的實時支付。2004 年 4 月，香港的港元及美元的 RTGS 系統與廣東省聯網。廣東金融結算服務平臺通過香港代理銀行連接香港的 RTGS 系統後，粵港兩地間的客戶辦理國際結算業務時，即可通過該系統處理。該系統具有逐筆處理、實時清算、資金瞬間達賬等特點；不同賬的個人或企業轉賬在短短幾分鐘內就可以轉達對方賬戶，實現了外幣轉賬零在途。

在業務總量方面，粵港港元支付系統的結算筆數和金額均呈穩定上升趨勢，結算筆數由 2004 年的 705 筆上升到 2007 年的 1949 筆；結算金額由 2004 年的 3.2 億港元上升到 124.8 億港元。2009 年，受到全球金融危機的影響，港元美元業務量均有所下降，分別為 1,001 筆和金額 92 億港元，2,045 筆和金額 41.70 億美元。從**圖表 6.2** 可看出，無論從結算筆數還是結算金額方面，由廣東匯劃到香港的結算業務佔了大部分，在金額方面達到了 91.4%；其中，廣東匯劃至香港的結算筆數為 1,220 筆，佔 62.6%，結算金額 114.1 億港元，佔 91.4%；香港匯劃至廣東的結算筆數為 729 筆，佔 37.4%，結算金額為 10.7 億港元，佔 8.6%。

圖表 6.2　｜　2007 年粵港港元 RTGS 系統結算業務結構情況

資料來源

馬經著：《粵港澳金融合作與發展研究》，中國金融出版社，2008年，第 187 頁。

業務類型	結算筆數		結算金額	
	筆數	比重	金額（億港元）	比重
香港匯劃至廣東的結算業務	729	37.4%	10.7	8.6%
廣東匯劃至香港的結算業務	1,220	62.6%	114.1	91.4%

粵港美元實時支付業務也呈快速上升趨勢。結算業務量由 2004 年的 931 筆上升到 2007 年的 2,645 筆；結算金額相應地從 0.8 億美元上升到 53.1 億美元。在業務結構方面，2007 年，廣州銀行電子結算中心辦理的粵港美元實時支付系統結算業務中，香港匯劃至廣東的結算業務比重較高，共有 2,079 筆，佔業務總筆數的 78.6%；業務金額為 26.8 億美元，佔業務總金額的 50.5%。廣東匯劃至香港的結算業務筆數相對較少，為 566 筆，佔比為 21.4%；業務金額為 26.3 億美元，佔比為 49.5%。（**圖表 6.3**）

圖表 6.3 | 2007 年粵港美元實時支付系統結算業務結構情況

業務類型	結算筆數		結算金額	
	筆數	比重	金額（億港元）	比重
香港匯劃至廣東的結算業務	2,079	78.6%	26.8	50.5%
廣東匯劃至香港的結算業務	566	21.4%	26.3	49.5%

資料來源

馬經著：《粵港澳金融合作與發展研究》，中國金融出版社，2008年，第 187 頁。

3. 港澳人民幣清算行接入內地現代化支付系統

為支持港澳銀行人民幣業務的開展，現代化支付系統在廣州、深圳等清算中心分別實現了與澳門、香港人民幣清算行的連接。2004 年 2 月，中國人民銀行深圳市中心支行正式成為香港銀行人民幣業務的清算行，使香港的人民幣業務從非正規的、自發的業務逐漸納入正規的、規範的銀行市場。2004 年 11 月，澳門清算行接入廣州城市處理中心（CCPC），加快了粵澳兩地資金的匯劃，也推動了內地與澳門特別行政區政府簽署的 CEPA 協議的實施。此外，粵港澳地區銀行卡網絡也實現了互聯。

在金融監管交流方面，在粵港、粵澳聯席會議機制下，建立了粵港、粵澳金融合作聯絡機制。2002 年，中國人民銀行廣州分行與澳門金融管理局建立了定期例會制度。隨著 CEPA 的簽署，中國銀監會、中國人民銀行分別於 2003 年 8 月及 11 月與香港金融管理局簽署了合作備忘錄，加快推動金融合作步伐。2004 年 4 月，兩部門間還建立了粵港金融合作定期例會機制。這些機制為粵港澳金融機構之間溝通信息、協調管理、相互合作搭建了良好的平臺，為進一步推進粵港金融合作奠定了基礎。此外，近年來，廣東與澳門就加強反洗錢等金融合作也取得較快的進展。在保險業監管合作方面，自 2001 年以來，粵港澳深建立了保險監管聯繫會議制度，至今已成功舉辦了 10 屆保險監管聯席會議，就信息交流、地下保單、應對國際金融危機以及三地保險業重大發展方面問題的緊急磋商等，達成了多項共識。

6.2.1 / 粵港澳金融合作存在的主要問題

（一）雖然已取得一定的進展，但粵港澳金融合作仍以自發為主，規模較小、水平較低，層次不夠深入，遠不能適應粵港澳經貿合作和經濟融合發展的需要。

眾所周知，以金融服務為核心的高端服務業，是香港能在全球經濟中佔有重要一席的主要因素，也是香港對內地形成互補的最有利部分。但高端服務業的某些特徵帶來了一些限制，使其不可能像工業那樣，在不影響運行效果的前提下能被直接轉移。從粵港澳金融合作的現狀來看，儘管三地金融關係在市場力量的推動下越來越緊密，但由於粵港兩地分屬不同的政治、經濟體制，雙方的溝通和協調機制不完善，這種金融合作關係帶有很大的分散性。

近年來，粵港兩地金融合作儘管取得了不俗的進展，但從總體看，兩地金融機構互設仍然數量偏少、規模不大，尚未形成帶動競爭的「鯰魚效應」；金融機構間的股權融合未有突破性進展，更談不上對於廣東金融機構治理結構和管理水平的促進；金融市場融合程度低，合法渠道實現的融合規模小，市場深度和市場活力都未明顯收益。因此，粵港澳金融合作雖然存在融資與貸款、金融市場、金融機構、金融人才、貨幣流通等多方面的合作方式，三地間的金融關係在市場力量的推動下越來越緊密，但是，這種金融關係基本上還是處於民間自發地對三地經貿投資發展做出反應，缺乏有超前意識的規劃、組織與協調，總體上仍屬於「自覺需求反映型」，仍停留在「要素互補」階段。

（二）跨境資本流動仍受到較嚴格管制，與粵港澳經濟融合對資本流動的需求不相適應，資本在區域資源流動與配置中起導向作用，實現資本雙向自由流動是粵港澳區域經濟整合的客觀要求。

然而，這個問題涉及國家外匯管理體制改革和資本項目開放的全局性問題，並不僅僅是粵港澳之間的局部性問題，廣東與港澳之間資本流動的自由化程度從根本上取

決於國家外匯管理體制改革的進程。目前，國內對資本項目仍保持著比較嚴格的管制。資本項目開放涉及國家經濟安全，需要具備穩定的宏觀經濟、健全的微觀機制、健康的金融體系、有效的金融監管、有利的國際環境等前提條件。因此，只能有條件地逐步開放，這就決定了廣東與港澳之間資本流動自由化必然是一個長期的、漸進的過程。值得注意的是，由於廣東毗鄰港澳，便利的交通和頻繁的經貿、人員往來，資本在自發追逐利潤的動機驅使下很容易突破管制跨境流動，使廣東與港澳之間資本流動自由化的進程呈現出相對超前性。例如，雖然內地對境內居民對外股本證券投資實行嚴格管制，但廣東居民到香港炒股已經成為公開的秘密。

（三）交易平臺覆蓋率不足且規模效應低，金融資源缺乏雙向流動的有效平臺。

目前，粵港澳搭建的金融合作平臺主要在結算領域。這個平臺的覆蓋率和規模效應都與三地經濟日趨融合的要求存在距離，主要表現在粵港票據聯合結算業務品種單一，覆蓋區域有限，管理方式落後。首先，交易平臺在結算幣種和結算範圍等方面存在限制，目前只能辦理貿易項下的港幣票據聯合清算業務，美元票據以及非貿易項下的票據只能另行處理。第二，目前參加粵港票據聯合結算業務的銀行機構集中分布在深圳、廣東、東莞、佛山和中山等地，珠江三角洲其他地區的銀行參與積極性不高，粵東、粵西、粵北等地的銀行則由於不在廣州同城票據交換區域內，無法加入粵港票據聯合結算系統。第三，對粵港票據聯合結算業務的管理主要行政手段進行直接管理，不僅對廣東境內企業簽發港幣支票的資格設立了非常嚴格的條件，而且對企業使用票據的行為附加了諸多《票據法》以外的限制。

更重要的是，金融合作的平臺建設僅限於結算領域，三地金融市場還處於分割狀態，金融資源缺乏雙向流動的有效平臺，因此，粵港澳龐大的金融資源無法得到高效配置。粵港澳地區是中國華南地區乃至東南亞最大規模的資金集散地，金融資源極其豐富，金融機構資產規模超過 17 萬億元人民幣，但是，由於港澳與內地之間缺乏金

融資源有效流動的制度平臺，香港銀行體系的龐大金融資源無法得到最有效的利用，而廣東中小企業、高新技術企業融資難的問題長期難以解決。

（四）金融監管合作仍沒有建立起真正的制度性機制。

目前，儘管粵港兩地之間已建立「粵港金融合作專責小組」，粵港澳三地金融監管當局之間的交流與協調合作也日趨密切，但是，三地政府金融管理部門之間的經常性的交流與合作，仍然缺乏制度性的安排，未能緊密地、及時地就粵港澳金融合作的重大事項進行協商決策，以有效推動三地的金融合作。目前，粵港澳金融監管機構雖然建立了例會制度，但仍然停留在信息溝通層面。以廣東監管當局牽頭進行的三地監管交流，基本上只是務虛，未能構建實質性的監管制度安排，以及按照金融開放規則建立起覆蓋開放區域的監管協作機制。這種狀況給實體經濟中三地大規模的金融跨境流動仍然留存了監管真空。

（五）制度安排滯後抑制了資金的流動和配置效率，導致了二元金融結構的形式。

目前，粵港澳金融合作由於缺乏相應的市場制度安排以及資本項目管制的存在，已經呈現出抑制經濟金融效率的傾向：一方面，合法的資本流動受到外匯管制、資本項目開放等國家金融開放大局的嚴格管制，許多跨境經濟活動所需的合理的跨境金融需求無法滿足，正規金融機構未能發揮金融中介的主渠道作用，香港的人民幣和廣東的港幣都缺乏相互投資的正常、合法通道。另一方面，大量的地下金融或者說民間金融卻通過各種渠道隱蔽流動，目前估計至少在 8,000 億元以上，通過正規銀行渠道流通的僅佔很小的一部分，造成金融脫媒（Disintermediation）現象，即資金體外循環，形成了地上地下「二元」金融結構。這種二元金融結構最後集中體現為官方難以估算、難以監控、難以規劃的巨大貨幣流通，大量人民幣滯留在港澳，沒有正常的渠道回流。由此形成的金融風險無法得到有效的監測和控制，對中國內地和香港的金融穩定造成衝擊。

6.2.2 / 粵港澳金融合作的主要制約因素

目前，粵港澳三地金融合作的水平和層次，已嚴重滯後於兩地經濟日趨融合的發展態勢。在制約粵港澳金融合作的諸多因素中，制度性因素無疑是最重要的因素。

（一）粵港澳金融合作必須在國家金融開放和金融安全的總體戰略框架下推進。

金融開放包括資本賬戶開放和金融市場開放兩種，前者是指允許資本跨境自由流動，後者是指允許外資金融機構在本國從事銀行、證券和保險服務業。在全球服務貿易總協定（General Agreement on Trade in Services，簡稱 GATS）框架內達成的永久性金融服務協議，使得全球 95% 以上的金融服務貿易被納入逐步自由化進程中，金融市場開放成為不可逆轉的世界潮流。2001 年中國加入世貿組織後，中國也啟動了金融開放的進程。中國的金融開放，使外資金融機構更有效地參與中國經濟和金融發展，這對於增加國際金融資本的流入，引進現代銀行經營管理制度和新的業務品種都有利，亦進一步提高中國金融服務水平。不過，中國的金融開放，第一步主要是金融市場的對外開放，並且保持其主動性、可控型和漸進性，以符合國家安全戰略為前提，將銀行業的開放和監管逐步納入中國經濟金融的改革開放格局中。

金融開放具有雙重效應，在改善本國金融體系運行效率的同時，可能會加劇金融體系本身的脆弱性，特別是在金融全球化高度發展的今天，金融開放使得一國金融市場暴露在國際金融體系的動盪之中，外來金融風險可能更迅速、更直接地對本國的金融體系安全形成巨大衝擊。因此，中國金融開放以國家金融安全為前提，特別是在人民幣匯率自由化和資本項目開放等方面。中國在匯率制度選擇、資本項目開放等關鍵領域，一直堅持審慎、獨立的金融政策。

粵港澳金融合作屬於中國金融對外開放總體戰略的一個組成部分，因而受到了中國金融開放和金融安全總體戰略的制約。

（二）粵港澳金融業合作受到「一國兩制」下彼此之間是不同關稅區、不同法律體系等制度性制約。

香港、澳門回歸祖國後，實行「一國兩制」的方針政策，成為中國的特別行政區。回歸以來的實踐證明，「一國兩制」在發揮其巨大積極效應的同時，不可避免地要付出代價。在「一國兩制」的框架下，香港、澳門是獨立的關稅區，與其經濟腹地——內地，特別是廣東珠三角地區之間存在著政治、經濟邊界的阻隔，彼此之間是不同的市場，存在著門檻。環顧當今世界，作為國際性商業大都會的城市，包括倫敦、紐約、東京、香港及上海等，也只有香港與其周邊經濟腹地之間存在著關稅邊境的阻隔，這成為與其經濟腹地經濟整合的一個制度性的「硬約束」，並由此降低了兩地經濟協調的效率，提高了交易成本。因此，如何正確處理「一國」和「兩制」的

關係，如何充分發揮「一國兩制」的正面效應並將其成本減至最小，既是香港與內地經濟合作發展面臨的機遇，也是兩岸三地需要面對的挑戰。

（三）CEPA 開放的全面性與粵港金融業合作的需求之間存在著較大的差異。

為解決制度性制約，內地與香港在 2003 年簽訂 CEPA 協議。從總體上看，CEPA 是一個超越自由貿易區、且兼有共同市場特徵的特殊制度安排。它不僅要求區域內的貿易自由化，而且要求投資便利化以及生產要素有條件的自由流動。因此，CEPA 的制度導向就是兩地經濟一體化，即逐步拆除中國內地與香港之間的各種壁壘，促進人流、物流、資金流的跨地區自由流動。然而，在實際發展中，CEPA 作為中央政府與香港特區政府簽署的制度安排，它對香港的開放是全面性的，即適用於對全國各地，是全國各地對香港服務業的開放。因此，CEPA 的開放門檻不可能太低，必須受到全國各地區地方政策、法規的制約。這在金融服務業的開放方面表現得尤為突出。由於受制於國家金融業對外開放的總體步伐，以及從國家金融安全的戰略考慮，CEPA 在金融業的開放明顯滯後於粵港澳金融合作的實際需求。例如，CEPA 發展至今，對粵港澳金融合作的推動仍然有限，三地金融市場至今仍處於分割狀態，金融資源缺乏雙向流動的有效平臺。在這種情況下，貨幣價格形成機制被扭曲，人民幣匯率未能真實反映市場供求關係，金融機構的金融創新受到抑制，無法利用香港豐富的貨幣資本管理經驗來有效分散匯率風險和信用風險，金融資源無法得到有效配置。

需要指出的是，發達的市場經濟制度，透明公正的商業規則與法制，規範的市場秩序，以及完善的和有公信力的市場中介組織，是高素質服務業發展的基礎。香港金融業的發達，是與香港市場經濟制度和法治社會的完備分不開的。而國內仍然處於計劃經濟向市場經濟的轉型過程中，雖然確立了社會主義市場經濟制度，但市場經濟制度還不完善。在這種情況下，粵港澳三地之間，在金融市場的市場准入、監管標準、法律規範等方面都存在重大的差異。此外，內地金融監管和市場准入權限主要集中在中央，涉及金融的各種事項均需國家審批，程序繁瑣，時間冗長，影響了三地金融機構的深度合作。

CHAPTER 7.

構建以香港
為龍頭的
大珠三角
金融中心圈

7.1 | 構建大珠三角金融中心圈的制度安排

7.1.1 / 制度安排之一：《珠江三角洲地區改革發展規劃綱要（2008-2020 年）》

2009 年初，中國國務院正式頒布《珠江三角洲地區改革發展規劃綱要（2008-2020 年）》（以下簡稱《規劃綱要》）。據廣東省政府的解釋，《規劃綱要》的核心和精髓就是「科學發展，先行先試」。如果說 30 年前，中央給予廣東「特殊政策，靈活措施」，成就了廣東經濟的崛起；那麼 30 年後，《規劃綱要》賦予珠三角地區「科學發展，先行先試」，支持廣東率先探索經濟發展方式轉變，再創新優勢。

《規劃綱要》雖然以廣東珠三角地區為主體，但實際上已經把粵港澳合作，把粵東、粵西、粵北乃至環珠三角地區和泛珠三角地區都納入了綱要的框架中。其中，重中之重是深化粵港澳合作，即通過深化粵港澳合作，推動廣東經濟增長方式的轉變並建立起現代產業體系，同時維持和提升香港、澳門經濟的國際競爭力及可持續發展。可以說，《規劃綱要》賦予粵港澳合作豐富的內涵。全文約 30,000 字的《規劃綱要》，總共有 112 處提到粵港澳合作。

《規劃綱要》的前言明確指出，「將與港澳緊密合作相關內容納入規劃」。《規劃綱要》在第二部分——總體要求和發展目標」中賦予粵港澳合作更高的戰略定位和具體的發展要求。例如，《規劃綱要》提出「五個著力」，其中第五個「著力」就是「著力加強與港澳合作，擴大對內對外開放，率先建立更加開放的經濟體系。」《規劃綱要》並提出「五個戰略定位」，其中第三個戰略定位是「擴大開放的重要國際門戶」，提出「堅持『一國兩制』方針，推進與港澳緊密合作、融合發展，共同打造亞太地區最具活力和國際競爭力的城市群」；第四個戰略定位是發展成為「世界先進製造業和現代服務業基地」，包括「發展與香港國際金融中心相配套的現代服務業體系，建設與港澳地區錯位發展的國際航運、物流、會展、旅遊和創新中心」。《規劃綱要》在「發展目標」中提出，到 2012 年，「區域一體化格局初步形成，粵

港澳經濟進一步融合發展」；到 2020 年，「形成粵港澳三地分工合作、優勢互補、全球最具競爭力的大都市圈之一」[01]。可以說，《規劃綱要》第一次將粵港澳合作首次提升到國家發展戰略的層面。從這個意義上說，《規劃綱要》的頒布、實施對於在新的歷史發展階段進一步深化粵港澳合作，具有極為重要的現實意義。

在粵港澳金融合作方面，《規劃綱要》明確提出了一系列的制度安排和政策措施。具體包括：

◆ 支持珠江三角洲地區與港澳地區在現代服務業領域的深度合作，重點發展金融業、會展業、物流業、信息服務業、科技服務業、商務服務業、外包服務業、文化創意產業、總部經濟和旅遊業，並全面提升服務業發展水平。

◆ 支持廣州市、深圳市建設區域金融中心，構建多層次的資本市場體系和多樣化、完善的金融綜合服務體系。

◆ 支持符合條件的優質企業上市融資，擴大直接融資比重，同時培育具有國際競爭力的金融控股集團，儘快在深圳證券交易所推出創業板、完善代辦股份轉讓系統。

◆ 支持建設廣東金融高新技術服務區。大力發展金融後臺服務產業，建設輻射亞太地區的現代金融產業後援服務基地。

◆ 允許在金融改革與創新方面「先行先試」，建立金融改革創新綜合試驗區。

◆ 支持符合條件的企業發行企業債券。

01′

國家發展和改革委員會編著：《珠江三角洲地區改革發展規劃綱要（2008-2020 年 ）》，國家發展和改革委員會文件，發改地區（2009）29 號，第 9-11 頁。

◆ 發展創業投資，建立創業投資引導基金。

◆ 創新中小企業融資模式，積極建立中小企業信用擔保基金和區域性再擔保機構，發展小額貸款公司和中小企業投資公司。

◆ 穩步推進金融業綜合經營試點。

◆ 穩妥開展和創新人民幣外匯衍生產品交易，便利各類經濟主體匯率風險管理。

◆ 研究開放短期出口信用保險市場，擴大出口信用保險的覆蓋面，支持外向型企業做大做強。

◆ 在國家外匯管理改革的框架下，深化境外投資外匯管理改革，選擇有條件的企業開展國際貿易人民幣結算試點。

◆ 健全內部控制和風險防範機制，加強金融監管，防範和化解金融風險。

◆ 支持港澳地區銀行人民幣業務穩健發展，開展對港澳地區貿易項下使用人民幣計價、結算試點。

◆ 加大開展銀行、證券、保險、評估、會計、法律、教育、醫療等領域從業資格互認工作力度，為服務業的發展創造條件。

◆ 支持科技創新合作，建立港深、港穗、珠澳創新合作機制。

◆ 規劃建設廣州南沙新區、深圳前後海地區、深港邊界區、珠海橫琴新區、珠澳跨境合作區等合作區域。

◆ 作為加強與港澳服務業、高新技術產業等方面合作的載體，並在粵港澳三地優勢互補，以及聯手參與國際競爭，兩方面都有莫大的益處。

《規劃綱要》授權廣東「在金融改革與創新方面『先行先試』，建立金融改革創新

綜合試驗區」，將粵港澳金融合作放在突出位置，明確指出要鞏固香港作為國際金融中心的地位，要「發展與香港國際金融中心相配套的現代服務業體系」，必須「堅持上下游錯位發展，加強與港澳金融業的合作」，「支持廣州市、深圳市建設區域金融中心」等等，這些政策措施都為新時期深化粵港澳金融合作提供了制度安排。

7.1.2 / 制度安排之二：《粵澳合作框架協議》

《規劃綱要》還規定：「支持粵港澳三地在中央有關部門指導下，擴大就合作事宜進行自主協商的範圍。鼓勵在協商一致的前提下，與港澳共同編製區域合作規劃。」根據這一相關規定，香港特區政府和廣東省政府經過半年多的磋商，於 2010 年 4 月 7 日在北京簽署《粵港合作框架協議》（以下簡稱《框架協議》）。該協議對粵港合作確定 6 個戰略定位和 8 個重點合作領域，其中的重中之重，就是構建「粵港金融合作區」。

《框架協議》的《前言》指出：「為落實《珠江三角洲地區改革發展規劃綱要（2008-2020 年）》、《內地與香港關於建立更緊密經貿關係的安排》（CEPA）及其補充協議，促進粵港更緊密合作，廣東省人民政府和香港特別行政區政府經協商一致，制定本協議。」《框架協議》的第二條——「發展定位」明確地提出：「提升香港國際金融中心地位，加快廣東金融服務業發展，建設以香港金融體系為龍頭，廣州、深圳等珠江三角洲城市金融資源和服務為支撐的具有更大空間和更強競爭力的金融合作區域。」《框架協議》還提出一系列深化粵港金融合作的政策、措施，其中包括：

◆ 在人民幣跨境貿易結算相關政策框架下，共同推進跨境貿易人民幣結算試點，適時擴大參與試點的地區、銀行和企業範圍，逐步擴大香港以人民幣計價的貿易和融資業務。

◆ 按照《跨境貿易人民幣結算試點管理辦法》的規定，鼓勵廣東銀行機構對香港銀行同業提供人民幣資金兌換和人民幣賬戶融資，對香港企業開展人民幣貿易融資。

◆ 支持廣東企業通過香港銀行開展人民幣貿易融資。

◆ 支持香港發展離岸人民幣業務。

◆ 推進人民幣跨境調撥基礎設施建設，完善人民幣現鈔跨境調撥機制，並加強跨境反假幣、反「洗黑錢」。

◆ 支持符合條件的香港銀行、證券及期貨、保險和基金管理公司等金融機構在廣東設立法人機構和分支機構，依法參與發起設立村鎮銀行、小額貸款公司等新型金融機構或組織。

◆ 支持香港證券公司在廣東設立合資證券投資諮詢公司，香港保險公司進入廣東保險市場。

◆ 鼓勵香港保險代理機構在廣東設立獨資或合資公司，提供保險代理服務。

◆ 推動廣東法人金融機構赴港開設分支機構，拓展境外業務。

◆ 支持符合條件的廣東法人金融機構和企業在香港交易所和深交所上市，在港發行人民幣債券、信託投資基金。

◆ 爭取在深圳證券交易所推出港股 ETF 等試點合作。

◆ 加強粵港保險產品創新合作，共同探索為跨境出險的客戶提供查勘、救援、理賠等後續服務的模式，探索保險業務銜接的途徑和方式。

◆ 支持符合條件的香港金融機構和企業參與廣東個人本外幣兌換特許業務試點。

◆ 在政策允許範圍內支持符合條件的廣東金融機構為境內港資企業在內地銀行間市場發行企業債、短期融資券和中期票據提供承銷服務。

◆ 鼓勵在廣東的港資企業在深圳證券交易所發行股票。

◆ 支持兩地金融培訓機構和人才的交流。

可以說，《框架協議》站在國家全局戰略的高度，通過「先行先試」制度安排，落

實《規劃綱要》賦予廣東創建「金融改革創新綜合試驗區」的權限，目的就是要突破當前粵港金融業合作面對的制度、體制、機制的障礙，推動兩地金融改革創新與發展，促進兩地金融資源的自由流動，進而建立粵港金融共同市場，形成以香港為龍頭的大珠三角金融合作區域。

7.1.3 / 制度安排之三：CEPA 在廣東「先行先試」

CEPA 作為一項內地與香港、澳門經濟一體化的制度安排，不是短期的權宜之計，而是「一國兩制」的一項制度性創新。它在 WTO、「一國兩制」以及「先易後難、逐步推進」等原則下，逐步深化三地的經濟融合，從而達到維持港澳長期繁榮穩定以及共同提高整個區域國際競爭力的戰略目標。在 CEPA 的制度平臺上，香港、澳門始終比 WTO 其他成員國與內地處於一種更緊密的經貿關係之中。因此，隨著 WTO 過渡期結束，CEPA 不僅不應該被「邊緣化」，而且應該最大限度地發揮其戰略功能。從這個意義上看，CEPA 優於 WTO 的制度特性應該被充分利用，加大 CEPA 對港澳服務業，特別是金融業的開放力度，保持 CEPA 較 WTO 更為開放的特性，應該成為國家實施「一國兩制」方針的一項長期戰略措施。

為解決 CEPA 在實施中存在的種種問題，充分利用 CEPA 的制度優勢，商務部、國務院港澳辦以及廣東省政府在 2008 年 5 月一起向國務院辦公廳提出《關於服務業港澳開放在廣東「先行先試」的政策建議》。所謂 CEPA 在廣東「先行先試」，就是一方面針對香港服務業的優勢，進一步降低准入門檻，使更多有競爭力的香港企業進入廣東發展；同時，廣東也可以藉此加大改革力度，打破市場壁壘，推進市場經濟，與國際接軌，為香港服務業進入創造良好的經營環境，並為全國範圍內服務業的全面開放提供經驗。2008 年 6 月 28 日，中央批准廣東在對香港服務業開放的教育、醫療、環保、旅遊、商業服務、海運服務、公路運輸服務、社會服務、個體工商戶等 13 個領域「先行先試」，並具體批覆了 25 項政策措施。這些政策措施中，有 17 項已於 2008 年 7 月 29 日於《CEPA 補充協議五》中公布。2008 年底，國家制定的《規劃綱要》明確提出：「深化落實內地與港澳更緊密經貿關係的安排（CEPA）力度，做好對港澳的『先行先試』工作。」至此，中央關於 CEPA 在廣東「先行先試」的制度安排，正式確立。

在 2009 年 5 月 9 日簽署的《CEPA 補充協議六》中，中央再通過了以廣東省為試點對香港服務業進入廣東「先行先試」的 9 項措施，涵蓋法律、會展、公用事業、

電信、銀行、證券、海運及鐵路運輸等領域。其中在金融業，規定香港銀行在廣東的分行可在廣東省內設立「異地支行」；符合特定條件的香港證券公司可在廣東設立合資證券投資諮詢公司；允許符合條件且經中國證監會批准的內地證券公司根據相關要求在香港設立分支機構，積極研究在內地引入港股組合「交易型開放式指數基金」。《CEPA補充協議六》關於香港銀行在廣東的分行可在廣東省內設立「異地支行」的規定，被香港銀行界認為是CEPA「先行先試」的重大突破。目前已有匯豐、恒生、東亞、永亨等4家港資銀行在佛山開設支行。香港金融界專家亦認為，《CEPA補充協議六》有利於香港券商擴大服務範圍，獲得新的盈利模式和發展機會；香港金融業的國際化程度較高，通過讓香港銀行和證券公司更多參與內地的金融服務業務，內地可以在金融產品創新能力、營銷手段等方面借鑒香港的經驗，推進內地金融業國際化進程，為內地和香港金融業發展創造雙贏局面。

2010年簽署的《CEPA補充協議七》，內地開放的服務業涵蓋19個領域，共有35項市場開放和貿易投資便利化措施，包括涉及14個服務領域的27項開放措施。其中，有8項屬「先行先試」措施，包括規定香港銀行在內地設立代表處一年以上便可申請設立外商獨資銀行或外國銀行分行；香港銀行的內地營業性機構在內地開業兩年以上，且提出申請前一年有盈利，可申請經營人民幣業務；香港銀行在內地設立的外資銀行營業性機構可建立小企業金融服務專營機構；適時在內地推出港股組合ETF等。

可以預見，隨著時間的推移，CEPA將在「先易後難，逐步推進」原則前提下，廣東逐步擴大和深化對香港的開放。在這種戰略背景下，利用CEPA「先行先試」的制度平臺，構建粵港澳「金融改革創新試驗區」，將可成為粵港澳推進金融合作的突破口和戰略性舉措。在構建粵港澳金融改革創新試驗區的進程中，一方面，廣東根據中央賦予的CEPA「先行先試」政策優勢，加大對香港、澳門金融業的開放力度；另一方面，針對CEPA在廣東實施中存在的問題，加大改革開放力度，加快市場經濟的制度建設，特別是大力改善廣東金融生態環境，從而推動粵港澳金融業深化和一體化，建設形成以香港國際金融中心為龍頭、以廣州、深圳為兩翼，包括澳門、珠海、佛山各支點的大珠三角金融中心區域，從而鞏固和提升香港國際金融中心的地位，推動廣東構建現代產業體系，並為國家實施金融開發和金融安全戰略、實施貨幣穩定政策和人民幣國際化戰略尋求新的路徑。

7.2 | 構建大珠三角金融中心圈的目標與原則

7.2.1 / 構建大珠三角金融中心圈的發展目標

（一）創建廣東珠三角地區「金融改革創新綜合試驗區」。

深化粵港澳金融合作，構建大珠三角金融中心圈，首先必須借鑒當年創辦經濟特區的經驗，通過制度創新逐步推進。《規劃綱要》明確授權廣東創建「金融改革創新綜合試驗區」。廣東省政府應根據《規劃綱要》精神，積極向中央政府爭取有關政策、制度安排儘早貫徹落實。在廣東珠三角地區建立「金融改革創新綜合試驗區」，目的是通過深化粵港澳金融合作與融合，探索在這一區域逐步實現金融共同市場、金融一體化的可行性：一方面實現區域內金融資源整合與優化，真正達到資金流的無障礙移動，構建在全球範圍內具有國際競爭力的大珠三角金融中心圈；另一方面，適應金融全球化發展趨勢，為國家實施金融開放及金融安全戰略、實施人民幣國際化戰略探索新路徑，積累新經驗。

鑒於創建「金融改革創新綜合試驗區」是我國改革、開放的大事，也是一項複雜的系統工程，所以建議由國家根據「主動性、可控性和漸進性」的原則，分階段下放部分金融開放權限給廣東省政府，授權廣東「先行先試」開展是項工作。至於「金融改革創新綜合試驗區」的區域範圍，可考慮先在深圳、廣州兩地。從它們分別與香港對接的兩個「點」開始試驗，在「金融改革創新綜合試驗區」內「先行先試」，取得經驗之後再向整個廣東珠三角地區推廣。在創建「金融改革創新綜合試驗區」的同時，要充分利用CEPA「先行先試」的制度安排，利用CEPA每年簽訂一份「補充協議」的制度框架，有步驟、分階段地開放廣東金融市場，逐步深化兩地間的金融合作和融合。

（二）建立粵港澳金融共同市場。

2003年6月29日和10月17日內地先後與香港、澳門簽署的CEPA協議，實際上已為粵港澳金融共同市場和金融一體化的推進，作了制度上的安排。目前，CEPA

相當於國際通行的自由貿易區，遵循「先易後難、逐步推進」的原則逐步深化，最終目標是要發展至「共同市場」階段，達到區域內人流、物流、資金流和信息流能暢通地雙向自由流動，實現區域內生產要素和社會資源的最優配置。CEPA 的簽署，不僅對廣東和港澳加強經濟金融合作產生了直接推動效應，完全還要求廣東在內地與港澳經濟金融進一步融合的進程中更有效地發揮先行作用。

在 CEPA 框架下，按照中央政府關於進一步發展內地與香港、澳門的互助、互補、互動的金融關係的總體要求，在保持三地金融體系相對獨立的前提下，廣東可通過 CEPA「先行先試」的制度平臺，進一步擴大和深化金融業對外開放，推動體制改革和制度創新，建立粵港更緊密的區域金融合作機制，提高區域內金融要素的流動性，包括資金融通的流動性、金融工具的流動性、金融機構的流動性、基礎設施（包括金融工具支付系統）的聯通，以及人民幣在內地與香港之間的流通，進而實現區域內金融資源的優化配置，最終建立粵港澳金融共同市場。

粵港澳金融共同市場的構建，是廣東珠三角地區創建「金融改革創新綜合試驗區」、進一步擴大對港澳金融開放、深化廣東金融體制改革的結果。正如有廣東金融業資深人士所指出：「構建粵港澳金融共同市場，對於推動我國金融體制改革取得新突破、開創金融對外開放新局面，對於實現國家、港澳和廣東金融業的持續、健康、安全發展，對於促進內地與港澳經濟的深度融合、帶動兩岸三地的經濟合作和整合，具有深遠的歷史意義和重要的現實意義。」[02]

<u>（三）形成以香港為龍頭，並具全球競爭力的大珠三角金融中心圈。</u>

在全球經濟體系中，金融業和高科技產業是現代產業體系的制高點。中國要想成為世界一流國家，在全球金融體系中獲得話語權可以說是重中之重。這要求中國必須有能夠發揮全球影響力的國際金融中心。綜合比較，粵港澳金融合作區是當下中國

02 ′

馬經著：《構建粵港澳金融共同市場》，中國人民銀行廣州分行調研報告，2008 年第 6 期，第 1 頁。

最好的選擇。

因此，從長期的戰略層面看，在構建粵港「金融改革創新綜合試驗區」和推進粵港金融共同市場發展的過程中，應充分發揮香港國際金融中心的比較優勢，大力鞏固和提升香港國際金融中心的地位和影響，充分發揮廣東珠三角地區深圳、廣州兩大中心城市金融資源的比較優勢，積極推進珠三角地區與香港、澳門金融業的緊密合作、融合發展，並形成更緊密的戰略合作關係，建立以資本市場體系為核心的現代統一金融市場體系。從過去十年國際金融中心圈層發展的實踐看，構建以香港為核心的大珠三角金融中心圈，深化粵港澳金融合作和融合，將有利於充分發揮「中國因素」的重要作用，有效地鞏固和提升香港為與倫敦、紐約並駕齊驅的世界級國際金融中心。與此同時，深圳、廣州應進一步發展成為與國際接軌的區域性金融中心，共同提高整個大珠三角地區的經濟及金融國際競爭力。

7.2.2 / 構建大珠三角金融中心圈的基本原則

（一）遵循「一國兩制」方針。

香港、澳門分別在 1997 年和 1999 年回歸中國後，相繼成為中華人民共和國的特別行政區，實行「一國兩制」、「高度自治」等一系列方針政策，政治、經濟均獲得穩定發展，國際社會普遍給予高度評價。根據「一國兩制」方針制定的《基本法》，更為香港、澳門的社會政治、經濟制度的繼續順利運作和保持連貫性提供了有效的法律依據。在《基本法》的框架下，香港、澳門都實行高度自治，享有行政、立法權和獨立司法權，並保持了行之有效的經濟體系和獨特的生活方式。這是香港、澳門得以長遠發展的重要法律保證。港澳的回歸，兩地原有的經貿關係性質並沒有改變，除了主權歸屬變化、政權更迭外，兩地經貿易關係仍被視同國際經貿關係，遵循一般國際經貿規則，並被嚴格確定在「一國兩制」的雙邊框架下。「一國兩制」作為制度體制，為一個國家內不同地區實行以國際經貿規則為基礎的經貿關係提供了理論及法律依據。在此框架下，香港、澳門與中國內地各自擁有獨立的國際經貿地位，以主權國家或一個國家內的特別行政區及單獨關稅區與各國發展經貿。因此，香港、澳門與廣東的金融合作與融合，是「一國兩制」的框架下展開的，或者更準確地說，是在一個國家、三種貨幣、三個金融當局的總體制度框架下推進的。這是三地金融合作的制度前提，也是三地金融合作的難點所在。

（二）遵循 WTO 和 CEPA 的有關規則，擴大對外開放。

中國加入世界貿易組織（WTO）後，香港、澳門和中國內地都成為 WTO 的成員，三地以「一國兩制」為基礎的雙邊經濟貿易關係（包括金融關係），被進一步確定在 WTO 國際多邊框架下，得到國際多邊體系的保障或制約。換言之，香港、澳門與內地的經貿關係在「一國兩制」的雙邊關係上，再加上了一個國際多邊的約束。這是粵港澳三方處理相互經貿易關係時，必須考慮的因素。WTO 國際多邊體制沒有降低香港、澳門與中國內地獨立的經貿權利，相反卻可以提高三地之間對經濟貿易合作的認識和意願，利於促進三地經濟合作向更合理的方向發展。

作為 WTO 的成員，香港、澳門與中國內地（主要是廣東珠三角地區）在創建金融改革創新試驗區、建立金融共同市場時，必須遵循 WTO 的有關規則，並且需要在 CEPA 的制度框架下，探索建立有利深化粵港金融合作與發展需要的制度安排。在中國加快金融開放和人民幣國際化的總體宏觀經濟背景下，深化粵港的金融合作必須與擴大廣東金融對外開放有機地結合起來，不能僅僅把著眼點放在引進資金上面，而要著力推動金融要素雙向有序、自由流動，著力推動廣東金融機構以香港為橋梁「走出去」，著力提高粵港跨境雙向結算水平，促進粵港金融市場逐步融合，爭創廣東金融對外開放的新優勢。

（三）配合國家實施金融開放、金融安全，以及人民幣國際化戰略的需要。

2006 年底，我國全面取消了對外資金融機構的地域和服務對象的限制，給予其國民待遇，標誌著金融對外開放的大門打開。2007 年 1 月，第三次全國金融工作會議召開，標誌著我國金融改革發展進入了新的歷史發展機遇期和重要的攻堅階段。2008 年全球金融危機爆發以來，我國加快了金融開放和人民幣國際化步伐，先是國務院決定對廣東和長三角與港澳地區、廣西和雲南與東盟的貨物貿易中進行人民幣結算試點；繼而中國人民銀行先後與中國香港、韓國、馬來西亞、印度尼西亞、白俄羅斯、阿根廷等多個國家和地區的央行及貨幣當局簽署了貨幣互換協議，總額達到 6,500 億元人民幣。一系列貨幣互換協議的簽訂，將起到維護金融體系穩定的作用，同時也為人民幣跨境結算提供了資金支持基礎。長遠來看，這將為人民幣國際化奠定重要基礎。

然而，由於我國金融業存在著市場體系不健全、監管水平不高、利率和匯率形成機制不完善、金融機構自身核心競爭力和抗風險能力不強等眾多問題，國家在實施金

融開放戰略的過程中，實際上存在著很大的風險，有必要循序漸進地穩步推進。粵港澳金融發展基礎雄厚，具有「一國兩制」的制度性差異，極具試驗優勢。以粵港澳金融合作為試點，可為國家實施金融開放戰略探索出一條既推進金融改革創新、擴大對外開放，又有利防範金融風險、保持金融安全的新路徑。同時，深化粵港澳金融合作，可以試點推進人民幣的區域化、國際化進程，並使人民幣在一個更加市場化的環境建立更穩定的匯率形成機制，這對國家實施貨幣穩定政策和人民幣國際化戰略十分有利。中國人民銀行貨幣政策委員會委員、國務院發展研究中心金融研究所所長夏斌指出：「香港具有紐約、倫敦不能比的優勢，也具有上海、深圳不能比的優勢。在一定的制度安排下，香港可成為中國內地與亞洲經濟、與美元、與世界金融融合的橋樑。」因此，香港金融市場是中國金融有序開放戰略的重要支點，香港可借助人民幣離岸中心的特殊角色之力，在繁榮自身經濟的同時，成為亞洲金融合作的紐帶和平臺。夏斌並指出，加強香港與內地之間的金融合作，將不斷幫助釋放中國資本賬戶開放的各種壓力，促進開放中各種條件的形成，進一步加速國家金融戰略的實現 [03]。

因此，深化粵港澳金融合作，創建「金融改革創新綜合試驗區」和粵港澳金融共同市場，構建以香港為龍頭和核心的大珠三角金融中心圈，必須積極配合國家實施金融開放及金融安全戰略、實施貨幣穩定政策及人民幣國際化戰略的需要，在國家總體宏觀開放戰略下逐步展開，並且為國家的金融改革創新與金融開放積累新經驗，探索新路徑，從而形成兩者之間的良性互動。

（四）配合廣東經濟增長方式轉變、產業結構升級轉型的需要。

過去 30 年來，隨著經濟的持續快速發展、經濟總量的迅速擴大，廣東金融發展滯後的情況日趨明顯，已影響了宏觀經濟的全面、協調發展。據統計，2005 年，廣東金融業佔第三產業增加值及 GDP 的比重分別為 6.77% 和 2.49%，遠低於上海（14.14% 和 7.30%）、浙江（12.54% 和 5.02%）和江蘇（7.44% 和 2.65%），甚至低於全國平均水平的 8.12% 和 3.29%。2006 年以來，廣東大力發展金融業，金融業在第三產業和 GDP 的比重雖然有了較大幅度的提升，2009 年分別上升至 12.65% 和 5.78%，但仍然低於上海（20.20% 和 11.99%）和浙江（19.15% 和 8.26%），滯後於客觀經濟發展的需要。

「十一五」時期以來，隨著國內外經濟環境的轉變，廣東以往依靠地緣、土地和勞

03

《央行：香港是中國金融開放重要支點》，中新網，2011 年 2 月 8 日，http://news.xinhuanet.com/gangao/2011-02/08/c_121054040.htm。

動力等比較優勢推動的粗放型發展模式已難以為繼，轉變發展方式、調整產業結構已勢在必行。國務院頒布的《規劃綱要》明確提出：「發展與香港國際金融中心相配套的現代服務業體系，建設與港澳地區錯位發展的國際航運、物流、貿易、會展、旅遊和創新中心」，並且賦予廣東建立「金融改革創新綜合試驗區」和 CEPA「先行先試」的權限。這些制度性安排，有利於推動廣東珠三角地區經濟增長方式的轉變和產業結構升級轉型，有利於進一步發揮香港金融業的輻射、帶動作用，加快廣東金融業改革創新步伐，推動區域金融在更高的層次上實現優勢互補、互利共贏，從而進一步鞏固與提升香港國際金融中心的地位，推動廣東構建現代產業體系。

（五）「先易後難，逐步推進。」

國家金融開放和金融安全總體戰略的宏觀性，以及金融合作的複雜性，決定了深化粵港金融合作必須遵循「先易後難，逐步推進」的原則，必須通過統籌協調，分階段、分步驟地推進實施，充分考慮內地金融業對外開放過程中的風險承受能力。現階段，要認真貫徹落實中央政府關於推進廣東與香港緊密合作的各項重要部署，從解決最緊迫、最突出、最重大的問題入手，本著可操作性強、具有示範帶動效應的原則，在 CEPA 於廣東「先行先試」的制度框架下逐步深化推進，循序漸進地推動粵港金融合作。

7.3 | 香港：與深穗聯手打造全球性金融中心

《規劃綱要》明確提出：「發展與香港國際金融中心相配套的現代服務業體系」，「堅持上下游錯位發展，加強與港澳金融業的合作」。因此，構建大珠三角金融中心圈的最重要內容，關鍵是要構建以香港為龍頭和核心，以深圳、廣州、佛山、珠海（特別是橫琴新區）以及澳門為重要支點的金融體系。在該體系中，各中心城市的金融業相互配合、錯位發展，共同形成具國際競爭力和強大輻射力的金融共同市場和金融中心圈層。根據香港的比較優勢和金融產業基礎，香港金融業發展的戰略定位是：

1. 與倫敦、紐約並駕齊驅的全球性國際金融中心；
2. 亞太地區首要的國際資產管理中心；
3. 中國企業首要的境外上市和投融資中心；
4. 全球主要的人民幣離岸業務中心和亞洲人民幣債券市場。

7.3.1 / 與倫敦、紐約並駕齊驅的全球性國際金融中心

目前，能夠真正稱之為全球性金融中心的只有紐約和倫敦。一個全球性金融中心必然有一個巨大的經濟體作為後盾，紐約是北美經濟體，而倫敦是歐盟經濟體。在全球 24 小時全天候運作的金融體系中，紐約和倫敦分別各佔了一個 8 小時時區，換言之，剩餘的 8 小時時區即亞洲區需要第三個全球性金融中心。而在亞洲特別是東亞的經濟體當中，剛剛超越日本的中國內地經濟、日本經濟和東盟十國經濟，分別位居前三位，依託這些經濟體的香港、上海、東京、新加坡等城市正在激烈角逐亞太時區的全球性金融中心的戰略地位。其中，香港作為亞太地區國際性金融中心，具有資金流通自由、金融市場發達、金融服務業高度密集、法制健全和司法獨立、商業文明成熟等種種優勢，最有條件發展成為全球性金融中心。香港最明顯的弱勢是經濟體積小，所以如果要發展成為全球性金融中心，實需要揚長避短。其主要發展策略是：

（一）與深圳、廣州聯手共同構建以香港為龍頭的大珠三角金融中心圈。

香港在 GFCI 排名中，僅次於倫敦和紐約，但香港作為一個小型開放的經濟體，如果僅憑自身發展，確實很難成為全球性金融中心的「第三極」，更受到東京、新加坡，甚至上海等其他亞洲城市的挑戰。因此，香港只有高度融入中國經濟體系中，加強與內地合作，才有可能發展成為世界級國際金融中心。而香港與內地金融體系接通的最好、最理想的區域無疑是毗鄰的廣東珠江三角洲地區。香港若能打通與廣東珠三角地區的金融合作，利用廣東，乃至內地經濟社會發展的金融需求推動香港的金融創新，與廣東珠三角地區的廣州、深圳，甚至華東地區的上海聯成一體、達成錯位發展，將可大幅提高香港金融資源的集聚程度，拓寬香港金融發展的腹地，提高香港金融中心在國際舞臺上的競爭力。而廣東珠三角地區，隨著經濟的持續快速發展、經濟總量的迅速擴大，金融發展滯後的情況日趨明顯。廣東要轉變經濟增長方式，構建現代產業體系，其中重要途徑之一，就是要借助香港金融體系的優勢，大力發展金融業，將廣州、深圳兩大中心城市建設成為與香港互補及錯位發展的區域性金融中心。因此，合作共建大珠三角金融中心圈將是香港與廣東最重要的金融發展策略。

（二）與上海形成「上港」[04] —— 中國的「紐約和芝加哥」。

香港要發展成為全球性國際金融中心面臨的另一個挑戰，是如何處理好與上海國際金融中心的關係。上海是一個中國的金融中心，背靠一個統一監管、沒有內部壁壘、基於人民幣的巨大金融市場，這是香港沒有的優勢。有學者認為，將來成為人民幣金融業務中心的城市，就是今後中國最重要的國際金融中心，也是將來世界的第三個全球性國際金融中心。但是，上海與香港比較，最大的弱勢是制度建設的滯後和開放度。可以說，上海和香港兩地各有各自的優勢：受腹地經濟的驅動，上海比香港比較好；而香港的制度、法規和其他各項軟硬件配套設施則比較完善。不過，從目前的情況看，即使不考慮中國仍會在較長時間內對資本賬戶進行管制等制度性因

04 '

Garten, J. (2009, May 13). Amid the Economic Rubble, Shangkong Will Rise. *Financial Times.* Retrieved from http://www.ftchinese.com/story/001026384/en.

素，僅就市場本身的力量來看，上海在短期內不會成為香港作為全球性資源配置中心的強勁競爭對手。

根據上海交通大學安泰經濟與管理學院潘英麗教授的分析，亞洲國際金融中心的發展有四種可能的趨勢：一是東京成為全球性金融中心，上海、香港、新加坡、孟買、悉尼成為二綫國際金融中心，前提條件是日本經濟強勁復蘇；二是香港成為類似倫敦的全球金融中心，上海等大都市成為二綫國際金融中心，前提條件是中國經濟持續高速增長、人民幣資本賬戶迅速開放、香港承擔起更多的國家責任；三是上海成為類似紐約的全球金融中心，香港成為類似芝加哥或法蘭克福式的金融中心；四是沒有任何一個亞洲城市成為全球性金融中心。潘教授認為，中國的目標應是排除第一和第四種可能性，20 年後在中國建成與紐約、倫敦齊名的第三個全球金融中心。她認為，未來中國作為一個超大經濟體，完全可以有兩個金融中心構成的組合，猶如美國的紐約和芝加哥。她認為，在資本賬戶完全可兌換之前，香港的定位應該是中國的離岸國際金融中心，上海的定位是國內金融中心，並逐步增加國內金融中心的國際成分；而在人民幣完全可兌換之後，上海與香港完全是互補的，香港走倫敦模式，上海走紐約模式。

（三）創新思維，制定長期發展戰略，打通與內地金融的經脈聯繫，致力發展為綜合性的金融中心。

長期以來，香港政府實行的是「積極不干預」政策，香港金融市場實行的是拿來主義，金融變革與創新大體是效仿紐約與倫敦的成功例子。這種作法在香港只是一個區域性金融中心時，風險小，成效大。但是，香港倘若要發展為全球性國際金融中心，最重要的是要克服某種思維定勢、擺脫現有的發展路徑，特別是特區政府要真正有所作為，制定金融發展的長期戰略規劃，成為國際金融領域的真正創新者與領導者，而不是當追隨者。

從香港的角度看，構建大珠三角金融中心圈、形成「上港」分工態勢，其中的關鍵，是要打通與內地金融的經脈聯繫。基於這一點，香港金融管理局提出，香港金融發展要立足五大戰略方向：

1. 香港金融機構「走進」內地；
2. 香港作為內地資金和內地金融機構「走出去」的大門；

3. 香港金融工具「走進」內地；

4. 加強香港金融體系處理以人民幣為貨幣單位的交易的能力；

5. 加強香港與內地金融基礎設施的聯繫。

7.3.2 / 亞太地區首屈一指的國際資產管理中心

過去 10 年，香港的資產管理業務發展迅速，不僅形式多樣、規模越來越大，而且專業程度和影響力亦都趨升。國際知名基金管理公司和投資者紛紛進駐香港，以香港作為亞太地區的總部。香港已發展成為亞洲區內最大的資產管理中心之一，基金管理業務在香港金融體系中正發揮越來越重要的作用。基金管理業務的強勁增長主要由於香港資產管理市場能夠提供不同類型的證券認可單位信託及互惠基金予投資者選擇，包括債券基金、股票基金、多元化基金、貨幣市場基金、指數基金、保證基金、對沖基金等等。而由於基金公司將客戶的投資分布在不同的現存投資組合或產品的同時，也會按需要在市場尋找新的投資工具，所以融資活動的規模日漸擴大及深化，從而使香港作為國際資產管理中心的地位更趨鞏固。

從中長期看，東亞（特別是中國內地）作為全球經濟增長最快和前景最亮麗的地區，將吸引大量區外資金到其金融市場投資，資產與財富管理業務的增長潛力龐大。聯合國貿易及發展會議發表的《2011 年世界投資報告》指出，香港在 2010 年的外來投資流入金額錄得新高，較 2009 年大增逾 30%，成為全球外來直接投資流入金額最多市場的季軍，僅次於美國及中國這兩個全球最大的經濟體系，成績驕人。這些數據說明，香港金融市場高度成熟，擁有良好的發展基礎，得天獨厚，具備成為世界一流資產管理中心的潛質。國家「十二五」規劃綱要已清楚表明：「支持香港發展成為離岸人民幣業務中心和資產管理中心。」資產管理業作為香港金融業未來重點發展的範疇之一，將佔有越來越大的比重，並且成為鞏固香港金融中心地位、增強全球影響力的一個重要支撐環節。因此，香港作為全球性國際金融中心，應該進一步鞏固和發展基金管理、私人銀行、財富管理以及企業資本性融資、金融衍生產品等方面的高附加值和資本市場業務，發展成為亞太地區首屈一指的資產管理中心。

目前，在亞太地區，作為國際資產管理中心，香港與新加坡可以說是旗鼓相當。據有關方面的統計，2007 年，香港資產管理業的規模約為 834 億美元，而新加坡的國際資產管理業規模約為 811 億美元（**圖表 7.1**）。香港要超越新加坡而成為亞太地區首要的資產管理中心，當前需要注意以下發展策略：

圖表 7.1 ｜ 香港與新加坡資產管理業規模比較（單位：億美元）

年份	香港	新加坡
1999	—	164
2000	—	159
2001	—	166
2002	191	198
2003	290	273
2004	352	350
2005	418	432
2006	531	581
2007	834	811

資料來源

香港證券及期貨事務監察委員會；新加坡金融管理局。

（一）加強在資產管理方面的軟硬件、監管及人才等方面的建設，使香港金融業發展更趨完備。

毋庸置疑，在發展成為世界一流的國際資產管理中心方面，香港已具備一定基礎，擁有不少優勢，也迎來了「十二五」規劃的重大發展機遇，但是要最終達到目的，仍須繼續努力，在發展資產管理業務的軟硬件、監管及人才等方面不斷改善，增強競爭力 [05]。當然，香港特區政府在這方面已推出不少政策措施去促進基金管理業發展，包括早幾年撤消遺產稅及離岸基金利得稅，香港證監會公布一套有關精簡海外基金經理發牌程序的措施，針對結構性產品公開發售、產品數據、從業人員手法和操守等方面做出更嚴格和明確的規範。

05

黃啟聰著：《打造世界級資產管理中心》，《香港商報》，2011 年 8 月 1 日。

為了促進資產管理業的進一步發展，香港金融管理局必須進一步改善有關的配套措施、加強在資產管理的軟硬件建設、改善營商環境，以及盡量簡化審批程序，以方便市場推出新的投資產品。此外，香港金融管理局還要實施完善的監管制度，增強市場透明度。由於市場發展和金融創新，各類投資產品日新月異、越趨複雜多元，給金管局帶來巨大挑戰。如果對資產管理的監管水平跟不上，不單會削弱對投資者的保障，亦將增加投資機構的經營風險，影響金融市場穩定性。金管局應汲取全球金融危機時發生的「雷曼債券」事件的教訓，平衡監管及發展，為投資者提供健康穩定的市場環境，才能推動資產管理業持續發展。

（二）充分發揮「中國因素」的重要作用，將香港發展成為大中華地區主要的資產管理中心。

香港之所以能成為全球重要的投資平臺、國際資金的集散地，歸根究底，「中國因素」居功至偉。2008 年全球金融危機爆發以來，歐美等西方國家債台高築，經濟復蘇緩慢，而以中國為代表的新興市場國家卻迅速崛起，對全球經濟的影響力越來越大，成為拉動全球經濟復蘇的火車頭。近年來，中國經濟的持續、快速發展，以及個人儲蓄存款率提高，大大增加內地對投資產品及財富管理的需求。作為中國經濟與國際經濟的橋梁，香港逐漸成為內地資金外流和外來資金流入的主要資金交流平臺和國際資產管理中心。據中國人民銀行統計，2008 年和 2009 年，內地企業對外直接投資總額分別為 559 億美元和 565 億美元，其中 69% 和 63% 是投資到香港或經香港投資到全球各地的。截至 2010 年 3 月底，約有 43 家內地企業（13 家證券公司，6 家期貨公司、6 家基金管理公司、4 家保險公司和其餘從事不同業務的 14 家企業）在香港設立了合共 127 家持牌法團或註冊機構。2009 年，內地在港企業的資產管理及顧問業務總值達 1,547 億元，增長 70.1%，但僅佔香港全行業規模的 18%，具有巨大的發展潛力 [06]。

在持續的經濟增長帶動下，內地的企業和民眾將繼續累積財富，境外投資的需求也會持續增加，為香港的資產管理業帶來持續的商機。至 2010 年，國家外匯管理局根據合資格境內機構投資者（QDII）計劃合共向內地 26 家基金管理公司及兩家券商批出 397.3 億美元境外投資額度，以及向內地 22 家商業銀行批出合計 79.6 億美元的境外投資額度。15% 的 QDII 資金落戶於香港管理，其中有 50% 投資於香港，約 20% 投資於其他亞太區，其餘則流向北美及歐洲市場。2010 年，根據中國保監會公布的試行制度，內地保險公司最多可以將 15% 的資產投資於境外市場。截至 2010 年底，社保基金會管理的基金總規模為 8,568 億元，當中最多可以將 20% 的資產投資於境外（包括香港市場）。國家的政策讓資金循序漸進地走出國門，如果能妥善利用和發揮香港資產管理業較為成熟先進的平臺，一定能達到雙贏互惠的效果。

2011 年，中國銀監會、中國證監會和中國保監會公布了進一步擴大 QDII 的投資範圍，讓內地商業銀行、證券公司、基金管理公司及保險公司投資內地金融市場以外的股票和基金等產品。新措施將大大便利內地資金的流出。因此，香港金管局應充分利用這種發展態勢，使香港首先成為大中華地區主要的資產管理中心。可以預期，未來十年，香港資產管理業務的增長速度將會加快，發展潛力巨大。

06

劉柳著：《港迎來國際資產管理中心大發展機遇》，紫荊雜誌網絡版，2011 年 5 月 6 日，http://www.zijing.org。

（三）積極把握伊斯蘭金融帶來發展機遇。

根據伊斯蘭金融服務委員會（Islamic Financial Services Board，簡稱 IFSB）發布的報告，隨著亞洲出口導向型經濟與海灣國家石油收入的增長，穆斯林富裕階層的需求正逐步擴大，伊斯蘭金融資產可望從 2005 年的 7,000 億美元飆升至 2015 年的 28,000 億美元。而由於受世界金融危機影響，富有石油、美元和閑置資金的伊斯蘭國家投資歐美國家意願轉趨低迷，而願意更多與亞洲國家尋求合作，目前香港、新加坡、吉隆坡、東京等城市都在角逐成為「國際伊斯蘭金融中心」[07]。香港是全球最活躍的國際金融中心之一，在發展資產管理業務方面擁有的優勢包括完善的司法體系、穩定開放的社會環境、高效的服務體系、國際化的語言環境、優惠的稅率，以及富有管理經驗和專業化的團隊[08]。更重要的是，香港毗鄰世界上最大的經濟體系──中國，各地區的投資者都覷準這裏的機會。香港作為國際投資者投資中國的跳板，在吸引中東投資方面具備優勢。因此，香港應積極把握伊斯蘭金融帶來發展機遇，致力發展成為伊斯蘭金融資產的管理中心。

7.3.3 / 中國企業首選的境外上市和投融資中心

20 世紀 90 年代初中期，青島啤酒、上海石化、馬鞍山鋼鐵、儀征化纖等 8 家國有企業在香港上市，開啟中國企業在境外上市的先河。到 1999 年以後，在境外上市的中國企業擴大到民營企業，上市地點也從香港市場擴展到美國的納斯達克（NASDAQ）、新加坡以及英國倫敦交易所等市場。2003 年以來，隨著中國人壽在香港和紐約同時上市，交通銀行、中國建設銀行和神華能源等大型國企在香港上市，中國企業在境外上市蔚然成風。2010 年，中國企業海外上市步伐明顯加快。根據清科研究中心的統計，2010 年，共有 129 家中國企業分別在香港主板、納斯達克、紐約證券交易所等 6 個境外市場上市，合計融資 332.95 億美元；與 2009 年相比，上市數量增加了 52 家，融資額增加了 22.7%（**圖表 7.3**）。其中，在香港主板上市的共有 71 家，融資 288.29 億美元，分別佔全年中國企業海外上市總數的 55.0% 和融資總額的 86.6%；在紐約證券交易所和納斯達克上市的分別有 22 家和 23 家，分別佔上市總數的 17.1% 和 17.8%；兩市場的融資額分別為 26.28 億美元和 12.58 億美元，分別佔融資總額的 7.9% 和 3.8%；在新加坡主板上市的則有 8 家，融資 2.80 億美元（**圖表 7.3**）。需要指出的是，2010 年，中國企業在境外市場 IPO 中融資額最高的 10 家企業無一例外，均選擇在香港主板上市（**圖表 7.4**）。

07
李銀著：《全球多城市爭建伊斯蘭金融中心，香港寧夏欲參與》，21 世紀經濟報道，2010 年 5 月 26 日。

08
劉柳著：《港迎來國際資產管理中心大發展機遇》，紫荊雜誌網絡版，2011 年 5 月 6 日，http://www.zijing.org。

圖表 7.2 | **2008-2010 年中國企業境外上市概況**

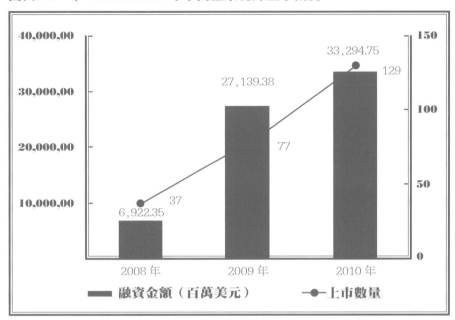

融資金額（百萬美元）　　上市數量

資料來源

清科研究中心：《2010
年中國企業上市研究報
告》，2011 年 1 月，
www.zdbchina.com。

圖表 7.3 | **2009-2010 年中國企業境外各市場上市概況**

上市地點	2010 年			2009 年		
	上市數量	融資額（百萬美元）	平均融資額（百萬美元）	上市數量	融資額（百萬美元）	平均融資額（百萬美元）
香港主板	71	28,829.08	406.04	52	24,835.21	477.60
紐約證券交易所	22	2,628.16	119.46	5	458.76	91.75
納斯達克	23	1,257.72	54.68	8	1,479.43	184.93
新加坡主板	8	279.68	34.96	5	147.15	29.43
韓國創業板	4	178.77	44.69	3	95.99	32.00
法蘭克福交易所	1	121.33	121.33	1	72.56	72.56
韓國交易所主板	0	0.00	0.00	1	41.07	41.07

上市地點	2010 年			2009 年		
	上市數量	融資額（百萬美元）	平均融資額（百萬美元）	上市數量	融資額（百萬美元）	平均融資額（百萬美元）
凱利板（原新加坡創業板）	0	0.00	0.00	1	4.96	4.96
香港創業板	0	0.00	0.00	1	4.26	4.26
合計	129	33,294.74	781.16	77	27,139.39	938.56

資料來源

清科研究中心：《2010年中國企業上市研究報告》，2011 年 1 月，www.zdbchina.com。

圖表 7.4　｜　2010 年中國企業在境外市場上市中融資額最高十強

企業名稱	上市地點	行業	融資額（百萬美元）
中國農業銀行	香港主板	金融	10,479.08
熔盛重工	香港主板	機械製造	1,806.45
中聯重科	香港主板	機械製造	1,673.86
重慶農村商業銀行	香港主板	金融	1,474.38
金風科技	香港主板	清潔技術	917.08
四環醫藥	香港主板	生物技術／醫療健康	714.94
大唐新能源	香港主板	清潔技術	641.50
華地國際控股	香港主板	連鎖及零售	478.23
永輝焦煤	香港主板	能源及礦產	472.65
正通汽車	香港主板	汽車	469.02

資料來源

清科研究中心：《2010年中國企業上市研究報告》，2011 年 1 月，www.zdbchina.com。

從過去十多年的實踐來看，對於中國企業而言，香港、紐約、新加坡是最主要的境外市場。其中，香港作為亞太區國際金融中心，擁有除日本之外，亞洲規模最大的證券交易所、資本市場規模龐大，以及有著眾多國際基金、信託基金、財務機構、專業投資者、投資大眾等多元化投資者，參與性極高；特別是由於香港的眾多的股票分析員對中國瞭解較深，研究報告在質量和數量上遠勝其他市場。因此，大部分在香港上市的公司，上市後都能夠再進行股本集資，有利公司長遠的發展。從法律

的角度看，香港更是擁有強大的優勢，擁有廉潔的政府、健全的法制、簡單的稅制，以及自由的流動市場制度，對海外與中國的投資者均一視同仁。與此同時，香港特別行政區政府、香港證監會及香港交易所，多年來均做了大量的工作，訂立確保市場能公平有效運作的法律和法規，為企業和投資者創造合適的法律和監管環境。2004年，香港交易所修訂了上市規則，放寬大型企業赴港上市在盈利與業績連續計算方面的限制，為計劃赴港上市的大型國有企業創造了更為便利的條件。另外，香港證監會不僅對收購合併守則進行修訂，香港交易所也修訂創業板的規則，保證監管架構能與時俱進，這其中就對於主板上市實行預披露計劃的修改 [09]。

09ʹ

遠東貿易服務中心駐香港辦事處著：《香港仍是中國企業境外上市首選》，《中華工商時報》，2008年2月4日。

對中國企業來說，紐約的優勢，在於它擁有其他市場所不能比擬的資金容量、流通量和強大的資本運作能力。但是，美國納斯達克的籌資成本一般在籌資總額的13%至18%；紐約股票交易所也不會低於籌資總額的12%，高於香港主板市場約10%的籌資成本。尤其是在《薩班斯奧克斯利法案》（Sarbanes-Oxley Act）實施之後，美國證券市場高額的上市成本、不菲的維持費用，以及嚴格的內部控制標準，加上市場對中國企業認知度較低，這些都影響著中國企業的上市步伐。新加坡的籌資成本較低，約為籌資金額的8%，但新加坡資本市場的地位不如香港，上市公司數量少，融資金額有限，交易不活躍，一般只適合中小型國企上市。

21世紀以來，隨著CEPA出臺並支持內地銀行將其國際資金外匯交易中心移至香港，通過收購方式在香港發展網絡和業務活動，以及支持內地企業到香港上市，香港作為中國企業境外上市最重要的資本市場和境外融資中心地位已得到鞏固和提升。香港已發展成為內地最主要的境外上市集資市場，並有效引導國際資金投資於香港上市的內地企業。在香港努力鞏固提升這方面的功能外，也有優勢可以讓內地企業和機構在香港發行以外幣計價的債券。此外，香港高度市場化和國際化的金融體系，可為內地進行境外投資的機構和個人，提供豐富的投資產品、全面的服務，以及完善的風險管理，成為它們管理對外投資最有效的平臺。因此，發揮香港發達的資本市場、國際資本聚集的優勢，推動廣東和內地企業赴港上市、發行債券，並鼓勵廣東企業以香港金融市場為平臺開展境外投資，可將香港發展成為中國企業最重要的境外上市和投融資中心。

當然，從長期的眼光看，香港要真正成為中國企業首要的境外上市和投融資中心，在發展策略方面還需要加強以下幾方面：

（一）香港證券監管當局須進一步完善對中國企業的上市監管制度。

從 20 世紀 90 年代中期以來的實踐看，內地國企在香港上市仍存在不少值得關注和重視的問題，諸如一些國企上市後，並未能真正與國際慣例接軌，在經營管理、會計審核制度、業務評估等方面，和香港慣用的規則還存在著不少的距離；部分國企治理不規範、管理水平低、盲目投資，導致經營虧損嚴重；部分國企在業務運作、政策變動，以及監管等方面的信息披露不及時，投資者無法清晰、及時地獲得第一手資料，造成投資者信任危機。2011 年 7 月 11 日，國際評級機構穆迪（Moody's）公布一份名為《新興市場公司的「紅旗」：中國焦點》（*Red Flags for Emerging-Market Companies: A Focus on China*）[10] 的研究報告，對 61 家在香港上市的中國民營企業發出風險警示，直指這些企業的財務報表和信息披露方面存在不透明、虛報誇大等問題，對其中 49 家企業予以警告，其中包括 26 家在香港上市的內地房企。同年 7 月 18 日，惠譽（Fitch）發表研究報告稱，35 家中國內地企業存在治理不善問題或面臨融資困難，包括在香港上市的玖龍紙業、保利協鑫及山水水泥等。穆迪及惠譽兩大評級機構的報告引發投資者拋售內地企業股的風潮。

香港證監會發言人回應說，正「瞭解和留意」穆迪「紅旗報告」事件。最近，美國上市公司會計監督委員會（Public Company Accounting Oversight Board，簡稱 PCAOB）表示，該機構將推出更加透明的審計報表模式，並希望在 2011 年下半年能與中國達成跨國監管協議，希望中國的監管機構能允許 PCAOB 對赴美上市企業進行實地檢查。同時，PCAOB 也將賦予中國監管機構同等權力，對在中國上市的美國企業進行實地調研。香港證監會可借鑒美國的做法，根據香港金融市場的實際情況，推出更加透明的審計報表模式，並致力推動兩地證監當局對跨境上市企業進行實地調研；同時，加強香港審計機構和國內中介機構的合作，以便能夠更專業、準確地處理因兩地之間會計、稅法差異而產生的財務數據差異，避免出現申報資料與實際數據相差很大的情況。

此外，有關機構需進一步改善在香港上市的中國內地企業的信息披露制度。香港證券市場上投資者形成對內地來港上市公司的普遍看法是其透明度不高、信息披露不及時和不充分，使投資者難以瞭解 H 股上市公司的內部情況和經營環境，難以根據上市公司的情況作出正確的投資決策。投資者追求盈利性的目的與信息不對稱的劣勢地位發生了衝突，這無疑是對他們的投資信心和投資熱情，都會產生負面影響。

[10] 穆迪採用新設計的「紅旗」（Red Flags）測試系統，在 5 個不同的方面設置了 20 項指標，上市公司有某項指標不符合的即被插上紅旗。這些指標包括企業管治偏弱、高風險或不透明的經營模式、企業制定了快速發展的計劃以及盈利或現金流質素不佳和企業審計及財務報告方面的擔憂。按照穆迪所制定的紅旗制度，被插上的紅旗越多，則表明該企業潛在的風險越大。穆迪還指出，對這些公司發出紅旗警告，並不是它的評級方式和評級標準出現了改變，這只是對公司發出的一種警告信號，並未進行正式的評級調整。

（二）積極推動更多經營規範的大中型民營企業和科技型民營企業到香港上市。

近年來，到香港上市集資的民營企業越來越多。民營企業謀求到香港上市，原因是多方面的，除了因為在國內民營企業存在融資「瓶頸」之外，與香港本身的資本市場密切相關，尤其是香港較為寬鬆的上市條件、上市時間較短、可控制的上市成本以及再融資程度較為容易等。民營企業到香港上市，可借助資本社會化的契機，並以香港為「跳板」提高國際競爭力。因此，從長遠角度看，內地民營企業到香港上市將是未來發展的大趨勢，特別是內地經營較為規範的大中型民企和科技型民企，目前正處於快速發展時期，可為香港主板市場和創業板市場提供源源不絕的優質上市證券。

不過，當前民營企業到香港上市的過程並不順暢，除了他們自身經營的規範性問題之外，最大的問題是到香港上市的制度「瓶頸」。2006 年 8 月 8 日，中國商務部等六部委聯合頒布了修訂的《關於外國投資者併購境內企業的規定》，對內地企業在香港作紅籌上市進行了重新界定和規範。文件規定，中國法人或自然人為海外上市設立的特殊目的公司應向商務部申請辦理核准手續；特殊目的公司境外上市交易，應經國務院證券監督管理機構批准；特殊目的公司應在商務部核准後的一年內完成上市，否則境內公司股權結構必須恢復。有關規定對企業紅籌上市加強了監管，完善了制度條例，如首次明確了換股併購的規定，並且對特殊目的公司的併購和上市，重新明確了國家商務部、證監會、工商總局等多層次的監管體制。這種多層次監管，一方面固然有效防範了一直困擾監管層的「假外資」問題，但另一方面，也大大增加了內地民企以紅籌在香港上市的難度和風險 [11]。而中小民營企業民企若以發行 H 股的方式在香港上市，則需要同時滿足中國證監會和香港交易所規定的上市條件，實施起來並非易事，導致大部分具有發展潛質的中小民營企業只能選擇到香港創業板上市融資。

11′

《中國企業海外上市法律政策回顧與展望》，山東英良泰業律師事務所，http://www.yingliang-law.com/jiang/html/?389.html。

因此，香港證監會要推動更多大中型民營企業和科技型民營企業到香港主版上市，必須與中國監管當局加強合作，協助民營企業解決好到香港上市的制度「瓶頸」問題。2011 年 1 月 17 日，中國證監會主席尚福林在出席亞洲金融論壇時表示：「我們將繼續支持符合條件的內地企業根據自身需要到境外上市，並支持企業到境外上市首選香港。目前中國證監會正在修訂境外上市的有關規則，以便為中小企業包括民營企業到香港上市提供便利。」

（三）進一步完善香港與中國內地金融監管，特別是證券監管的合作。

隨著越來越多的內地企業在香港上市，香港與內地的證券監管機構之間逐步建立起

一套有效的監管合作機制。1993 年 6 月 19 日，中國證券監督管理委員會、上海證券交易所、深圳證券交易所、香港證券及期貨事務監察委員會及香港聯合交易所有限公司在北京簽署了《監管合作備忘錄》，確立了各方監管合作應遵守的基本原則，以及監管合作的具體範圍和方式。1995 年 7 月 4 日，中國證監會與香港證監會又簽署了《有關期貨事宜的監管合作備忘錄》。2003 年 6 月 29 日，香港與內地簽署 CEPA 協議，其中第 13 條指出兩地要進一步加強包括證券業在內的合作，應本著尊重市場規律、提高監管效率的原則，並支持符合條件的內地保險企業以及包括民營企業在內的其他企業到香港上市。這些監管合作文件，規範了兩地證券監管機構之間信息互通，協商解決問題的機制等問題，特別是對內地企業到香港上市的審批及操作程序以及技術問題的解決發揮了重要作用。

然而，從過去十多年的監管實踐看，香港與內地之間的證券監管合作制度本身，仍然存在著不少的問題，包括對兩地協作處理一些具體問題時，應該如何具體劃分各自的權限和責任等等。因此，有必要進一步明確劃分香港與內地之間監管機構對內地在香港上市公司的各自監管權限和責任的劃分，以免出現法律真空和監管的漏洞；進一步推進在內幕交易、操縱市場，以及其他就證券交易和上市公司的活動中欺詐行為方面的協助調查，並對此採取制裁措施。

7.3.4 / 全球主要的人民幣離岸業務中心、亞洲人民幣債券市場

自 2008 年 12 月，中國人民銀行和韓國銀行宣布簽署雙邊本幣互換協議以來，中國已經陸續與香港、馬來西亞、白俄羅斯、印尼、阿根廷、冰島、新加坡、新西蘭和烏茲別克等十餘個國家和地區貨幣當局簽署本幣互換協議，貨幣互換的總金額已達 8,292 億元人民幣。

2004 年以來，隨著人民幣國際化進程的展開，境外人民幣交易的存在及其迅速發展的勢頭，已經成為國際金融市場上不爭的事實。根據匯豐銀行 2011 年 5 月發布的一項針對全球 21 個市場、6,000 多家貿易企業展開的一項調查顯示，在未來半年，全球最受貿易企業青睞的五種結算貨幣，將依次為美元、歐元、人民幣、英鎊和日元，表示人民幣將首次超越英鎊，成為全球貿易企業三種主要結算貨幣之一。正如中國人民大學經濟研究所雷達教授所指出：「境外人民幣的產生是國際儲備資產多元化發展趨勢的現實體現。擺脫美元貨幣霸權的負面影響是多數外圍國政府、企業乃至居民的重要選擇。」[12]

12

雷達著：《人民幣國際化進程決定香港離岸市場定位》，《中國證券報》，2011 年 9 月 29 日。

隨著人民幣離岸業務的快速發展，香港作為人民幣離岸業務中心的地位逐步凸顯。香港背靠中國大陸、地處東北亞和東南亞的中心位置，傳統上與東北亞和東南亞各國有著廣泛的經濟往來。2010年香港十大貿易夥伴中，有8個來自亞洲，而與中國內地的貿易規模更是連年位居第一。香港巨大的貿易和投資往來，為發展人民幣業務提供了巨大市場。隨著人民幣國際化進程的推進，香港境內的人民幣規模迅速擴大，尤其是中國在2009年7月推出跨境貿易人民幣結算的安排以來，一系列擴大人民幣在跨境貿易、投資中作用的措施，對拓寬香港人民幣資金來源和使用渠道起到了積極的推動作用。2010年，香港全年實現人民幣貿易結算總額為3,692億元，佔全國人民幣跨境結算額70%以上[13]；中國政府在同年年中允許香港居民在賬戶中持有人民幣以來，人民幣存款增至5,540億元，約佔香港存款總量的10%（**圖表7.5**）。2010年，在香港發行的人民幣債券也從年初的18個快速增長到60多個，餘額從年初的380多億元上升到年底的680多億元。此外，香港也正在逐步實現用人民幣發行信託基金和股票。

13

陳德霖著：《香港離岸人民幣業務和港元地位》，香港金融管理局，2011年5月30日，http://www.hkma.gov.hk/chi/key-information/insight/20110530.shtml。

圖表 7.5 | 香港銀行存款增長及各幣種分布情況

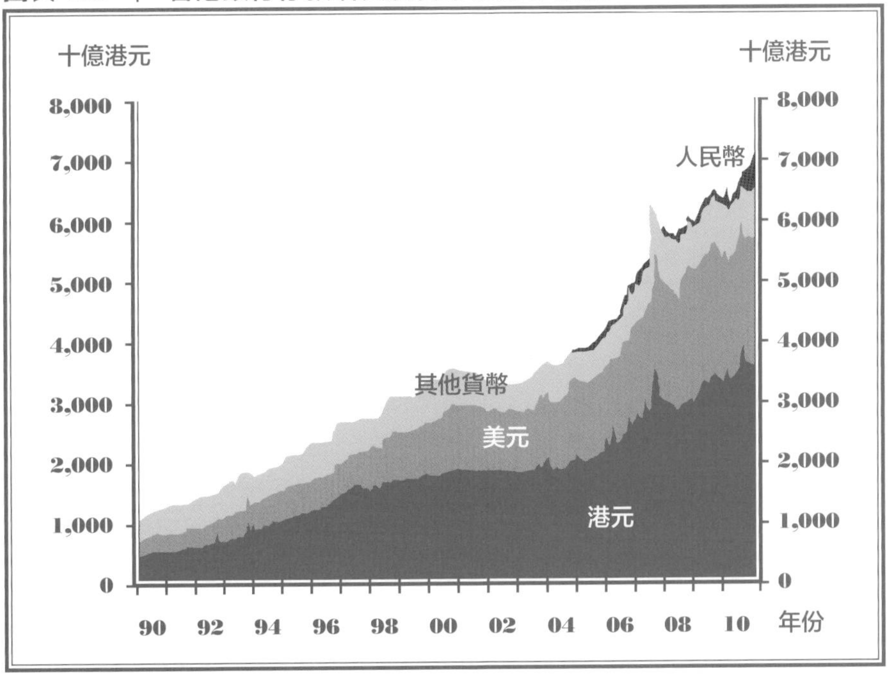

資料來源

陳德霖著：《香港離岸人民幣業務和港元地位》，香港金融管理局，2011年5月30日，http://www.hkma.gov.hk/chi/key-information/insight/20110530.shtml。

圖表 7.6 | 2009 年以來香港人民幣存款增長示意圖

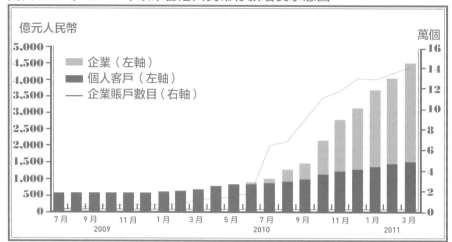

資料來源

香港金融管理局，轉引自尹世昌：《香港，距人民幣離岸中心有多遠》，《人民日報》人民網，2011 年 5 月 25 日，http://hm.people.com.cn/GB/14729496.html。

2011 年 8 月，中國國務院副總理李克強訪港期間，宣布中國財政部將在香港發行 200 億元人民幣國債，在規模上超越過去兩年發行的總和。而中國人民銀行則表示，將落實中央政府支持香港發展的新政策措施；增加香港發行人民幣債券的境內金融機構、允許境內企業在香港發行人民幣債券，以及擴大境內機構在香港發行人民幣債券規模。李克強副總理表示，國家支持香港成為人民幣離岸業務中心，香港可以抓住人民幣逐漸成為在國際貨幣體系中發揮重要作用的貨幣的機遇，進一步鞏固香港的金融中心地位。

2011 年以來，香港人民幣離岸市場發展步入「快車道」。根據德意志銀行大中華區首席經濟學家馬駿的預測，到 2012 年，香港的人民幣資產規模有潛力達到 7,000 億元，人民幣產品的平均收益率會明顯提升，而受益於此，香港銀行的人民幣業務淨息差可在目前水平基礎上提升 4 倍。香港交易所行政總裁李小加預計，人民幣國際化會為香港帶來變革性發展，在不遠的將來，香港人民幣離岸市場的規模可望突破 20,000 億元的關口，人民幣國際化對香港的金融業將帶來重大且深遠的影響。香港金融市場將進入高收益、更大規模、品種更全、二級市場交易更加活躍的發展階段。在此階段，香港的證券、資本市場將得到巨大發展，整體經濟也會隨著金融市場的興旺而獲益[14]。

14

《人民幣離岸業務是支撐香港金融中心未來的關鍵》，新華社，2011 年 5 月 2 日。

當然，香港要真正發展成為全球最重要的人民幣離岸業務中心、亞洲人民幣債券市場，當前還需加強以下幾方面的工作：

（一）進一步擴大人民幣資金池規模、建立多元化的人民幣交易市場、推出多元化的人民幣投資產品，進而提升香港發展人民幣離岸業務的核心競爭力。

近年來，隨著中國經濟貿易的發展和人民幣國際化進程的推進，人民幣離岸業務市場的規模越來越大，除了香港之外，新加坡、倫敦等金融中心都提出了建立人民幣離岸業務中心的要求（**圖表 7.7**）。近期，新加坡人民幣市場增長加速，中國工商銀行首個境外人民幣業務中心已在新加坡掛牌。2011 年 4 月 20 日，英國《金融時報》頭條刊文《新加坡欲成首個人民幣離岸中心》，引發了市場對於人民幣國際化及中國布局全球離岸中心的關注。同時，作為世界級國際金融中心的倫敦也躍躍欲試。2011 年 4 月，英國倫敦金融城榮譽市長白爾雅爵士（Sir Michael Bear）在上海接受《中國經濟周刊》訪問時表示：「伴隨著中國全球貿易和金融的發展，（人民幣離岸）這個市場的蛋糕會越來越大，不是中國香港一個中心可以獨享這一市場的，多個人民幣離岸中心對人民幣的發展是更為有利的。」他認為：「倫敦總有一天會成為另一個離岸人民幣中心。」[15]

15′

《香港新加坡倫敦競爭人民幣需要幾個離岸中心》，《中國經濟周刊》，2011 年第 17 期。

圖表 7.7　｜　香港人民幣離岸業務中心的可能競爭對手

城市	覆蓋區域
新加坡	東南亞
杜拜	中東及北非
約翰內斯堡	撒哈拉以南的非洲地區
倫敦、盧森堡、蘇黎世	西歐及中歐
莫斯科	獨聯體國家
紐約	北美
聖保羅	南美

資料來源′

法國農業信貸銀行，轉引自：《華爾街日報》http://cn.wsj.com/photo/Yuan_0601h.jpg。

香港要在眾多的競爭者之中強化領先優勢，真正建設成為全球主要的人民幣離岸業務中心，當前需首先解決兩個問題：一是人民幣資金池的規模要進一步擴大；二是要有多元化的投資產品和交易市場。總體而言，香港人民幣離岸市場發展，首先取決於內地金融開放和人民幣國際化的步驟。2010 年以來，香港的人民幣業務儘管取得了突破性的進展，但業務規模仍然沒有建立起來，人民幣的存款額、債券發行額和貿易結算額仍小於市場期望[16]。2011 年 8 月 17 日，國務院副總理李克強在香港

16′

廖群著：《香港人民幣業務的發展現狀及展望》，《證券時報》，2010 年 6 月 30 日。

出席國家「十二五」規劃與兩地經貿金融合作發展論壇中，公布了一系列支持香港人民幣離岸市場發展的措施，這些措施大大擴展了人民幣在經貿往來、直接投資、間接融資，乃至清算發展和網點互通等方面的使用範圍，有利於進一步擴大香港的人民幣資金池，拓展多元化的投資產品和渠道。從香港的角度看，香港金管局在制定未來金融業發展規劃時將人民幣國際化這個國家戰略背景考慮問題，跳出「在商言商」的局限，加強政策研究，多作長遠考慮。

為了增加人民幣對境外投資者的吸引力，就必須在香港建立人民幣交易市場，多元化人民幣投資升值渠道：

第一、在已有的香港人民幣債券業務的基礎上，建立香港人民幣債券市場；實現發債主體，從先前的內地政策性和商業銀行到香港商業銀行和香港企業，最後發展到其他國家的各類金融機構和資信良好的企業。此外，債券投資者也應從局限於個人擴展到企業，以及香港強制性公積金等機構投資者、世界各地在港開立人民幣賬戶的投資者，並積極培育人民幣債券二級市場，逐步形成真正意義上的「香港人民幣債券市場」。

第二、加強港交所與滬深交易所的合作，設計在內地和香港交易所互相掛牌的交易指數基金，如在上海證券交易所推出恒生指數 ETF、國企指數 ETF 和紅籌指數 ETF 等；在港交所推出以人民幣計價的上證或深證指數 ETF；香港的個人和機構投資者可以用所持有的人民幣來認購、申購以人民幣計價的基金，同時，基金公司也可以人民幣支付基金分紅，以及贖回結算。當境外人民幣資金沉澱量夠大且人民幣資金來源渠道順暢後，應積極構建人民幣股票市場，吸引境內外上市公司和投資者。

第三、擴大香港人民幣衍生品市場的交易品種，適時推出人民幣期貨、期權等產品。此外，人民幣同業拆借市場對於保證香港人民幣供給與流通，支持其他人民幣離岸市場尤為重要，所以應積極建立香港人民幣同業拆借（Inter-bank Lending/Borrowing）市場。這主要涉及兩方面：一是香港銀行與內地銀行間的同業拆借，可以在粵港之間先行試點；二是香港商業銀行之間的同業拆借市場。

第四、不斷完善人民幣結算工具的產品設計，包括人民幣跨境信用證、人民幣跨境保涵、人民幣票據貼現、人民幣進出口押匯、國際保理、福費廷業務、打包放款、

出口信貸、貿易單證服務、提貨擔保等產品和服務。

（二）進一步拓寬人民幣投資渠道，優化人民幣回流機制。

目前，在香港流通的人民幣回流內地資本市場的渠道有限，僅有境外央行、港澳清算行、境外參加行等三類境外機構開通了投資內地銀行間債市的試點。其他資金只能存放於銀行，或投資於債券等有限的人民幣金融產品。最近，經國務院批准，內地有關部門將推出在港募集人民幣資金投資境內證券市場試點（即人民幣 QFII）工作。試點初期，總額度為 200 億人民幣，額度的 80% 投資於內地債券市場，將從對境內市場較為熟悉的境內基金管理公司、證券公司的香港子公司做起。在試點工作順利啟動和開展後，中國證監會將會同內地和香港的有關部門和機構積極穩妥地研究論證擴大試點的可行性。人民幣 QFII 試點無疑有助於拓寬香港人民幣投資內地資本市場的渠道、優化人民幣回流機制、豐富境外人民幣投資產品，以及推動人民幣在境外的使用。

當然，拓寬連接在岸和離岸人民幣市場的橋梁，讓資金能夠有序地循環和流通，是香港離岸人民幣業務中心發展的一大步，但還只是人民幣真正國際化的一小步。人民幣若被世界所接納，僅發展香港離岸市場仍顯不夠。在穩固推進香港人民幣離岸市場發展的同時，大陸和香港有關各方還應共同努力促進人民幣在境外第三方市場的使用，使人民幣早日成為真正的國際貨幣[17]。

（三）進一步完善金融市場基礎設施建設，加強風險防範。

自從香港發展人民幣離岸業務中心以來，香港承受了大規模的外來資金流入，增加貨幣供應量，形成了引發通脹的貨幣基礎。由於香港奉行自由經濟體系，這些流入資金在購入資產時不會受到太多限制，可能會造成資產泡沫壓力。因此，香港金管局需要根據新形勢的發展，進一步做好投資金融信息科技設施，提升市場基建的工作。正如香港交易所行政總裁李小加所指出：「這就像修路，必須提前規劃實施，而準備工作越充分，則越有助於為人民幣國際化提速，儘早帶來實際利益。」

此外，要未雨綢繆防範由此而可能引發的金融風險，特別是防止香港的人民幣離岸業務衝擊內地金融市場。香港作為人民幣離岸業務中心的一個風險，是會否衝擊內地金融安全。例如，香港在發展離岸人民幣中心的同時，打通了內地和香港兩地的金融脈絡，使內地企業可以透過「內保外貸」的方式，用內地企業的資金作為抵押，

17′

黃志強著：《香港人民幣離岸市場迎來發展新契機》，《金融時報》，2011 年 8 月 19 日。

再使相關香港的企業拿到貸款，以作融資，甚至去買房地產，為內地貨幣增長過快的問題煽風點火。又如，不少內地的房地產商，利用新興的「點心債券」市場，趁著市場憧憬人民幣升值的潛力，以優惠的利息成功集資。

(四）處理好香港人民幣離岸業務與上海人民幣在岸業務之間的協議發展和錯位發展。

在 2010 年倫敦金融城金融中心排名中，香港和上海分別排在第三和第六位，可見兩地自身經濟金融基礎良好。同時，因為兩地背靠的都是中國經濟體，所以對於兩者之間的競爭與合作關係的討論尤為激烈。根據金融中心分工理論，任何一個國家都不局限於一個金融中心，像美國的以紐約為中心，輔之以華盛頓、新澤西、芝加哥相配合的金融中心格局，可見，只要明確各個金融中心的功能定位，各有側重，上海和香港就可以各施所長發揮各自的金融中心的功能。此外，香港與上海作為金融中心的輻射範圍也不相同，前者主要以珠三角經濟圈為腹地，後者主要以長三角經濟圈為腹地，兩個金融中心的相互配合才可以最大程度的支持中國經濟的全面發展。正如香港交易所行政總裁李小加所說：「香港和上海兩個金融中心的關係，10% 是競爭，20% 是合作，70% 至 80% 是要把各自的市場做好。」

香港應發揮聯繫內地與國際市場橋梁的作用，一方面通過建立香港人民幣離岸市場吸引境外投資，將海外資金轉投內地，另一方面通過建立亞洲資產管理中心，為中國企業走向國際、中國儲蓄投資海外創造平臺。通過與廣東的密切合作，打造大珠三角金融中心，最終樹立亞洲國際金融中心的「龍頭地位」。而上海應首先實現確立全國的金融中心的地位，建立具有國際影響力的資本市場體系，使其成為中國金融資產的定價中心、市場交易規則的形成中心、國內資金集散中心和信息集散中心，並逐步發展為國際金融中心。

7.4 | 珠三角地區中心城市金融發展的戰略定位

7.4.1 / 深圳：中國的創業投資中心和「納斯達克市場」

近年來，深圳作為區域性金融中心在全球逐步嶄露頭角。2009 年 9 月，英國倫敦金融城發布《全球金融中心指數 6》（GFCI6）報告，深圳首次上榜，排名即躋身全球第五位，僅次於倫敦、紐約、香港和新加坡，領先國內的上海（第十位）和北京（第二十二位）。其後，在 GFCI7、GFCI8 報告中，深圳的排名雖分別下降至第九位和第十四位，但仍然是全球 20 個重要的金融中心之一。GFCI6 指出，深圳排名大幅靠前的最大「得分點」來自香港因素。深圳被認為是香港的「天然夥伴」，毗鄰香港是深圳金融業的巨大優勢。當然，深圳自身金融業競爭力的提升也是重要原因之一，深圳的金融創新在全國獨一無二，處於領先地位，而且金融環境、政策監管，以及市場經濟發展等方面均有很大優勢。2010 年，深圳金融業佔 GDP 比例已接近香港。

在大珠三角金融中心圈中，深圳無疑是僅次於香港的重要角色，深圳金融業的發展及其與香港的融合，直接關係到香港在全球金融業發展中的戰略地位。根據深圳的比較優勢，深圳作為區域金融中心的發展定位應該是：

（一）香港國際金融中心功能延伸和重要補充

深圳毗鄰香港的地理位置，決定了其作為香港國際金融中心功能延伸和重要補充的角色。2008 年 6 月正式實施的《深圳經濟特區金融發展促進條例》就明確提出：「使深圳成為深港大都會國際金融中心有機組成部分。」深圳「十二五」規劃指出，利用 20 年左右的時間，將深圳建設成為珠江三角洲的金融服務中心、粵港澳經濟一體化的金融合作紐帶、輻射全國的金融創新基地，成為我國中小企業、創新型融資中心、基金與財富管理中心、金融創新與服務中心、金融人才集聚中心、金融信息中心，成為港深大都會、世界級國際金融中心的有機組成部分。目前，深港之間的金融合作已經開闢了多條渠道，兩地在銀行資金結算、資本市場、風險投資、保險業

等領域合作已逐步展開。深圳要學習、借鑒香港金融業發展的經驗和制度，積極推進深港兩地金融體制的對接，成為香港國際金融中心功能的有效延伸和重要補充。其中的重點是：

1. 連接香港的多層次資本市場和金融創新試驗區

2011 年 8 月 30 日的《華爾街日報》載文指出：鑒於深圳的經濟投資環境，這個城市有望成為投資者標準投資路綫的一部分[18]。深圳要成為香港國際金融中心功能延伸和重要補充，必須加強與香港的對接，以深港金融合作為紐帶，以金融創新為突破口，以發展多層次資本市場為核心，包括股票主板、創業板、基金、創投、企業融資等等。

2. 輔助香港的區域性財富管理中心

據估計，深圳在 2015 年的人均 GDP 可能達到 2 萬美元。北、上、廣、深已成為中國富豪高密度聚集城市。據渣打銀行東北亞區優先及國際銀行總監林曼雲介紹，中國內地高淨值客戶（指可投資資產達 100 萬美元的客戶）已超過 80 萬，到 2020 年預計將達到 100 萬人。中國內地高淨值客戶跨境投資的首選目的地是香港，每年訪港的內地人中約 40 萬有在港投資需求。在市場需求的推動下，財富管理機構已經開始在深圳大量聚集，內地高淨值客戶紛紛委託深圳的信託、私募、股權投資者（Private Equity，簡稱 PE）等相關機構理財。深圳要充分利用毗鄰香港的區位優勢和金融發展相對領先的優勢，吸引證券投資機構和各大銀行、股權投資機構，大力發展私人銀行、財富管理業務，不斷夯實財富管理中心的基礎，形成一批具影響力的專業財富管理機構，促進財富管理市場的多樣化發展，使深圳發展成為中國高淨值客戶赴境外投資理財的橋頭堡。

18 ′
轉引自：《陳應春：深圳將出臺打造財富管理中心專項規劃》，21 世紀網，2011 年 9 月 15日，http://www.21cbh.com/HTML/2011-9-15/3OMTQ3XzM2ODM3OA.html。

3. 香港人民幣離岸業務中心的後援基地

深圳要配合國家金融戰略，利用香港人民幣離岸市場的發展之機，做好本身的人民幣業務。在人民幣「走出去」方面，發揮深圳中介作用，使深圳和內地城市的資金在國家有關規定的指導下，通過深圳的渠道進入香港，投資香港中間業務、諮詢業務等等；在人民幣回流方面，深圳應協調內地和香港互動，推動內地在香港發行債券（特別是中小企業債券），推動香港銀行在香港籌集人民幣到深圳向珠三角企業貸款[19]。

4. 香港的「新澤西」

新澤西位於美國紐約曼哈頓以西 100 公里，新澤西政府憑藉地理優勢和成本比較優勢，推出系列措施，將新澤西發展為曼哈頓的外包服務基地。根據張建軍的計算，香港、澳門、臺灣 2008 年的 GDP 共計 6,379.9 億美元，金融增加值 773.2 億美元，佔 GDP 比重 12.1%。假定港澳臺 GDP 未來 10 年年均增幅 3%，金融業增加值佔 GDP 比重 13%，營運支出佔增加值 50%，外包支出佔營運支出的 10%。2010 年、2015 年、2020 年港澳臺地區金融服務外包的潛在需求分別為 44 億美元、51 億美元、59.13 億美元[20]。深圳毗鄰香港，金融業和高科技行業發展快，集聚了大量 IT、軟件和金融專業人才，最有條件發展成為香港的「新澤西」，成為「聯通港澳、輻射亞太」的金融服務外包中心，特別是高端金融服務外包中心。

（二）中國首要的創業投資中心和「納斯達克市場」

在區域金融合作中，深圳最大的優勢就是擁有全國兩大證券交易所之一的深圳證券交易所，深交所已開通主板、中小企業板和創業板市場。與香港相比，深圳還有其獨特的經濟優勢。20 世紀 90 年代以來，深圳的高新技術產業獲得了迅猛的發展，並形成了計算機及其軟件、通訊、微電子等產業群。目前，深圳已成為全國的高科技成果交易中心、高科技成果轉化基地、科技貿易基地和國內重要的高新技術產品配套中心，高新技術產業已成為深圳經濟增長的「第一發動機」，以及抵禦全球經濟動盪的「防震器」。因此，憑藉著深圳擁有全國兩大證券交易所之一的優勢、毗鄰香港的優勢，以及本身經濟的優勢，深圳完全有條件發展成中國的創業投資（Venture Capital）和私募基金中心。當然，深圳要發展成區域性創業投資中心，有兩點是至為關鍵的：

19
夏斌：《利用香港人民幣離岸市場發展深圳金融》，深圳市人民政府和中國經濟 50 人論壇共同主辦的「第二屆中國經濟 50 人論壇深圳經濟特區研討會」發言，2011 年 2 月 27 日。

20
張建軍著：《深圳金融服務外包產業發展現狀及政策建議》，深圳金融，2010 年 11 月 18 日，http://www.zgjrw.com/News/20101118/home/376401437801.shtml。

1. 大力發展創業投資基金、私募基金，以及股權投資（Private Equity）機構 [21]，成為中國首要的創業投資中心和私募股權基金管理中心。

深圳是中國第一個創業投資試點城市。2003 年 2 月 21 日，深圳市出臺了國內第一部規範和鼓勵創業投資的地方性法律《深圳經濟特區創業投資條例》，對推動創業投資發展發揮了極重要的作用。經過十餘年的積極探索，深圳已初步形成了由項目、資金、股權交易市場和中介機構組成的創業投資市場體系，風險投資已成為推動深圳高新技術產業迅速發展的重要力量。據統計，截至 2010 年底，深圳創業投資機構共管理資金規模接近 2,000 億元人民幣，投資達 1,500 多億元人民幣，投資項目三千多個，投資的企業已上市的達二百餘家。深圳的創業投資行業中，最活躍的是私募基金和股權投資，據估計，截至 2009 年底，深圳共有私募股權基金三百餘家，私募證券基金達三千八百餘家，管理私募股權投資基金的規模約為 2,500 億元人民幣，約佔全國 35%。

股權投資項目涵蓋通訊、IT、資源開發、新材料、網絡、化工、新能源、高效節能環保技術等 30 多個細分行業。深圳作為高淨值客戶財富的管理平臺的信託機構也領先全國，僅平安信託一家就積累了一萬多個優質高淨值客戶，管理資產規模超過 1,800 億元 [22]。深圳股權投資較為發達的原因是多方面的，其中一個重要原因是在吸引外資股權投資基金進駐方面受香港因素影響，特別是一些大的外資機構將香港作為設立珠三角地區分支機構的首選。

值得指出的是，目前北京、上海、天津、重慶等城市都與深圳展開「中國股權投資中心」的爭奪，其中，北京以具有「完善的優惠政策」、「寬鬆的發展環境」，以及「豐富的企業資源」佔優；上海比照國際金融機構獎勵政策而出臺了一系列的稅收、補貼、現金獎勵、人才吸引等激勵措施築巢引鳳；天津作為最早提出建設「中國股權投資中心」的城市，對有限合夥基金推行「先分後稅」的做法，避免了合夥人雙重徵稅問題。相比之下，深圳一向缺乏明確的扶持政策，特別是缺乏針對私募行業的現金獎勵政策、稅收和補貼鼓勵政策。2010 年 8 月 5 日，深圳市政府發布了《關於促進股權投資基金業發展的若干規定》，以吸引股權投資基金總部落戶深圳，可以說是改善創業投資機構發展的營商環境的重要舉措施。深圳應在此基礎上，進一步制定扶持政策，營造有利創業投資機構發展的營商環境，大力培育、發展本土的創業投資機構，同時積極引進國際著名的創業投資機構，真正發展為中國首要的創業投資中心和私募股權基金管理中心。

21'

Private Equity（PE），即私募股權投資，從投資方式角度看，是指通過私募形式對私有企業，即非上市企業進行的權益性投資，在交易實施過程中附帶考慮了將來的退出機制，即通過上市、併購或管理層回購等方式，出售持股獲利。目前深圳的 PE 機構約有 1,500 家。

22'

胡佩霞著：《深圳欲打造財富管理中心》，《深圳商報》，2011 年 9 月 9 日。

2. 要借鑒國際經驗，積極發展中小企業板和創業板，成為中國的「納斯達克市場」。

深圳的中小企業板於 2004 年 5 月 27 日正式開板，標誌著深圳多層次資本市場正式啟動。它不僅為中小企業提供了直接融資的途徑，而且為風險投資提供了進退機制。據深圳證券交易所的統計數據，自 2008 年初至 2011 年 9 月 22 日，深圳中小企業板三年多來累計為中小企業融資 7,000 多億元人民幣，即平均每年為中小企業提供直接融資超過 2,000 億元人民幣 [23]。至 2011 年 9 月底，深圳中小企業板上市公司家數已達到 618 家，總市值 30,454.62 億元人民幣，平均市盈率 32.2 倍。開業 7 年來，深圳的中小企業板儘管取得不錯的成績，但也存在著不少問題，包括部分上市公司涉嫌利用會計處理粉飾業績、進行內幕交易、信息披露不完善等等。

深圳創業板自 1999 年醞釀發展，到 2009 年 10 月 23 日中國證監會主席尚福林正式宣布舉行開板儀式，前後經歷了 10 年時間。不過，創業板創立以來發展迅速，到 2011 年 9 月底，上市公司家數已達 267 家，總市值 7,806.18 億元人民幣，平均市盈率 40.93 倍，已具備一定的發展規模。深圳創業板在發展過程中也存在不少問題，正如深圳證券交易所助理總經理周健男在演講中所指出，部分創業板公司創新能力不強、不符合創業板市場定位；部分公司成長性不夠、上市後業績出現下滑；創業板的發行市盈率過高，導致股價被提前透支；資金大量超募，超募資金使用效率非常低下；創業板高管紛紛套現和減持的普遍現象等等 [24]。

因此，深圳要積極借鑒國際經驗和香港經驗，進一步完善中小企業板和創業板的制度建設，特別是要鼓勵和尋找經營規範的優質企業上市，加強和完善監管體系、信息披露。目前，深圳創業板尚沒有退市機制，其風險比主板和中小板要大。深圳創業市場的監管核心應圍繞「寬進嚴留」的準則。因此，有必要探討建立退市制度。從中長期看，深圳創業板與香港創業板要加強合作、整合，並最終形成「一市兩板」的市場結構，發展成為中國的「納斯達克市場」。

（三）與香港聯手打造國際再保險中心

作為中國內地主要的中心城市之一，深圳可發展成為香港國際化保險市場的有效延伸和重要補充。深圳應積極推動港深兩地保險機構的互設，提高香港保險機構可持內地保險機構股份比例、擴大香港保險機構的業務及經營範圍，以及推動香港機構參與深圳的人壽保險業務。同時，深圳應推動深圳本地機構在香港成立資

23 ▸

趙曉輝、陶俊潔著：《資本市場補位中小企業融資》，《國際商報》，2011 年 9 月 29 日。

24 ▸

李凌霞著：《周健男：創業板問題的存在具必然性》，和訊網，2011 年 6 月 25 日，http://stock.hexun.com/2011-06-25/130885246.htm.

產管理公司及附屬公司，推動本地投資者透過合資格境內機構投資者計劃投資香港的認可基金。

最近，新西蘭地震、日本地震、澳大利亞洪災等全球自然災害接連發生，受累巨災賠付金額上升，再保險巨頭受到了前所未有的生存壓力。隨著再保合約續轉交易的陸續結束，國際再保險巨頭集體收緊承保條件，巨災再保費率普遍上調。深圳要充分利用深圳毗鄰香港的地緣優勢，推動深港合作的再保險市場的發展，並在深圳探索建立地震、海嘯、颱風等巨災保險制度。

深圳可在前海現代服務業示範區探索開展離岸再保險業務，推動香港人民幣保單再保險業務跨境貿易結算的發展，降低香港保險業進入深圳市場的門檻，積極引進香港保險機構在前海示範區設立國內總部、分支機構以及後臺服務機構，並在前海探索開展離岸再保險業務，吸引香港再保險公司與再保險經紀公司進駐，與香港一道聯手打造華南地區的再保險中心，以及深港國際再保險中心。

7.4.2 ／ 廣州：華南地區銀行中心及區域性商品期貨市場

早在 1993 年，廣州就提出建設現代化區域性金融中心的目標，1997 年亞洲金融危機爆發之前，廣州金融業保持了較快發展勢頭，金融業逐漸成為廣州的支柱產業之一。不過，進入 21 世紀後，受到亞洲金融危機的衝擊，廣州金融業的發展一度滯後，面對上海、北京、深圳等金融中心的崛起，廣州感到前所未有的壓力。據統計，總部在深圳的證券公司目前有 19 家之多，而廣州僅有 3 家；基金管理公司總部設在深圳的有 15 家，廣州僅有 3 家；保險公司總部設在深圳的有 3 家，廣州只有 1 家。

不過，廣州作為廣東省的省會，總體綜合實力一直高踞華南地區首位，它集交通、商貿、科技、信息、教育等中心定位於一體，是華南地區的樞紐、南中國的門戶，產業基礎雄厚。廣州金融業發展總量一直位居全國前列。據統計，2010 年末，廣州地區金融機構存款餘額 23,953.96 億元，貸款餘額 16,284.31 億元，資金實力居全國大城市第三。而作為全國首批跨境貿易人民幣結算試點城市，2010 年，廣州的業務量居全國第一。廣州儘管沒能像深圳那樣進入國際金融中心排行榜的前列，但根據 2011 年 9 月深圳綜合開發研究院發布的第三期「中國金融中心指數」，廣州作為區域性金融中心的排名在全國位居第四，僅次於上海、北京和深圳。不過，廣州的得分只有深圳的 62%，與深圳相比已有一定的差距。

2010 年 6 月，中國人民銀行廣州分行發布《關於落實〈珠江三角洲地區改革發展規劃綱要（2008-2020 年）〉推動金融業科學發展的若干意見》，明確指出，未來要將廣州打造成為華南區的金融中心。這是央行系統首次以文件的形式表明廣州的華南金融中心地位。 廣州要緊緊抓住央行關於將廣州建設成華南金融中心的重要契機，依託現有基礎和條件，大力發展金融業，進一步深化與香港的金融合作，在發展中加強協調，優勢互補，錯位發展，實現互利共贏。廣州與香港的金融合作具有先天優勢，並具備雄厚的經濟基礎。廣州與香港同屬嶺南文化，地理交通便捷，歷史聯繫悠久。香港是廣州最大的外資來源地，也是廣州最大的境外投資目的地，並且兩地互為最重要貿易夥伴之一。廣州及其周邊地區等擁有大量的港資企業，融資需求巨大。2011 年 7 月廣州市政府原則通過的《廣州區域金融中心建設規劃（2011-2020 年）》明確提出，要把廣州建設成為「與香港功能互補、在國內外有重要影響力的國際化區域性金融中心」。

根據廣州金融發展的比較優勢，在大珠三角金融中心圈中，廣州的戰略定位主要是：

（一）南方金融管理營運中心、金融總部中心、區域性資金結算中心。

《規劃綱要》提出，廣州作為國家中心城市，要充分發揮省會城市優勢，增強高端要素集聚、科技創新、文化引領和綜合服務功能，建成珠江三角洲地區一小時城市圈的核心，以及形成與其經濟社會輻射功能相匹配的金融輻射能力。廣州要充分利用其作為金融業布局的「大區中心」地位，大力吸引金融機構地區性總部在廣州聚集，致力發展成為中國南方金融管理營運中心和金融總部中心。

隨著國家金融改革政策的實施，廣州已經成為央行大區分行、國有商業銀行區域性大分行、區域性商業銀行總行的集聚地，銀監會、證監會、保監委等金融監管機構均在廣州設立省級分支機構。廣州應充分利用這一優勢條件，著力加強對珠江新城—員村金融商務區的建設。2006 年 3 月廣州曾出臺文件設立「廣州金融業發展專項資金」，每年從財政安排 5,000 萬元，對於在珠江新城金融商務區設立金融機構總部或地區總部的，分別一次性獎勵 500 萬元、200 萬元；對金融機構高級管理人員給予住房補貼及科研、出國、子女入學等方面的福利。目前，珠江新城已聚集了 45 家金融機構，已初具規模。廣州應在此基礎上，進一步完善珠江新城—員村金融商務區的配套服務設施，採取資產置換等多種方式，吸引香港金融機構、外資金融機構，以及區域性金融機構在廣州設立法人機構或地區總部，吸引國家金融調控和監管部

門駐粵機構進駐，做強做大廣州的法人金融機構，培植更多在全國同行業位居前列、有市場競爭力的金融機構總部。此外，廣州要加強與香港的結算合作，依託廣州銀行電子結算中心，完善人民幣和外匯跨境結算系統，積極推動跨境外匯結算系統和境內外匯結算系統的聯網，發展成為區域性資金結算中心。

（二）華南地區銀行中心、產業金融中心、金融創新基地。

廣州作為國家中心城市，地處珠江三角洲這一全國經濟最活躍、外向度最高地區的中心，金融業發展的最大優勢就是依託這一地區龐大的產業基礎，包括在重化工業、高新技術產業、港口運輸、對外貿易等領域的基礎，以及個人消費服務蓬勃發展的態勢，大力發展產業金融、企業貸款、貿易融資以及個人消費信貸等傳統銀行業務。目前，廣州金融業的核心和主體是銀行業，廣州已形成了包括商業性銀行、政策性銀行、外資銀行、農村金融機構等包括多種類型的銀行體系，擁有巨大的規模。截至 2010 年末，廣州共有銀行營業性網點 2,489 家（其中外資銀行機構網點數為 74 個），從業人員近 6 萬人；金融機構存貸款餘額分別為 23,340.43 億元和 16,284.3 億元，分別佔全省銀行業的 28.5% 和 33.4%，均位居全國各城市前列。廣州雖然擁有龐大的銀行存貸款業務，但銀行發揮的作用主要還停留在信貸服務、個人業務、結算支付等傳統業務方面。因此，廣州金融業當務之急，是要繼續鞏固在銀行業的優勢，將廣州的產業優勢、物流優勢、文化優勢和金融優勢結合起來，積極推動銀行業的多元化業務發展，進一步提高銀行業綜合競爭力，致力使廣州發展成為華南地區的銀行業務中心、銀團貸款中心以及產業金融中心。

第一，進一步擴大對香港金融業的開放與合作，加快引進香港金融機構在廣州設立地區總部，支持香港金融機構入股本地金融機構以及廣州番禺、從化等地參與設立村鎮銀行和小額貸款機構，開展網絡銀行合作等，以最大限度地讓兩地發揮銀行業的協同效應；結合珠三角地區正在形成的對資本市場的巨大需求，積極推動穗港金融機構攜手開發銀團貸款，引進新型的金融產品；推動廣州地區金融機構在香港發行人民幣債券。

第二，大力發展產業金融，強化廣州金融業在華南地區金融產業分工與協作中的引領和帶動作用。2008 年全球金融危機的教訓表明，金融必須與實體產業緊密結合。廣州應致力於做強產業金融，立足於支持企業資本化擴張，促進產業轉型升級。《廣州區域金融中心建設規劃（2011–2020 年）》和《實施意見》已經明確指出，廣州

將積極發展科技金融、汽車金融、物流航運金融、房地產金融、文化創意產業金融、碳金融以及農村金融等。其中，發展科技金融的措施，主要是支持銀行機構設立科技支行，設立科技企業創業投資引導基金，推動科技企業上市、發債，開展科技保險試點，建立以多層次資本市場、科技信貸、科技保險為支撐的科技金融體系；發展汽車金融，主要是積極發展汽車金融、汽車保險業務，擴大汽車貸款證券化規模，為汽車生產、製造、銷售、物流等各環節提供金融支持；發展物流航運金融，主要是大力發展物流航運融資、結算、保險、信託、租賃業務，爭取設立專業性航運金融保險機構，探索設立航運金融功能區；發展房地產金融，主要是探索發展房地產投資信託基金（REIT）。

第三，積極發展以銀行為主體的財富管理業務。經過 30 年的快速發展，珠三角地區私人財富已大量積聚，2010 年末僅廣州銀行機構居民儲蓄存款餘額就達到 9,186.97 億元，形成了對專業化、差異化、高端化財富管理服務的需求。與此同時，以銀行為主體的財富管理機構逐步雲集廣州，如工商銀行、中國銀行等多家銀行機構都已在廣州設立了私人銀行部門，在總行授權範圍內向客戶提供個人金融、資產管理、諮詢顧問等服務。因此，發展以私人財富管理為主的中間業務將成為廣州銀行業業務發展的越來越重要的一環。

第四，大力開展金融創新，使廣州成為區域性金融創新基地。廣州可結合金融業務的需求和發展，營造更加寬鬆、靈活、穩健的金融環境，在金融市場、金融組織、金融業務、金融基礎設施、金融體制機制方面大膽探索、創新。要加大直接融資力度，推動保險、擔保、信託和金融租賃等金融市場的多元化；鼓勵金融機構為廣東企業在銀行間市場發行短期融資券、中期票據等債務融資工具提供承銷服務；豐富非銀行金融機構種類和層次，完善非銀行金融機構服務渠道和內容，健全非銀行金融機構治理架構，發展面向民營的金融集群，積極爭取引入消費金融公司、金融租賃公司、貨幣經紀公司等更多類型的新型金融機構，增強金融市場活力。

（三）華南地區商品期貨交易中心、產權交易中心。

與上海、深圳相比，廣州金融發展的弱勢是缺乏全國性的金融市場交易平臺。其實，廣州在商品期貨市場方面曾擁有領先的優勢。廣州是全國期貨業發展起步最早的城市之一，1992 年 9 月成立了全國第一家期貨經紀公司——萬通公司，之後廣州期貨業迅猛發展，在短短一兩年時間內期貨公司的數量攀至一百三十餘家，當時從業人

員和成交量都在國內佔據首位。1993 年，廣州設立了華南商品期貨交易所，後與廣州商品期貨交易所合併爲廣東聯合期貨交易所。可惜的是，在 20 世紀 90 年代國務院和監管部門對期貨市場進行的清理整頓中，廣東聯合期貨交易所被關閉，進而形成了現在上海期貨交易所、鄭州商品交易所和大連商品交易所三大市場鼎立的格局。目前，在中國三大經濟圈中，唯獨珠江三角洲缺少期貨交易中心，使華南的生產企業難以掌握定價權，在市場中處於被動狀態。

其實，恢復商品期貨交易所的設想早在 2003 年就已由長城偉業等期貨公司提出。2005 年，廣州市政府正式向中央有關部門提出恢復設立商品期貨交易所的申請，但至今仍未獲批准。廣州是華南地區的商貿、物流中心，是我國重要原材料的消費地和集散地，大宗商品交易量在全國處於領先地位。目前，國內 19 個商品期貨交易品種中，有 6-7 種的交易量集中在廣州或以廣州爲中心的珠三角地區[25]。2003 年以後大廣州地區出現了多家大宗商品交易所，它們構成國內最爲活躍、最大規模的成品油、塑膠、金屬材料、糧食等大宗商品現貨交易市場，多種大宗工農原材料交易量全國領先，交易價格已成爲影響全國甚至東南亞的「廣州價格」，初步形成了全球採購、廣州集散、廣州結算的格局。例如，廣州燃料油形成的「黃埔價格」已經成爲國內乃至國際燃料油價格的風向標。2003 年組建的廣州塑膠交易所，累記註冊會員單位已超過 30 萬個；2009 年，該交易所 6 個品種中最大額的 PVC(Polyvinyl Chloride) 顆粒材料交易達 1600 萬噸，合約 300 萬手，約佔全國塑膠交易量的 30%，其編制的「廣塑指數」已成爲國內塑膠原料的定價基準，成爲全國塑膠產品市場的風向標。2010 年，廣州交易所集團掛牌成立，廣州大宗商品現貨市場的集合競價能力將得以提高，隨著各類「廣州指數」、「廣州價格」的不斷出現，廣州在各類要素的流通轉讓、資源定價方面的影響力和定價權將得到進一步提高。大宗商品現貨交易市場建設成績日益顯著，爲廣州擁有恢復設立期貨交易所奠定了良好的發展基礎。

值得指出的是，與上海、大連、鄭州等商品交易所相比，廣州在純鹼、燃料乙醇、紙漿及廢紙（漿）、熱紮板材、以美元計價的離岸商品如鐵礦石等方面具有明顯優勢，能彌補國家期貨交易體系的不足。目前，大連交易所主要上市玉米、大豆等 9 種商品，上海交易所主要上市以金屬爲主的 10 種商品，鄭州交易所主要是小麥、棉花等 8 種農產品。三家商品期貨交易品種與我國的大國地位並不相稱。據世界銀行 2006 年統計數字，在其選擇的 16 種大宗商品中，中國有 12 種商品產銷量均在世

25′

廣州市金融辦副主任陳平提供的數據，轉引自：《廣州將大力推進區域金融中心規劃建設》，《上海證券報》，2009 年 4 月 16 日。

界排名中進入前三位。中國正日益成為全球最大的買方市場和賣方市場。為保持中國經濟持續穩定發展，需要建設具有重要國際影響力的商品期貨交易市場，形成「中國價格」和「中國規則」，為中國經濟提高抗市場風險能力，增強國家經濟安全，在經濟全球化的競爭中維護國家利益。為此，「十二五」規劃綱要已經明確提出要「推進期貨和金融衍生品市場發展」。在 2012 年 1 月 6 日在全國金融工作會議上，溫家寶總理強調要促進股票期貨市場穩定健康發展，穩妥推出原油等大宗商品期貨品種和相關金融衍生產品。因此，恢復建立廣州商品期貨交易所，不僅有利於推出原油等大宗商品期貨品種上市交易，而且將彌補現階段國家期貨交易體系的明顯不足。

因此，即使從國家戰略層面來說，廣州恢復設立期貨交易所已是大勢所趨。目前，廣州區域金融中心建設已被提到國家戰略層面，國家賦予了廣州金融改革與創新先行先試權利。《廣州區域金融中心建設規劃（2011-2020 年）》已明確指出：「爭取恢復設立廣州期貨交易所，加強與香港溝通，探索共建廣州期貨交易所。」廣州應該加強與香港期貨市場的合作，爭取國家支持設立和恢復廣州期貨交易所，建設輻射全國和面向東南亞的期貨交易中心，打造「廣州價格」，形成區域定價權。

同時，以廣州為中心的珠三角地區的非上市企業股權融資、併購重組、產業整合的需求巨大。目前，廣州產權交易所交易規模列全國第三位。2010 年 10 月，在廣州產權交易所基礎上成立了廣州交易所集團，除一般的產權交易外還將進行文化產權、私募股權、環境資源等交易。廣州也在積極爭取成為擴容後的「新三板」（指代辦股份轉讓系統）[26] 試點，首批進場交易的企業超過 30 家。廣州通過加強穗港合作，建立區域產權（股權）交易中心，以適應珠三角地區大規模的企業融資、產業整合提升需求。此外，廣州還應加強並深化與香港交易所的合作，推動廣州企業到香港上市、融資，包括推動高新技術企業到香港創業板上市，通過香港從國際市場融通資金；引進香港實力雄厚、管理規範的證券公司、基金管理公司，並帶動香港仲介機構到廣州拓展業務；引導廣州金融機構、企業和居民有序投資香港金融市場；推動廣州地區企業赴港上市，通過香港從國際市場融通資金。

7.4.3 ／ 佛山：與廣州共建「輻射亞太地區的現代金融產業後援服務基地」

《規劃綱要》指出：「大力發展金融後台服務產業，建設輻射亞太地區的現代金融產業後援服務基地。」在這方面，廣州原本擁有先天的優勢，如匯豐控股早已在廣

26
「新三板」市場特指中關村科技園區非上市股份有限公司進入代辦股份系統進行轉讓試點，因為掛牌企業均為高科技企業而不同於原轉讓系統內的退市企業及原 STAQ、NET 系統掛牌公司，故稱為「新三板」。值得關注的是，改制後的新三板，不僅滿足眾多中小企業的融資需求，或許也將成為一些股權結構不符合主板、中小板、創業板上市條件的企業開闢一條新融資路徑。

州設立後臺服務機構。不過，後來毗鄰的佛山捷足先登，在廣東省政府的支持下在南海區設立「廣東金融高新技術服務區」，利用推動使用優惠和稅收優惠等條件，成功引入中國人保、AIG、美亞保險、新鴻基金融等金融公司的後臺服務機構。目前，廣東金融高新技術服務區正致力於吸引金融創新研發中心、數據處理中心、呼叫中心、災備中心、培訓中心等後臺機構、金融服務外包企業前往落戶。然而，應該指出，沒有廣州的配合，佛山難以單獨建成「輻射亞太地區的現代金融產業後援服務基地」。廣州應積極把握「廣佛同城化」的有利時機，加強廣佛金融合作，以廣東金融高新技術服務區為平臺，共同打造「輻射亞太地區的現代金融產業後援服務基地」。同時，有效地將廣佛地區的金融機構的前後臺進行對接，從而將更多的金融機構前臺和市場中心、管理中心和研發中心引導至廣州，實現金融資源的有效配置。

此外，按照《規劃綱要》要求，應積極協調推進廣佛金融服務同城化，促進金融資源合理流動和優化配置，充分發揮廣州區域金融中心金融輻射帶動作用，探索建立中小企業融資改革創新專項試驗區。民營企業和中小企業在佛山經濟中佔據主體地位，民間資本雄厚，投資需求活躍。佛山具有在中小企業融資創新的堅實基礎和有力條件。佛山可在中小企業融資方面進行金融創新探索，如村鎮銀行、小額貸款公司、村鎮保險公司及創投基金等，對其他城市解決中小企業融資難問題發揮示範作用。

澳門：與珠海共建「中葡商貿合作的金融平臺」

7.5.1 / 澳門金融業：以銀行為主體，保險業輔之

澳門金融業歷史悠久，最早可追溯到 18 世紀 20 年代開辦的專門從事商船抵押的銀行。20 世紀 40 年代抗戰期間，廣州、香港先後淪陷，富商巨賈紛紛避入澳門，各類金融商號一度多達三百餘家，當時是澳門金融業最輝煌的日子。20 世紀 70 年代以來，澳門金融業發展迅速，到 90 年代中後期已成為澳門經濟的四大支柱之一，在澳門本地生產總值的比重在 10% 左右。

澳門金融業以銀行為主體，保險業輔之。由於澳門沒有獨立的資本市場，經濟活動中的金融服務功能主要由銀行體系承擔。與澳門外向型經濟體制相適應，澳門銀行業的國際化程度較高，技術和管理水平也比較先進，主要經營包括存貸款、匯兌、結算、保險、投資、理財、信用卡、保管箱等傳統銀行業務。目前，澳門共有 28 家銀行，包括離岸銀行及離岸附屬機構 2 家，專營公務員信用業務的郵政儲金局 1 家，其中，12 家為本地註冊銀行，16 家為外資銀行分行。此外，其他持牌機構還包括 11 家兌換店、6 家兌換櫃台、2 家現金速遞公司、2 家金融中介人公司，以及 1 家其他金融機構之代表辦事處（**圖表 7.5**）。澳門回歸後，特別是 2002 年澳門特區政府開放博彩經營權以來，隨著博彩業、房地產業的快速發展，以及整體經濟的迅速擴張，澳門銀行業獲得了良好的發展，盈利持續穩步增長，主要來自信貸及中間業務，其中房屋按揭貸款佔較大份額，銀行代客理財、信用卡等中間業務非利息收入也有較大增長，收入呈多元化趨勢。近年來，大型酒店建築項目和高檔商住公寓不斷開工建設，銀行的大型房地產項目融資正向銀團貸款方向發展。

圖表 7.8　｜　澳門持牌金融機構概況（不包括保險公司）

持牌銀行機構	銀行數目	其他持牌機構	其他持牌機構數目
總數	28	總數	22
總部設在本地之銀行	3	兌換店	11
外地銀行之附屬銀行	9	兌換櫃台	6
外地銀行分行	16	金融中介人公司及代表辦事處	3

資料來源 ⌐

澳門金融管理局

澳門是一個以博彩旅遊業為主的微型經濟體，銀行業的經營具有一些顯著特點：

第一，澳門銀行業分行網點密集，平均每 3,300 人 1 間銀行，每 20,000 人 1 家保險公司，業務集中度較高，存貸款業務主要集中於中國銀行等中資銀行。其中，以中國銀行澳門分行和工商銀行澳門分行為代表的 8 家中資銀行，市場份額在 60% 以上。

第二，作為一個快速發展的博彩旅遊中心，澳門銀行體系的現金流通量龐大，銀行水浸現象嚴重，資金缺乏出路，貸存比多年一直低於 50%，而由於產品同質化明顯，重要是傳統的存貸款業務，創新產品少，市場競爭十分激烈。

第三，澳門銀行在外幣處理方面有豐富的經驗。雖然澳門元是澳門唯一的法定貨幣，但實際上港元與澳門元同時並行，佔的比重相若（銀行流通體系中還有其他外幣和人民幣）。澳門銀行在處理雙幣種運行、現鈔防偽等方面積累了豐富的經驗，這為澳門開展人民幣業務創造了重要的基礎條件。

第四，澳門銀行業監管審慎，銀行體系資產質量良好（2009 年 2 月不良貸款比率為 0.91%），資本充裕（2008 年底資本充足比率為 15.01%），流動性充沛

（2009 年 4 月 16 日三個月流動比率為 68.50%）。澳門在 2006 年 APG（Asia/Pacific Group on Money Laundering）和 OGBS（Offshore Group of Banking Supervisors）共同評估，以及 2008 年國際貨幣基金組織的離岸金融中心評估中，獲得了「符合國際標準與最佳實踐基本一致」的高度評價。同時，穆迪（Moody's）將澳門本外幣政府債信評級調升至 A3，評級前景穩定 [27]。

保險業是澳門金融業的另一個重要組成部分。目前，澳門共有 24 家保險公司，其中，本地保險公司 8 家，跨國保險公司在澳門的分支機構有 16 家。若按業務分類，從事人壽保險的有 11 家。回歸以來，隨著博彩業和整體經濟的快速發展，澳門保險市場規模不斷擴大。2007 年，保費收入達 32.2 億澳門元，比 2006 年增長 30.1%，其中人壽保險收入 22.5 億澳門元，同比增長 28.6%，財產保險保費收入 9.7 億澳門元，同比增長 33.8%。長期以來，澳門保險市場中。人壽保險與非人壽保險市場份額一直維持在約 7：3 的水平。雖然澳門保險業過去幾年發展迅速，但保險市場的密度和深度仍處於較低水平。長遠來看，澳門保險市場仍然具有相當大的開發潛力。

總體而言，澳門金融業的經營業務範圍較狹窄，結構單一，對香港金融市場的依賴性極強。由於澳門本地銀行同業市場不發達，銀行存款在扣除必要的流動資金後，餘額都存到香港銀行體系。澳門的外匯、證券、基金、黃金、期貨的買賣，亦主要是由澳門銀行透過它們在香港的地區總部或往來銀行代理進行的。為改善金融清算渠道狹窄、金融基礎建設落後的狀況，澳門金融管理局加強了與香港、中國內地金融監管當局的緊密合作，於 2007 年和 2008 年先後開通了與香港的跨境港元、美元支票清算系統，建立起快捷安全的跨境支付渠道，並促進了資金流動。澳門金管局還與周邊地區商討建立區域資金清算共同平臺，加快澳門實時支付清算（RIGS）系統籌建進程，以加強與香港和內地實時清算系統的對接，提升粵港澳跨境資金清算效率 [28]。

7.5.2 ／ 澳門：與珠海共建「中國與葡語國家商貿合作的金融平臺」

澳門回歸後，特別是 2002 年澳門特區政府開放博彩經營權以來，隨著博彩業的快速發展、外資企業的大規模進入，澳門整體經濟獲得超常規的增長。據統計，2010 年，澳門本地生產總值達 2,173.2 億澳門元，比 1999 年的 472.87 億澳門元增長 3.6 倍。2010 年，澳門人均本地生產總值達 4.9 萬美元，在亞洲列第二、世界位列第五。澳門在大珠三角地區，乃至全球經濟中的戰略地位逐步凸顯。國家「十二五」規劃綱

27

田地著：《回歸十年澳門金融業持續穩健發展》，《中國金融》，2009 年 第 24 期，第 65-66 頁。

28

田地著：《回歸十年澳門金融業持續穩健發展》，《中國金融》，2009 年 第 24 期，第 65-66 頁。

要指出：「支持澳門建設世界旅遊休閑中心，加快建設中國與葡語國家商貿合作服務平臺。」換而言之，從中長期發展來看，澳門的發展戰略被定為上述兩方面。

眾所周知，在區域與國際分工合作中，澳門經濟的一個重要比較優勢，是它的區位優勢、自由港優勢和國際網絡優勢。澳門是中國南大門與香港互成犄角之勢的另一個自由港、獨立關稅區，回歸後是繼香港之後的第二個特別行政區。澳門背靠的，是珠江三角洲西部，沿西江往西北上溯是西江中下洲廣闊的經濟腹地，而它聯繫的國際層面，則以歐盟和葡語國家為重點。正是基於這些獨特的優勢，2002 年特區政府明確提出了致力將澳門建設成為區域經濟發展的「三個服務平臺」的目標，即作為內地，特別是廣東西部地區的商貿服務平臺；作為中國內地與葡語國家經貿聯繫與合作的服務平臺，以及作為全球華商聯絡與合作的服務平臺。

「三個服務平臺」中，最核心的就是「中國與葡語國家商貿合作服務平臺」。所謂「平臺」，實際上就是區域商貿網絡的樞紐。由於歷史的原因，長期以來，澳門與歐盟，特別是葡語系國家和地區一直保持著緊密的經濟、社會、文化等多方面的聯繫。回歸以來，隨著中國經濟實力的不斷增強，特別是廣東珠三角地區經濟蓬勃發展，澳門吸引眾多葡語系國家設立機構以開展與中國的經貿交流。2003 年，中央政府決定將「中國－葡語國家經貿合作論壇」設在澳門，其用意也是要協助澳門打造這一平臺。2010 年，中葡論壇第三屆部長級會議亦在澳門舉行，進一步強化澳門與葡語國家的廣泛聯繫，提升和鞏固澳門作為「中國與葡語國家商貿合作服務平臺」的戰略地位。因此，澳門有優勢、也有條件發展成為聯繫歐盟、葡語國家與中國內地特別是廣東珠三角地區、甚至包括香港、臺灣地區的區域性商貿服務平臺。據統計，從 2002–2010 年，中國與葡語國家的進出口總額從 60.52 億美元增長到 914.23 億美元，8 年間增長 14 倍，年均增長 40%，中國與葡語國家經貿合作的快速增長勢頭可見一斑。澳門在這一過程中投入了大量人力、物力，推動了中葡經貿發展，平臺作用進一步彰顯。2009 年，澳門與葡語國家的進出口貿易總額達 3.22 億澳門元，同比增長 20.15%。

區域性商貿平臺的建設，離不開金融業的支持，也為金融業發展提供了廣闊的空間。2006 年「中國與葡語系國家經貿合作論壇」第二屆部長級會議上，與會者簽署了 2007 年至 2009 年的《經貿合作行動綱領》，提出在論壇框架下建立一個中國與葡語國家的金融合作機制的設想，目的是要促進論壇各成員國借助金融手段進一步活

躍相互之間的經貿交往。為此，澳門金融管理局先後與多個葡語國家銀行及保險機構達成互利互助的合作協議，與 8 個葡語國家中的 5 個國家就交流合作簽訂了合作備忘錄，並與 5 個國家保險監管局簽署了合作備忘錄。在中葡經貿合作過程中，澳門金融業提供重要的服務支持。當中國對葡語國家的貿易存在較大逆差，為了擴大出口，中國銀行澳門分行、葡萄牙投資銀行、安哥拉發展銀行三家銀行合作提供了 1 億美元的信貸額，幫助中國企業出口產品到安哥拉，並為在安哥拉工作的中國公民提供匯款服務。正在安哥拉等葡語國家拓展清潔能源市場的澳門賀田工業有限公司公司總經理賀一誠表示：「有了這樣的金融支持作為堅實的後盾，中國企業將會更有信心。」[29]

誠然，澳門經濟規模細小，其作為「中國與葡語國家商貿合作服務平臺」難以單獨完成，必須與毗鄰的廣東珠海，特別是珠海橫琴新區合作展開。因此，澳門金融業也必須與香港、廣東加強合作，特別是在橫琴新區共建「粵港澳金融緊密合作區」。

29

《澳門全面搭建中國與葡語國家貿易交流平臺》，新華社，2011 年 3 月 22 日。

CHAPTER 8.

粵港澳金融合作
「先行先試」
重點領域

8.1.1 / 推動香港銀行布局珠江三角洲地區

金融機構是區域金融市場的主體，推動粵港金融機構雙向開放、跨境互設、相互參股、併購重組和拓展業務，有利於整合、優化區域金融資源，促進區域金融市場的適度競爭，提高區域金融業的服務水平和整體競爭力。在國際金融開放和金融安全的總體戰略布局下，按照 CEPA「先易後難，逐步推進」的原則，推動粵港金融機構的雙向開放和跨境互設，實際上已成為粵港金融合的突破口，也是自 2003 年 CEPA 簽署以來，內地對香港金融業開放的重點（**圖表 8.1**）。

圖表 8.1 | CEPA 相關協議對香港銀行業的開放措施

CEPA 協議	內容
2003 年 6 月 29 日 CEPA	1. 降低香港銀行和財務公司進入內地市場的資產規模要求：將設立分行和設立法人機構的資產規模要求同時降至 60 億美元。銀行可選擇設立分行或法人機構，財務公司只可設立法人機構；
	2. 香港銀行在內地設立中外合資銀行或中外合資財務公司，或香港財務公司在內地設立中外合資財務公司無須先設立代表機構；
	3. 降低香港銀行內地分行申請經營人民幣業務的資格條件：將須在內地開業 3 年以上的要求降為開業 2 年以上；在審查有關盈利性資格時，改內地單家分行考核為多家分行整體考核。
2004 年 10 月 27 日 補充協議	自 2004 年 11 月 1 日起，允許香港銀行內地分行經批准從事代理保險業務。
2007 年 6 月 29 日 補充協議四	1. 積極支持內地銀行赴香港開設分支機構經營業務。
	2. 為香港銀行在內地中西部、東北地區和廣東省開設分行設立綠色通道。
	3. 鼓勵香港銀行到內地農村設立村鎮銀行；香港銀行入股內地銀行，提出申請前一年年末總資產由不低於 100 億美元降至不低於 60 億美元。

CEPA 協議	內容
2008 年 7 月 29 日 補充協議五	允許符合條件的香港銀行在內地註冊的法人銀行將數據中心設在香港。
2009 年 5 月 9 日 補充協議六	1. 香港銀行在廣東省設立的外國銀行分行可以參照內地相關申請設立支行的法規要求提出在廣東省內設立異地（不同於分行所在城市）支行的申請。 2. 若香港銀行在內地設立的外商獨資銀行已在廣東省設立分行，則該分行可以參照內地相關申請設立支行的法規要求提出在廣東省內設立異地（不同於分行所在城市）支行的申請。
2010 年 5 月 27 日 補充協議七	1. 香港銀行在內地設立代表處一年以上（以往須兩年以上）便可申請設立外商獨資銀行或外國銀行分行。 2. 香港銀行的內地營業性機構在內地開業兩年以上，且提出申請前一年盈利（以往須提出申請前兩年連續盈利），可申請經營人民幣業務； 3. 香港銀行在內地設立的外資銀行營業性機構可建立小企業金融服務專營機構。

資料來源

中華人民共和國商務部：《專題：內地與港澳關於建立更緊密經貿關係的安排。》

推動粵港金融機構的雙向開放和跨境互設，其中的重點，是推動香港銀行布局以廣州為地區總部所在地的珠江三角洲市場。眾所周知，香港金融機構的主體是銀行。長期以來，銀行業一直是香港金融業中的強項。然而，隨著香港製造業北移、香港企業投資和消費信貸需求持續疲弱，為企業提供融資需求的空間嚴重受制，香港銀行的傳統業務模式受到空前挑戰。另一方面，廣東珠三角地區的港臺資企業、民營企業卻往往因融資的制約而發展受制。作為廣東省經濟、行政中心的廣州，長期以來一直是華南地區銀行業及銀行體系資金的集散地。由於可以依託珠三角的龐大產業和眾多民營公司，廣州在銀行業發展方面有著深厚的潛力。因此，繼續利用CEPA「先行先試」的制度安排，積極推動香港金融機構到廣東，在廣州、深圳等中心城市（特別是在廣州）設立地區總部、法人機構或分支機構，並將其經營網絡

拓展到珠三角地區，推動香港現代金融業向珠三角實體經濟延伸，實在是兩地優勢互補的雙贏之舉。當前的策略重點是：

（一）積極推動香港銀行在廣東設立異地支行，推動港資銀行在珠三角地區建立布局合理的經營網絡，重建其國際競爭力。

根據 CEPA 補充協議六的規定，香港銀行在廣東省設立的外國銀行分行，或者在內地設立的外商獨資銀行已在廣東省設立的分行，均可以參照內地相關申請設立支行的法規要求，提出在廣東省內設立異地（不同於分行所在城市）支行的申請，無須先在當地設立分行。目前，共有 13 家香港銀行在廣東省設有分行可率先享受異地支行的優惠措施：匯豐、中銀香港、東亞、中信嘉華、創興、大新、恒生、南洋商業、上海商業、大眾、永亨、永隆及工銀亞洲等。該條款大幅降低了港資銀行在珠三角開設分支機構資金和成本（開設一家分行要求具備 3 億元的營運資金，而一家支行只要求 1,000 萬元），加快了香港銀行進入廣東市場的步伐，並促進更多的港資銀行進入廣東。

其實，2008 年全球金融危機爆發前，外資銀行曾在珠三角有過一次開業熱潮。CEPA 補充協議六無疑將推動港資銀行掀起新一輪的熱潮，開設分支機構的城市亦從廣州、深圳等一綫城市擴展到珠海、佛山等二綫城市。據廣東銀監局的數據，截至 2011 年 3 月末，已有匯豐、東亞、恒生和永亨 4 家港資銀行在佛山、中山等地設立 12 家異地支行，資產總額達 94 億元人民幣，各項存貸款餘額分別為 84 億元人民幣和 30 億元人民幣，其中 6 家實現盈利[01]。港資銀行異地支行業務的快速發展，成為深化粵港金融合作的重要標誌。據統計，目前，廣東省港資銀行的營業性機構已達 103 家，佔全省外資銀行營業性機構的比例由 2003 年的 48% 上升至 60%。截至 2011 年 3 月末，廣東省港資銀行總資產達 1,969 億元人民幣，各項存貸款餘額分別為 1,427 億元人民幣和 951 億元人民幣，分別同比上升 56%、97% 和 18%，在全省外資銀行中的佔比均超過一半。

港資銀行中，匯豐銀行已將其布局廣東珠三角地區作為該行推行「大中華策略」不可缺少的一環。匯豐銀行（中國）行長翁富澤表示：「允許港資銀行在廣東省內的城市跨區域設立支行，這是港資銀行發展的重大機遇。布點珠三角地區也是匯豐大中華策略的重要部分，異地支行開閘後匯豐在珠三角布局的速度將大大加快。」東亞銀行、永亨銀行已分別在廣東的深圳、廣州、珠海設有三家分行，並另設多家分

01
《廣東推進粵港金融合作三大「合作門檻」需跨越》，新華網，2011 年 5 月 6 日，http://www.gd.xinhuanet.com/xinhua/2011-05/06/content_22697479.htm。

支機構。永亨銀行（中國）行長何國浩表示，永亨總行在香港主要服務中小企業，永亨在內地也將專注於中小企業貸款業務，這樣可以將總行的一套管理經驗移植過來，包括客戶資源、管理經驗、風控標準等。很多內地銀行貸款需要抵押，很少有小企業能拿得出，這就為永亨提供了發展空間，永亨的小企業貸款不一定需要抵押，而是從很多方面綜合考慮，例如看公司的業務範圍、資金流、納稅紀錄等等，而且會派專人去實地考察公司的經營情況，因此可以為內地中小企業提供更方便和優質的銀行服務。恒生銀行表示，由於內地私人銀行業務增快速，該行正著手研究計劃在 2010 年發展內地的內地私人銀行業務。在過去兩年，恒生中國每年高端客戶數量都是以翻一番的速度在增長，這個勢頭仍會繼續保持和向上。

2011 年 8 月 17 日，在香港召開的國家「十二五」規劃與兩地經貿金融合作發展論壇上，中國人民銀行行長周小川表示，目前廣東的金融條件尤其適合港資銀行深耕細作，有利港資銀行將來在內地其他地區發展積累經驗。從長遠看，香港銀行業投放更多資源在廣東設立分行，增設支行，將可構建一個面向珠三角民營企業（包括港臺資企業）和居民的私人銀行體系，有利於積極發展對中小企業及民營企業信貸服務及信貸服務創新，發展消費信貸業務，支持城鄉居民擴大消費，並成為珠三角國有銀行體系的補充。當然，港資銀行的大規模進入，將會對原有的國有銀行體系構成一定的擠壓，不過，從另一個角度看，這些港資銀行的經營模式、個人理財經驗等等也將會給整個銀行業帶來正面效應。

目前，很多客戶都有跨境開立賬戶的需求。按照人民銀行關於存款實名制的要求，客戶必須親自到開戶網點辦理開戶手續，這樣增加了客戶的不便。基於對本集團成員之間的信任，境外銀行有代理完成 KYC（Know Your Customer，即「充分瞭解你的客戶」）的慣例，既方便客戶，也使 KYC 更可靠和準確。因此，應進一步放寬管制，開展銀行跨境賬戶的開立與合作。

（二）積極鼓勵和推動香港金融機構、企業參與創辦廣東村鎮銀行和小額貸款公司，加快發展以服務農村為主的地區性金融機構。

2006 年 12 月中國銀監會出臺的《關於調整放寬農村地區銀行業金融機構准入政策更好支持社會主義新農村建設的若干意見》已表示，放寬准入資本範圍，支持和引導境內外銀行資本、產業資本和民間資本到農村地區投資、收購、新設各類銀行業金融機構，包括鼓勵各類資本到農村地區新設主要為當地農戶提供金融服務的村鎮

銀行。在這種背景下，廣東村鎮銀行業取得了突破性的發展。2008 年 12 月 26 日，廣東首家村鎮銀行──中山小欖村鎮銀行開業。2009 年 3 月 19 日，廣東首家由港資開辦的村鎮銀行──恩平匯豐村鎮銀行開業，由香港匯豐銀行全資擁有，註冊資本金為 4,000 萬元人民幣，重點支持恩平地區農村居民、村鎮居民、農村微小企業和農業中小企業金融的需求。

據廣東銀監局的數據顯示，截至 2010 年末，廣東（不含深圳）已成功組建村鎮銀行 11 家，其中開業 8 家、批覆籌建 3 家。這 11 家村鎮銀行的註冊資本總額為 18.56 億元人民幣，其中企業法人持股 17.59 億元人民幣，佔 94.8%。這些村鎮銀行的發起機構，以內地的城市商業銀行和農村商業銀行為主。11 家村鎮銀行的主發起機構中，港資銀行 1 家（匯豐銀行）、城市商業銀行 4 家、農村商業銀行 4 家。11 家銀行中，有 8 家設在珠三角地區，其餘 3 家設在粵北地區。截至 2010 年末，已開業的 8 家村鎮銀行各項存款餘額 20.4 億元人民幣，各項貸款餘額 15.7 億元人民幣，分別佔全國村鎮銀行各項存款和各項貸款餘額的 2.7% 和 2.6%。從發展現狀看，港澳金融機構在參與廣東組建村鎮銀行方面明顯不足。

據瞭解，目前廣東省還有二十餘個「零銀行業金融機構」網點的鄉鎮，這些鄉鎮主要分布在粵東、粵西和粵北經濟不發達、金融業規模比較小的區域。廣東銀監局有關負責人表示：「在未來三年內，廣東銀監局將按照廣東省新型農村金融機構試點的基本規劃，通過逐步推進新型農村金融機構試點類型和範圍、鼓勵商業銀行和農村信用社增設機構網點等方式，填補『零銀行業金融機構』網點鄉鎮的空白。」可以說，廣東村鎮銀行的發展空間很大。不過，村鎮銀行在發展過程中仍存在一些不容忽視的問題，包括資金短缺，盈利能力弱；專業信貸人員不足，導致貸前、貸中、貸後管理很艱難，與農業銀行、農村信用社、郵政儲蓄銀行在信貸營銷方面缺乏一定的競爭力；金融穩定政策支持尚不完善，抵禦風險能力不足等等。在這些方面，香港的金融機構有豐富的經驗。2010 年 4 月 7 日，粵港兩地政府簽署的《粵港合作框架協議》規定允許香港金融機構深入珠三角腹地開設村鎮銀行和小額貸款公司。粵港兩地政府應積極鼓勵港澳的金融機構及企業作為發起人，積極參與在廣東開設村鎮銀行，掃除村鎮銀行發展的相關制度障礙，特別是對在金融發展相對不足的非珠三角地區設立營業機構給予開闢綠色通道。

在小額貸款公司發展方面，自 2008 年 5 月中國銀監會、人民銀行聯合下發《關於

小額貸款公司試點的指導意見》決定從試點轉向全國推廣以來，小額貸款公司發展迅速，並吸引大量的民間資本。據中國人民銀行發布的數據顯示，截至 2011 年第 2 季度末，全國小額貸款公司達到 3,366 家，貸款餘額為 2,875 億元人民幣。在廣東，小額貸款公司也得到較快的發展，截至 2010 年底，廣東已設立小額貸款公司達 139 家，註冊資本金 119 億元人民幣，累計投放貸款 354 億元人民幣，小額貸款公司縣域試點覆蓋率達到 72%。但總體而言，廣東的小額貸款公司的發展仍落後於浙江、江蘇等省份 [02]。其中，東莞作為廣東金融改革實驗區。東莞通過組建小額貸款公司，既可將民間旺盛的借貸需求轉向小額貸款公司，有效疏堵「地下錢莊」，加強對民間借貸資金流向的監管，又幫助積累了 30 年的東莞民營資本尋找到了樓市、股市、酒店、製造業之外新的投資出路，完成產業升級。小額貸款公司憑藉靈活的審核制度、扎根當地的人脈關係，得以覆蓋銀行所不願從事的業務，成為中小企業的「錢袋子」。

02

《廣東小額貸款不及江浙兩成　中小企業資金短缺》，《羊城晚報》，2011 年 8 月 1 日。

在全國小額貸款公司發展中，外資金融機構也發揮了積極作用。2010 年 2 月，由法國美興集團投資成立的美興小額貸款（四川）公司正式開業，為中國首家外資小額貸款公司。同年 3 月，香港的亞洲聯合財務有限公司在遼寧投資 5,000 萬美元開設大連保稅區亞聯財小額貸款公司。其後，亞洲聯合財務有限公司先後在天津、重慶、雲南、深圳、瀋陽、成都、北京等省市設立分公司，成為中國小額貸款市場動作最快的外資機構。此外，新加坡淡馬錫集團亦先後在重慶、湖北等地設立小額貸款公司，日本非銀行金融巨頭邦民株式會社在瀋陽設立小額貸款公司。在吸引外資特別是港資發展小額貸款公司方面，廣東已落後於其他許多省份。廣東應充分利用 CEPA「先行先試」的制度框架，加快引進港資的小額貸款公司，推動粵港澳金融合作向綜深發展。

（三）積極引進香港非銀行類金融機構，允許港澳金融機構在珠三角地區設立特許小額外幣兌換機構，開展個人本外幣兌換業務試點。

廣東應積極鼓勵實力較雄厚的香港金融機構，與廣東金融企業通過重組、併購等方式組建大型金融控股公司，逐步消除香港金融業參與廣東金融機構的改革、重組的持股比例限制；積極引進和籌建一批新的金融機構，尤其是企業集團財務公司、專業保險公司等專業化公司；鼓勵香港金融機構與廣東合作設立租賃金融、住房金融、汽車金融、貨幣經紀、保險代理、保險經紀、保險公估等專業性金融服務和金融中介企業；充分利用香港發達的金融服務體系，引進境外投資基金，大力發展創業投

資機構和產業投資基金；推動證券、期貨、基金業在業務創新、技術開發等方面與銀行、保險業進行全面合作，構建開放的、綜合發展的金融體系，為珠三角地區企業和居民提供全方位金融服務。

近期，應積極考慮允許港澳金融機構在珠三角地區設立特許小額外幣兌換機構，開展個人本外幣兌換業務試點。從全國看，設立特許小額外幣兌換機構的試點自 2008 年 8 月展開，北京和上海的兩家公司獲准在 6 個兌換點開展本外幣兌換特許業務。廣東作為全國對外開放的重要窗口、全國最大僑鄉，對貨幣兌換服務的需求很大。香港、澳門貨幣兌換市場發達，兌換店由香港警務處管，已積累了豐富的監管經驗，對廣東開展貨幣兌換業務試點具有積極的借鑒意義。因此，應允許港澳金融機構到珠三角地區設立特許小額外幣兌換機構，為個人和企業辦理小額本外幣雙向兌換業務，並借鑒港澳地區的做法和經驗，將小額外幣兌換機構納入反洗錢監管範圍。

（四）積極引進港澳金融後臺服務機構，將「廣佛都市圈」建成「輻射亞太地區的現代金融產業後援服務基地」。

目前，在發展金融後臺服務中心方面，國內做得比較好的城市包括上海、北京、佛山、深圳等地，它們都是以科技園區為依託，充分利用科技信息、金融產業的集聚效應，結合城市總體規劃，建設金融中心區，通過地域上及功能上的相對集中，強化金融產業資金流、信息流、人才流等要素資源的聚集。其中，地處廣州和佛山交界處的廣東金融高新技術服務區，於 2007 年 7 月由廣東省政府授牌成立，是廣東建設金融強省戰略七大基礎性平臺之首，也是廣東省政府批准的唯一省級金融後臺服務基地。廣東金融高新技術服務區佔地面積 17.6 平方公里，在區位交通、生態環境、設施配套、電力通訊、人力資源、信息化基礎、營商成本等方面具有一定的優勢。目前，該區已吸引美國友邦保險亞太區後援中心、中國人保集團南方信息中心、香港新鴻基金融集團、富士通數據中心、新加坡豐樹集團、招商銀行後援中心等 12 個項目簽約進駐，涉及總投資額 60 億元、總建築面積達 100 萬平方米。按規劃，到 2015 年，廣東金融高新區將爭取吸引超過 80 家金融企業後臺服務機構、100 家金融外包服務企業進駐。屆時，金融高新區將成為輻射亞太的現代金融後援服務基地，相關從業人員將超過 10 萬人。

廣東應以廣東金融高新技術服務區為基礎，充分利用 CEPA 制度安排下粵港澳服務業合作「先行先試」的優勢，主動承接港澳金融後援服務產業的轉移，重點引進為

金融前臺業務提供服務和高新技術支撐的金融創新研發中心、數據處理中心、呼叫中心、災備中心、培訓中心、保險資產管理中心、銀行卡中心等，逐步形成具亞太區國際影響力的金融後臺服務機構聚集地。

8.1.2 / 推動澳門銀行布局珠江西岸地區

目前，澳門主要註冊銀行的資產規模與 CEPA 框架下 60 億美元的門檻規定尚有相當大的距離，制約了粵澳兩地金融業的合作。建議在 CEPA「先行先試」的制度安排下，廣東省設立「綠色通道」，將澳門銀行業的准入門檻，從總資產規模 60 億美元降低至 30 億美元（同時對銀行的風險控制能力和資產負債情況提出更高的要求），使澳門部分銀行可以進入經營 [03]，使其龐大的資金增加多一條出路，可以進一步做大規模。考慮到澳門與廣東珠江西岸地區的密切經濟聯繫，可考慮對澳門銀行業開放珠江西岸的珠海、中山和江門三市。同時，允許澳門銀行在廣東境內設立小區銀行、村鎮銀行等新型金融機構，使澳門銀行能夠拓展其經營空間，令其龐大資金有一條更好的出路，對廣東珠三角地區，特別是珠江西岸地區經濟發展也有積極的推動作用。2010 年 7 月 29 日在「佛澳 CEPA 合作交流會」上，澳門貿易投資促進局主席張祖榮表示，在粵澳金融合作方面，已著手安排引進澳門銀行到佛山設立異地支行，並推薦澳資銀行在佛山開設村鎮銀行或小額貸款公司 [04]。

隨著澳門銀行進入廣東，粵澳之間金融市場的合作也將加強。目前，粵港澳三地均形成各自的同業市場，三地金融機構都推出不同類型的金融產品，這些產品無論是在交易限制、監管要求、風險披露等方面都不盡相同。因此，粵澳金融業的合作，還需在構建共同的銀行同業市場、推進金融產品的跨境發行和流通等方面加強合作。此外，《規劃綱要》指出：「支持港澳地區人民幣業務穩健發展，開展對港澳地區貿易項下使用人民幣計價、結算試點。」澳門應積極爭取開放人民幣結算業務，這既可增加澳門銀行的相關業務，有效運用銀行的人民幣資金，也有助於促進澳門與廣東珠三角地區在經濟和金融方面的融合。

[03] 目前，澳門註冊銀行中，資產規模超過 30 億美元的有 3 家，包括工銀澳門（前身爲誠興銀行，已被中國工商銀行收購）、大豐銀行和大西洋銀行。超過 20 億美元的有永亨銀行、澳門國際銀行。

[04] 張許君、陳怡、蔣樂進著：《澳門銀行將到佛山開支行》，《南方都市報》，2010 年 7 月 30 日。

推動跨境貿易人民幣結算和
香港人民幣離岸業務發展

2009 年 4 月 8 日，國務院決定在上海，廣東的廣州、深圳、珠海、東莞等 5 個城市先行開展跨境貿易人民幣結算試點，而境外暫定範圍為港澳地區和東盟國家。同年 7 月 7 日，廣東跨境貿易人民幣結算正式啟動。2010 年 6 月 22 日，人民銀行聯同財政部等聯合發布《關於擴大跨境貿易人民幣結算試點有關問題的通知》，將境內試點從 5 市擴大到包括北京在內的 20 個省市地區，廣東省的試點範圍從 4 個城市擴大到全省，而境外地域則由港澳、東盟國家擴展到所有國家和地區。同年 7 月 19 日，人民銀行和香港金融管理局就擴大人民幣貿易結算安排簽訂了補充合作備忘錄，雙方同意就已擴大的人民幣貿易結算安排加強合作，同時在推動人民幣在內地以外的業務開展過程中，進一步加強香港人民幣市場平臺的地位和作用。2011 年 8 月 23 日，人民銀行聯同財政部等聯合發布《關於擴大跨境貿易人民幣結算地區的通知》，進一步將跨境貿易人民幣結算地區擴大至全國。據統計，2011 年上半年，銀行累計辦理跨境貿易人民幣結算 9,575.7 億元人民幣，同比增長 13.3 倍。而截至 2011 年 7 月底，全國累計辦理的經常項目下跨境貿易人民幣結算業務已達 1.63 萬億元人民幣。從跨境人民幣貿易結算業務的實際運行來看，香港是人民幣跨境貿易結算的主要來源。2010 年，香港辦理的跨境貿易人民幣結算額合計 3,692 億元人民幣，佔中國跨境貿易人民幣結算總額的 73%。

隨著人民幣國際化進程的推進以及跨境人民幣貿易結算業務的發展，香港作為人民幣離岸業務中心的戰略地位逐步顯露：其一，香港的離岸人民幣資金池初具規模。香港人民幣貿易結算業務的快速增長，帶動了內地支付到香港的人民幣資金數量的大幅增加，形成香港人民幣市場供應的主要來源。據香港金管局的數據顯示，截至 2011 年 6 月底，香港人民幣存款已達到 5,536 億元。有行內人士預計，香港人民幣存款在未來五年內將可能增加至 2 萬億元。香港已成為全球最大的離岸人民幣資金池，中短期內難有競爭者望其項背。其二，香港的離岸人民幣衍生產品市場，特別是離岸人民幣債券市場初步形成。目前，香港已成為唯一在內地以外發展人民幣債

券的市場，發債主體已從國家財政部和香港銀行在內地的附屬公司擴大到跨國企業和國際金融機構。

《粵港合作框架協議》指出：「在人民幣跨境貿易結算相關政策框架下，共同推進跨境貿易人民幣結算試點，適時擴大參與試點的地區、銀行和企業範圍，逐步擴大香港以人民幣計價的貿易和融資業務。按照《跨境貿易人民幣結算試點管理辦法》的規定，鼓勵廣東銀行機構對香港銀行同業提供人民幣資金兌換和人民幣賬戶融資，對香港企業開展人民幣貿易融資。支持廣東企業通過香港銀行開展人民幣貿易融資。支持香港發展離岸人民幣業務。」在跨境貿易人民幣結算試點中，粵港人民幣跨境結算可以說是其中的重點。香港與廣東開展跨境貿易人民幣結算，不僅有利於帶動香港與內地的經貿往來，而且有利於擴大貨幣的兌換、資金的拆借和貿易融資等市場需求，有力推動香港人民幣離岸業務發展，推動香港發展成為具有全球影響力的金融中心。2010 年 2 月，香港政務司司長唐英年就明確表示，推動跨境貿易人民幣結算及融資是粵港金融合作重點。當前的策略重點是：

（一）鞏固和擴大粵港兩地跨境貿易人民幣結算規模，拓展與貿易結算相關的人民幣跨境業務。

粵港兩地跨境投資龐大、運營企業數量眾多，對以人民幣進行跨境貿易結算具強烈的需求。廣東開展試點的企業數量已從剛開始的 273 家擴大到 2010 年底的 9,249 家，佔全國開展試點企業總數 67,359 家的 13.7%。人民銀行廣州分行行長羅伯川公開表示，「只要企業有需求，交易雙方願意，廣東已經全部放開。」據統計，截至 2010 年 12 月底，廣東全省累計發生跨境人民幣結算業務 17,335 筆，金額 2,192 億元，佔全國總量逾四成。2010 年 11、12 月連續兩個月份，廣東試點業務結算量都超過 400 億元。其中，粵港、粵澳結算量佔跨境人民幣結算總量的 94%。2011 年上半年，經香港處理的人民幣貿易結算達 8,040 億元港幣，當中有接近三成為粵

港兩地之間的人民幣貿易結算交易，佔廣東省跨境人民幣結算總額的九成。

不過，目前人民幣跨境結算試點工作仍存在不少問題。根據中國社科院世界經濟與政治研究所研究員何帆等人於 2011 年 3 月在廣東的調查，當前人民幣跨境結算仍存在不少問題，包括加工貿易可能使人民幣結算在貿易額中的比例低於預期；部分人民幣結算工作的開展情況與政策初衷並不一致，人民幣跨境貿易結算並不對應貿易合同以人民幣計價結算；在政策層層加碼的背景下，企業被迫採用「以美元報價、以人民幣結算」或「合同上以美元報價和結算，但企業支付人民幣給境內銀行」等方式，勉為其難地在貿易中使用人民幣結算；同業競爭迫使銀行及其他境內外金融機構積極推動人民幣跨境結算業務等等都是基於對未來市場佔有率的考慮[05]。

05′

何帆、張斌、張明、徐奇淵、鄭聯盛著：《人民幣跨境結算的現狀和問題——基於廣東的實地調研》，《國際經濟評論》，2011 年 5 月 30 日。

因此，為了切實解決人民幣跨境結算業務開展過程中存在的問題，進一步深入探索人民幣跨境業務的方向、渠道和市場工具，粵港應共同推動人民幣跨境結算「先行先試」，為全國跨境貿易人民幣結算業務發展積累經驗、探索路徑。粵港政府應共同推動兩地企業鞏固和擴大現有跨境貿易人民幣結算規模，在繼續擴大進口貿易結算規模的同時，進一步提升出口貿易結算的規模和比例；積極開展對港供電、供水以及農副產品、食品貿易以人民幣進行計價結算業務，引導粵港雙邊貿易企業多採用人民幣結算；擴大服務貿易的人民幣結算規模，包括跨境的旅遊、電信、運輸、金融等服務貿易的結算項目，拓寬人民幣對服務貿易的結算範圍。此外，粵港兩地還應積極推進省內企業在香港進行人民幣融資，推動開展海外工程的人民幣項目融資，鼓勵企業的人民幣對外投資業務；試行開通有限額的中國境內居民和特定機構投資於香港離岸人民幣市場，以擴大香港的人民幣資金池；探索在香港設立扶持廣東企業轉型升級的人民幣股權投資基金、推進粵港人民幣跨境集中代收付業務等方式，支持香港人民幣離岸市場建設，將跨境人民幣結算業務不斷向海外輻射。

（二）加大創新力度發展人民幣投資產品，積極推動香港人民幣債券業務及債券市場的發展，拓寬人民幣投資渠道。

近年來，隨著香港人民幣資金池強勁增長，人民幣投資產品也陸續推出。2007 年以來，香港金融市場上陸續推出人民幣債券供香港投資者認購，先是有內地金融機構到香港發行零售債券，繼而有數家香港銀行通過內地的附屬公司推出人民幣債券；中國財政部也在香港發行國債。其後，多家紅籌公司、香港企業和國際金融機構相繼推出人民幣債券，業界又在這些債券的基礎上，推出了其他人民幣投資產品，包

括人民幣債券基金、銀行及保險產品等。但總體而言，正如有學者所指出，香港市場創造人民幣資產的進程一直相當緩慢。香港金融市場上的人民幣投資產品的相對匱乏，導致了香港人民幣持有收益非常低，背後隱藏了嚴重的供需失衡問題。人民幣產品在香港叫好不叫座，重要原因是缺乏對應投資產品及資金用途。畢馬威發布的《2011 年中國銀行業調查報告》指出，人民幣離岸市場對沖工具有限、產品及衍生品不足，拖累人民幣國際化進程。

現階段，人民幣跨境貿易結算仍面臨著一些制度性的約束，其中一項是人民幣只是在貿易項下可兌換，資本項下不可兌換，兌換自由度受到限制。此外，企業手中的人民幣如何保值增值，亦存在著不少約束。因此，粵港兩地金融界要加強合作，共同推動人民幣產品創新，積極發展人民幣投資產品，鼓勵兩地金融機構合作推出以人民幣計價或交割的各種創新性金融產品，包括開發以人民幣計價或交割的貿易融資、保值避險等金融產品，提高人民幣投資收益，推進跨境貿易人民幣結算業務發展；支持境內機構在香港發行人民幣債券，進一步發展香港人民幣債券市場；積極參與並支持香港聯交所在香港股票市場上實行港幣與人民幣的雙幣種報價，允許投資者自由選擇幣種進行交易和交割。同時，要鼓勵粵港兩地銀行開展人民幣及港幣交易結算、票據交換、代理行、項目融資、銀團貸款和QDII、QFII等多種業務合作，開辦兩地銀行同業拆借市場；鼓勵境內金融機構參與香港的人民幣與外幣無本金遠期交易市場等。

目前，粵港兩地的債券市場發展都比較弱，而廣東企業的融資需求越來越大，兩地在人民幣債券市場方面合作空間很大。要充分發揮香港金融資源優勢和廣東實體經濟優勢，積極推動廣東金融機構及省內企業在香港發行人民幣債券，將赴港發行人民幣債券主體從金融機構擴大到工商企業，可以先推動已在香港發行 H 股、紅籌股的廣東企業及其相關聯企業在香港發行人民幣債券；探索發行項目債券，增加債券發行品種；鼓勵兩地銀行業、證券業等金融機構參與債券的承銷和交易，在區域內形成一個與股權市場互補的債權市場；支持香港發展人民幣離岸業務，進行人民幣亞洲化、國際化試驗，加快資本與金融項目下的投融資業務創新。未來商業銀行的跨境人民幣業務，將從經常項目下的貿易結算，擴展到資本與金融項目下的跨境人民幣投融資業務，在人民幣資本項目下可自由兌換進行積極探索，最終實現粵港澳地區人民幣自由兌換和自由流動，使香港在人民幣國際化進程中，發揮試驗田、突破口、排頭兵作用。當然，香港人民幣債券市場發展，還要解決二級市場交易問題，

即人民幣債券在交易所掛牌買賣問題。

（三）粵港聯手探索建立風險可控的人民幣回流機制，加強人民幣跨境結算基礎設施建設。

目前，跨境貿易人民幣結算業務發展面對的重要挑戰之一，就是「良好且有效的人民幣回流循環機制尚未建立」[06]。隨著跨境貿易人民幣結算業務的推進，包括香港在內的境外離岸市場沉澱了越來越龐大的人民幣數量，這些人民幣不僅需要在離岸市場的人民幣投資產品尋找出路，更需改變當前人民幣以往「只出不進停滯在境外」的態勢。正如有評論指出，「如何有效解決離岸人民幣的回流問題，決定著跨境人民幣結算未來的發展」。當前亟需構建人民幣「有進有出」的良性循環機制，解決人民幣的回流問題。

2011 年 8 月 17 日，國務院副總理李克強訪港期間，宣布了包括金融、經貿及粵港合作等方面的 36 項惠港措施，其中允許以人民幣境外合格機構投資者（RQFII）方式投資境內證券市場，起步金額為 200 億元，實際上就是為境外人民幣資金回流內地資本市場打通一條重要的渠道，形成人民幣全球流通的「有出有進」的完整路徑。同年 8 月 22 日，國家商務部發布的《商務部關於跨境人民幣直接投資有關問題的通知》（徵求意見稿）中，規定允許外國投資者以境外合法獲得的人民幣在華開展直接投資業務（FDI）。這就意味著在 RQFII 機制之後，又新增了一條人民幣 FDI 方式的境外人民幣回流渠道。商務部的徵求意見稿向市場傳遞的信息是，中國政府正準備建立一個更為透明和標準的監管框架，以允許離岸人民幣市場的投資者能夠將離岸人民幣資金投資於在岸各類資產市場。香港證監會署理行政總裁張灼華指出，「RQFII 將會拓寬香港現有產品種類，它提供了新的投資渠道，讓香港的人民幣資金能夠直接投資於內地的 A 股市場和債券市場，進而可為香港的人民幣平臺吸引更多的外來投資者和資金。」[07] 匯豐銀行大中華區首席經濟學家屈宏斌則認為，「長期而言，人民幣 FDI 渠道的打開將刺激香港離岸人民幣市場產品平臺的發展，它將激勵外國投資者在跨境貿易和交易中更多地使用人民幣，最終加速人民幣境內外的流通」。

目前，人民幣回流機制的建設才剛起步。正如有專家所指出，在人民幣回流機制建設中，最基礎的是利率市場化改革、匯率形成機制的完善和包括股票、債券和衍生品在內的人民幣金融市場的充分發展。目前，中國金融體系還比較脆弱，銀行體系

06
馬蓉、王文帥 著：《回流機制建設成跨境貿易人民幣結算發展突破口》，新華網，2011 年 7 月 6 日，http://finance.stockstar.com/SS2011070600003041.shtml。

07
張灼華著：《拓展香港人民幣投資產品市場正當時》，《中國證券報》，2011 年 9 月 8 日。

缺乏競爭，股市炒作嚴重。資本項目開放後，金融體系可能難以有效抵禦境外金融市場大幅波動的衝擊。有業內人士擔心，人民幣境外合格機構投資者的資金具有相當高的流動性，它的快進快出可能會加大內地資本市場的流動性風險，也會加大通脹的壓力。因此，人民幣回流機制的建設，在制度安排上只能是循序漸進，逐步開放。在這方面，粵港可聯手「先行先試」，率先探索建立風險可控的人民幣回流機制，為進一步的開放積累經驗。

此外，粵港還要聯手加強人民幣跨境結算基礎設施建設。自 2004 年 2 月 25 日起，中國人民銀行深圳市中心支行為香港銀行辦理個人人民幣業務提供清算安排，使香港的人民幣業務由非正規的、自發性的業務逐漸納入正規的、規範的銀行市場，促進了人民幣有序回流及加強了對境外人民幣的監測。要進一步完善跨境人民幣結算、清算系統對接機制，繼續做好香港人民幣業務清算行接入內地現代化支付系統的服務工作。同時，鼓勵符合條件的廣東銀行機構對香港銀行同業提供人民幣鋪底資金兌換、人民幣兌售和人民幣賬戶融資，按照有關規定逐步對香港企業提供人民幣貿易融資服務。

8.3.1 / 推進港深證券交易所合作

與廣州相比，深圳的優勢在於擁有證券交易所。如果說，香港與廣州的金融合作重點在銀行業，那麼香港與深圳的金融合作重點在證券市場和資本市場，特別是香港交易及結算所有限公司（以下簡稱「香港交易所」）與深圳證券交易所的合作，乃至合併。

踏入 21 世紀以來，隨著信息技術發展以及經濟全球化加劇，全球大型證券交易所聯盟和合併的案例不斷湧現。2006 年以來，就先後發生納斯達克收購倫敦證券交易所、紐約證券交易所與泛歐交易所合併、澳大利亞證券交易所與悉尼期貨交易所合併、日本中部商品交易所與大阪商品合併、芝加哥商業交易所與芝加哥期貨交易所合併等一系列大型證券交易所兼併案例。2010 年金融危機後，面對金融監管日趨收緊、另類交易平臺擠佔市場份額的現狀，全球各大交易所的業內整合趨勢越演越烈，掀起了新一輪「合併潮」。2010 年 10 月，新加坡交易所宣布出價 83 億美元收購澳大利亞證券交易所全部股權；2011 年 2 月，紐約泛歐交易所集團宣布與德意志交易所集團簽訂業務合併協議；倫敦證交所與多倫多股票交易所也宣布合併計劃。新加坡交易所 CEO 馬格努斯·博可（Magnus Böcker）表示，「交易所整合是全球大勢，且只會加快。」據彭博數據，自 2000 年至今，全球交易所併購交易總規模已達 958 億美元。

從國際交易所的發展歷程看，香港交易所與上海證券交易所、深圳證券交易所的合併將是大勢所趨，有助於鞏固和提升香港及中國證券市場在全球的地位。目前，港交所、上交所和深交所三間交易所總市值相加後約為 65,000 億美元。從全球交易所全年成交額來看，香港交易所與上海證券交易所、深圳證券交易所均高居全球證券交易所的前十位（**圖表 8.2**），實現三所合作、合併有利於形成「強強合作」的優勢，鞏固和提升其在全球證券市場的戰略地位。香港交易所主席夏佳理曾公開表示，將積極加強港交所的上市平臺地位，不排除在三年內與其他交易所合併。香港特別

行政區政府財經事務及庫務局局長陳家強表示，香港交易所尋找合作夥伴並不困難，香港股市一直非常興旺，表明全球市場均看到香港的機遇所在，尤其是內地企業來港上市的機遇。有香港證券界人士明確表示，香港交易所的發展方向似乎是與內地交易所建立更密切合作，其核心價值仍是作為中資股的主要國際交易平臺。此部分業務應不會因近期海外交易所合併潮而受重大挑戰。

圖表 8.2 | 全球證券交易所排名（2011 年）

全球交易所全年成交額排名			全球交易所掛牌上市公司市值排名		
名次	交易所名稱	成交額（萬億英鎊）	名次	交易所名稱	市值（萬億英鎊）
1	紐約泛歐交易所	12.3	1	紐約泛歐交易所	10.1
2	納斯達克	8.3	2	倫敦證交所 / 多倫多證交所	3.5
3	上海證交所	2.8	3	納斯達克	3.0
4	倫敦證交所 / 多倫多證交所	2.5	4	東京證交所	2.4
5	深圳交易所	2.3	5	上海證交所	1.7
6	德國證交所	1.0	6	香港交易所	1.5
7	南韓證交所	1.0	7	孟買證交所	1.0
8	香港交易所	0.9	8	印度國家證交所	1.0
9	BME Spanish	0.9	9	巴西證交所	0.9

資料來源

中國經濟網財經部，http://finance.ce.cn/sub/2011/zqhb/index.shtml。

事實上，近年來，香港交易所與上海證券交易所、深圳證券交易所之間的合作已經展開。2009 年 1 月，港交所與上交所合作簽訂更緊密合作協議，內容包括雙方管理

層每年會晤兩次，回顧年內業務交流和培訓的進度，並訂立來年交流及培訓計劃；在產品發展方面雙方將以 ETF 為切入點，在資產證券化產品、權證、牛熊證、期權等方面加強合作，並探討合作編制以兩所證券為成分股的指數。同年 6 月，港交所與深交所亦簽訂合作協議，內容涉及到管理層定期會晤、信息互換與合作、包括 QDII 等產品開發合作研究、技術合作等。當時有分析員認為，在國家提出將上海建成中國的全球金融中心之際，深港面臨的競爭壓力加劇，兩地決心加快合作步伐，全力拓展兩地金融合作空間，並爭取將深港打造成全球性金融中心。

在香港與中國內地證券交易所合作、對接過程中，香港與毗鄰的深圳可「先行先試」，積極推進港深兩家證券交易所深度合作，推動兩地交易所建立長期合作戰略聯盟。具體內容包括：

（一）加強港深兩家交易所在市場資訊交流、產品發展、跨市場監管和人員培訓等業務領域深度合作。

其實，兩家交易所在這些方面的合作已經展開。2010 年 5 月 24 日，香港交易所全資附屬機構香港交易所資訊服務有限公司與上海證券交易所及深圳證券交易所合營企業中證指數有限公司簽署協議，透過香港交易所資訊服務的市場數據平臺發布由中證指數有限公司編纂的指數。根據協議，從 2010 年 7 月 5 日起，三隻中證系列指數──滬深 300 指數、中證香港 100 指數及中證兩岸三地 500 指數，將透過香港交易所資訊服務的市場數據傳送專綫系統發布，其中，滬深 300 指數並將在香港交易所網站主頁顯示；香港交易所的持牌資訊供應商將獲准向其客戶發送中證香港 100 指數及中證兩岸三地 500 指數，但發布滬深 300 指數則須事先取得中證指數公司或其指定代理中國投資信息有限公司的書面批准。港深雙方均表示，透過香港交易所及其持牌資訊供應商龐大高效的市場數據發布網絡，將有助促使由中證指數公司編纂的主要中國內地及香港指數在香港及海外更廣泛發布。

同年 4 月 14 日，深圳證券交易所附屬公司深圳證券信息有限公司與香港交易所資訊服務有限公司簽訂了 A+H 市場行情合作協議。根據該協議，雙方均有權將對方有關在深港兩地市場同時上市的公司的基本實時行情轉發予其本身認可的資訊供應商，由這些資訊供應商再轉發予其用戶作內部展示用途。深港互換 A+H 基本行情之港股數據內容包括指定股票的買賣價、最高／最低價、最後成交價、按盤價、收市價、自競價時段的顯示平均競價及其相關成交量，以及市場成交額／成交量。協

議雙方、雙方的資訊供應商及市場行情用戶均獲免基本市場行情收費。該合作協議有效期為 2010 年 5 月 1 日－2011 年 12 月 31 日。

從「先易後難，逐步推進」的原則出發，港深兩家交易所的合作應首先從業務層面展開，在技術、產品、跨市場監管、信息和人員培訓等領域實現深度合作，包括就兩地掛牌企業／證券加強信息互通及聯合監管建立定期交流機制；兩地在支持業務發展的技術、交易產品發展、信息產品發展、人員培訓等方面加強交流及合作，探討合作編制以兩所證券為成分股的指數，等等。

（二）積極推動深港證券交易所的互聯互通、互設交易代理平臺試驗。

2009 年 5 月，內地與香港簽署的 CEPA 補充協議六，研究在內地引入港股組合的 ETF，其實就是積極推動深港證券交易所的互聯互通、互設交易代理平臺試驗的開始。2011 年 8 月 17 日，中國人民銀行行長周小川在香港舉辦的國家「十二五」規劃與兩地經貿金融合作發展論壇上表示，內地引入港股組合 ETF 的實施方案已經完成，最大的技術問題——清算交收中的擔保問題也已經解決，可以說，目前港股 ETF 到內地交易所掛牌已成為兩地共識，而且技術上問題不大，只待監管部門的批准。

2009 年金融危機期間，ETF 成為全球金融產品中逆勢成長最強勁者，目前歐美各國 ETF 佔總市場成交金額比重大約都在 5-10%，亞洲市場中以香港佔比最高，約 5%，但成長的空間還很大（**圖表 8.3**）。目前，由於內地資本流動限制及外匯管制等原因，香港與內地兩地市場對跨境金融產品的需求十分巨大，這一點從安碩 A50 中國指數 ETF（2823）等產品的每天交易量就可以看出。因此，深港證券交易所的互聯互通、互設交易代理平臺的試驗，可以先從在深交所引入港股 ETF 開始，進而發展至深交所和港交所互掛交易所買賣基金 ETF。如果港深兩地 ETF 互掛取得成功，兩所在 ETF 的合作可進一步擴展至開發債券 ETF、黃金 ETF 及交叉掛牌，以及 B 股和 H 股在兩地交易所相互掛牌交易，並且可在資產證券化產品、股指期貨、利率期貨、遠期結售匯、掉期期權等產品尋求進一步合作，「先行先試」。此外，還可在深交所進行港股 CDR（Chinese Depository Receipt，即「中國預託證券」）和紅籌公司發行 A 股試點；鼓勵廣東企業通過 A+H 的形式同時在深圳和香港上市。發展跨境金融產品，一方面可以擴充市場容量，增加兩地交易所的收入，減少兩地的套利行為，另一方面，也可以進一步加強兩家交易所的深度合作。

圖表 8.3 ｜ 香港市場 ETF 一覽表

基金類別	基金名稱
以香港股份為相關資產的上市交易所買賣基金	盈富基金（2800）；安碩 MSCI 中國指數 ETF（2801）；恒生 H 股 ETF（2828）；恒生指數 ETF（2833）；恒生新華富時中國 25 指數 ETF（2838）；標智香港 100 指數 ETF（2825）
以海外股份為相關資產的上市交易所買賣基金	安碩富時 A50 中國指數 ETF（2823）；安碩 BSE SENSEX 印度指數 ETF（2836）；領先環球 ETF（2812）；領先亞太區 ETF（2815）；領先印度 ETF（2810）；領先韓國 ETF（2813）；領先納指 ETF（2826）；領先俄羅斯 ETF（2831）；滬深 300 指數 ETF（2827）；領先 RAFI 美國（2803）；領先 RAFI 歐洲（2806）；領先日本 ETF（2814）；領先新興市場 ETF（2820）；領先臺灣 ETF（2837）標智上證 50 指數 ETF（3024）；安碩 MSCI 亞洲 APEX 50 指數 ETF（3010）；安碩 MSCI 亞洲 APEX 中型股指數 ETF（3032）；安碩 MSCI 亞洲 APEX 小型股指數 ETF（3004）；安碩 MSCI 亞洲新興市場指數 ETF（2802）
以商品為相關資產的上市交易所買賣基金	領先商品 ETF（2809）；SPDR 金 ETF（2840）
以香港債券為相關資產的上市交易所買賣基金	ABF 香港創富債券指數基金（2819）；沛富基金（2821）
試驗計劃下的上市交易所買賣基金	安碩 MSCI 南韓指數 ETF（4362）；安碩 MSCI 臺灣 ETF（4363）

資料來源

《聚焦港交所和上交所深度合作》，騰訊財經，http://finance.qq.com/zt/2009/hketf/。

（三）推動港深兩地證券交易所和證券交易市場錯位發展，相互配合。

香港證券交易所在主板市場上已形成了吸引內地國有公司和民營企業來港上市的優勢，現在應進一步爭取國家有關部門支持，簡化、放寬廣東企業到香港交易所上市融資的審批登記手續或下放審批權限，支持廣東民營企業通過設立特殊目的公司收購境內企業股權的方式赴香港上市融資，並縮小內地與香港證券監管部門及交易所對境內公司赴香港上市標準的差異。而深圳的優勢是把深交所打造成中國的「納斯達克」市場，為在香港和其他國際資本市場上市的公司提供「再上市」服務，允許香港公司、H 股公司及紅籌公司在深交所上市，實現粵港企業根據自身需要無障礙地選擇任何一地的資本市場進行融資。

（四）推動港深創業板加強合作，最終實現兩板的整合、合併。

從整體上看，深圳創業板在國內市場具有優勢，香港創業板則具有國際化優勢，兩者具有互補性。然而，兩者之間存在明顯的競爭，特別是人民幣在資本項目下實現可自由兌換以後，兩市面對的上市資源和投資者基本上都是相同的。因此，從長遠發展看，港深創業板的合作乃至將來最終合併是大勢所趨。從中長期看，兩板合作可以有許多模式，如「一板兩市」（任何在香港創業板或深圳創業板上市的公司，均可同時在另一市場掛牌交易）、「循 A+H 模式，兩次上市」、以預託證券（類似 ADR 的操作模式，以 CDR 或 HDR 的方式來運作）的方式掛牌交易等。不過，無論是何種方式，在現階段都受制於人民幣在資本賬項下不可兌換這條紅線。從中短期看，香港和深圳兩地創業板可在廣東省「先試先行」的框架下加強互動合作，逐步推進，為兩板合一創造條件。

2007 年，中銀香港研究員宋運肇就提出，相對於整體大市表現，香港創業板和深圳二板市場的發展均大為滯後，香港創業板和深圳二板市場應該合作，合作模式有待雙方進一步探討，但原則上可包括 A、H 股的套戰機制，為內地資本賬戶的開放作試點；服務深港創新圈的戰略發展要求，充分發揮股票市場對風險創投的支持，為兩地創新科技領域的合作提供有力的資金支援；中長綫來說，應探討如何借鑒歐洲市場的經驗，把兩地交易平臺加以整合[08]。

（五）香港交易所與深圳證券交易所結成戰略聯盟，進而實行港交所與深交所互相持股，最終實現兩所合併，打造統一的資本市場。

香港交易所與深圳證券交易所彼此之間具有很強的互補性：港交所具備國際監管水平，市場全球開放，資金出入自由、流量龐大，為國際和內地機構投資者提供高增長的發展條件，又為眾多個人投資者提供投資機會；而深交所則擁有完備的內地網絡、行業運作經驗、大量的客戶群、多樣的金融服務品種，無疑可豐富港交所的產品綫，補充香港進入內地金融市場的不足。港深兩地交易所相互協作，共同提供跨區域金融服務，資金便能有效轉到港深兩地甚或珠三角地區內最具生產力的企業，投資者也可受到更完備的保護。香港由此可繼續吸引各地公司、投資者、資金和人才，鞏固香港作為國際金融中心的地位；深交所可引進港交所的管理經驗，為深交所上市鋪路。香港證券界資深人士溫天納認為，港交所的未來取決於能否有效地與深交所合作，雖然兩所的體制和架構並不一樣，但是不排除在可見的未來，港、深交易所會實現某種形式的合併，否則港交所可能走向沒落。

08'

《中銀籲港深二板合作》，《香港商報》，2007 年 8 月 15 日。

其實，早在 2007 年 9 月，香港特區政府透過外匯基金增持港交所至 5.88%，表示「非純粹為投資，而是有策略目標」，曾一度引發市場猜想—— 港交所是否將與內地交易所互換股份甚至合併。不過，鑒於內地兩家交易所均為事業單位，仍未進行股份制改造，難以和屬於香港上市公司的港交所換股合併，再加上人民幣仍為非自由兌換貨幣以及內地存在資本賬戶管制等種種障礙，短期內兩地交易所的合併存在困難。業界認為，兩地交易所合併其中一個最大難題，就是合併後由誰監管，若香港交易所交由中證監監管，外資企業未必接受；由香港證監會監管內地股市，政治上不可行。

2011 年 8 月 18 日，港交所在發給媒體的新聞稿中稱，港交所董事會已原則上同意與上證所及深交所就在香港成立合資公司一事開始磋商，如果合資公司得以成立，其業務領域可能包括發展指數和其他股票衍生產品、編制新指數等。對此，國務院副總理李克強表示支持，並敦促要儘早落實。港交所與滬深交易所籌建合資公司，再次引發三方未來可能合併的猜測。有業界人士認為，如果未來發展順利，「有可能以新的合資公司取代（現有交易平臺）」，可視作是另一種形式的合併。從長遠的角度看，港交所與內地兩家交易所的合作、合併乃大勢所趨，勢在必行。在這方面可以深交所為試點「先行先試」，深交所可先行改制，轉變為法人公司，形成股東管理體制，再掛牌上市，其運作模式逐步與國際接軌，包括上市規則、證券交易的管理、對上市公司的監督，以及交易所本身的管理模式等。接軌以後，深交所現有的主板、中小企業板和 B 股的上市公司可到香港證券交易所主板再上市。在此基礎上，深港兩個證券交易所結成戰略聯盟，形成連通境內外的統一資本市場。這樣可迅速擴大港深兩地資本市場的規模和實力，吸引海內外更多優質公司在港深兩地上市，進而提高人民幣在香港的結算作用，強化香港作為金融中心的地位。

8.3.2 / 積極推動粵港兩地資本市場深化合作及對接

要積極引進香港證券公司和投資銀行到廣東發展，粵港合作發展商品期貨市場和產權交易市場，構建多層次資本市場體系。具體內容包括：

（一）在 CEPA「先行先試」框架下進一步降低香港證券公司、基金公司進入廣東市場的門檻，積極引進香港投資銀行到廣東發展，發展跨境基金投資品種。

按照 CEPA 補充協議六，符合特定條件的香港證券公司與內地具備設立子公司條件的證券公司，可在廣東省設立合資證券投資諮詢公司，香港證券公司持股比例最高

為 1：3；但即使兩地證券公司設立了合資企業，依然不能開展為證券公司真正帶來盈利的經紀與投資銀行業務。從實踐來看，有關開放措施對粵港兩地的證券業合作來說幫助不大。建議進一步放寬規限，加快香港證券公司、投資銀行、基金公司到廣東發展，特別是投資銀行，對企業的融資上市、資產重組、兼併收購，均具有非常重要的作用。廣東應力爭中央支持積極引進香港投資銀行到廣東發展，為投資銀行業的發展提供良好的條件，從而使證券公司、投資銀行、基金公司在廣東經濟轉型、企業融資上市等方面發揮積極作用。

同時，廣東金融機構應爭取積極開展代理銷售在香港交易所公開上市交易的低風險證券試點，代理品種包括公司債券、按揭債券、房地產信託投資基金、貨幣市場基金等；允許港澳金融機構在廣東設立合資專業基金銷售公司；在遵循外匯管理制度的前提下，允許廣東基金公司在香港發行以大陸市場為投資對象的基金產品；支持廣東在香港上市的房地產企業利用香港證券市場發行更多以廣東物業為支撐的房地產信託投資基金。

（二）粵港合作在廣州恢復設立商品期貨交易所，或建立港穗「一板兩市」的跨境商品期貨交易所，共同發展及壯大商品期貨交易市場。

恢復設立商品期貨交易所，是廣州建設區域性金融中心的一個重要環節。對此，廣州市政府和廣東省政府給予了全力的支持。2010 年 6 月，廣州市市長萬慶良公開表示會「積極申請恢復設立廣州期貨交易所」。廣州市政府發布的《關於 2011 年廣州市深化體制改革工作的意見》，也說明要申請恢復設立廣州期貨交易所。廣州市金融辦主任周建軍亦公開表示，爭取恢復設立廣州期貨交易所，是廣州建設國際化區域金融中心的一大重點。北京大學經濟學院副院長曹和平教授認為，目前華南—東盟所構成的環南海經濟圈具有極大的經濟潛力，全世界只有波羅的海可以與環南海經濟圈相比。在中南半島國家，越南、緬甸、老撾等都是大宗基礎原材料的主要市場，主要的交易都集中在這一帶；而在大宗基礎原材料上，廣東是市場的敏感地帶，華東（上交所）、渤海（連交所）市場不敏感。不在華南地區建期交所是沒有國際觀的表現。因此，廣州應建「中國東盟跨境期貨交易所」[09]。

廣州要恢復設立商品期貨交易所，最重要的策略就是與香港聯手推進。目前，中國的商品期貨交易市場，已形成了包括大連、鄭州、上海以及香港四家鼎立的基本格局。但是，港交所旗下的商品期貨交易所的期貨品種有限，市場腹地得不到拓展，

09

《深莞惠抱團大搞金融業界建言廣州建跨境期交所》，《南方都市報》，2009 年 6 月 17 日。

近 20 年來發展始終受限。而毗鄰的廣州市歷來在大宗商品的生產與流通上，在華南地區重要地位，擁有龐大的貿易量和現金流，廣州依託的華南地區實體產業發達，是世界的製造業基地，而且華南地區腹地廣闊，商貿聯通整個東南亞，可以借助期貨交易平臺，實現「廣州價格」，輻射整個東南亞，對粵港優勢互補、大珠三角金融一體化都有促進作用。因此，港穗合作建立一個共同的期貨交易平臺，既有整個華南的產業基礎為支撐，現貨期貨聯動，又可聯接兩地金融，豐富投資品種，無疑將十分有利，實在是雙贏策略。2010 年 9 月，廣東省省長黃華華在粵港合作聯席會議上公開表示，粵港兩地資本市場將尋求進一步合作，計劃在廣州設立期貨交易等。

《廣州區域金融中心建設規劃（2011–2020 年）》已明確指出：「爭取恢復設立廣州期貨交易所，加強與香港溝通，探索共建廣州期貨交易所。」廣州應加強與香港交易所屬下商品期貨交易所的合作，爭取國家批准恢復廣州商品期貨交易所，或者考慮以現有的香港商品期貨交易所為依託，建立港穗兩地「一板兩市」的跨境商品期貨交易所。要共同研究推出期貨交易品種，創新交易品種，組建初期可重點考慮選擇熱軋板卷、紙漿和廢紙、茶葉以及以美元計價的離岸商品如鐵礦石等作為上市品種，推出石油期貨產品；從長遠看，則應主動參與碳排放量交易機制及規制體系的討論和制定，積極探索推出碳排放量期貨交易產品。

可考慮將期貨實物倉儲點和交割點設在廣州，以服務於爭取國際商品和金融定價主動權、優化中國期貨市場佈局的戰略需要。穗港若能聯合籌建廣州商品期貨交易所，實現兩地期貨市場發展的優勢互補，既可為國際、國內大宗商品貿易和金融期貨投資提供大型交易平臺，又為國際交易商提供快捷便利的大宗商品實物交割倉庫，所形成的優勢將是全球任何一家期貨交易所都無法比擬的，一定能快速吸引全球眾多投資、投機、套利者參與集中競價。此外，穗港合作籌建廣州商品期貨交易所，還可以加強廣州期貨業與香港乃至東盟國家期貨業的合作，培育扶持若干家規模大、資本雄厚、國際競爭力強的大型期貨公司或金融控股集團，進而提高廣州商品期貨交易所的國際競爭力。

廣州要積極研究制定推動期貨業發展的政策措施，利用財稅手段鼓勵期貨公司做大做強，爭取在全國前 20 名期貨公司中廣州至少要佔 5 家以上。通過明星企業的品牌效應擴大廣州期貨業對區域乃至全國的輻射能力。充分發揮廣州交易所集團的戰略平臺優勢，整合石油產品、糧食、塑膠、金屬材料和煤炭等大宗商品交易中心（所），

積極推動形成各類現貨的「廣州價格」和「廣州指數」，增強廣州定價話語權，打造廣州國際採購中心的優勢地位。制定優惠政策引導人才和資金的流入，形成廣州期貨市場的價值窪地。支持期貨業創新發展、期貨公司的引進和期貨人才的培養，鼓勵開展有利於期貨業發展的金融創新。

（三）粵港合作發展產權交易市場，構建多層次資本市場體系。

整合廣東省內產權交易市場，通過股份制形式，共同成立區域統一產權交易市場，在此基礎上，拓寬產權交易範圍和品種，發展構建場外交易市場；港交所可以參股產權交易所，實現互聯互通，發揮其交易平臺優勢，支持香港企業、創業（風險）投資、私募股權投資等機構投資者參與交易。

保險業合作是粵港澳深化金融合作的重要內容之一。其實，早在 CEPA 協議簽署之前，粵港澳三地已在摸索保險業的合作路徑。2001 年，粵港澳深四地設立了保險監管聯席會議機制，為加強廣東與港澳地區保險業的聯繫提供了平臺。通過這一平臺，兩地的保險業監管部門對市場秩序問題達成了共識，有效打擊了地下保單等活動。

2003 年 6 月 29 日，香港與內地簽署的 CEPA 協議規定，允許香港保險公司經過整合或戰略合併組成的集團，按照內地市場准入的條件（集團總資產 50 億美元以上；其中任何一家香港保險公司的經營歷史達 30 年以上；其中任何一家香港保險公司在內地設立代表處 2 年以上）進入內地保險市場；香港保險公司參股內地保險公司的最高股比不超過 24.9%；允許香港居民中的中國公民在取得內地精算師資格後，無須獲得預先批准，可在內地執業；允許香港居民在獲得內地保險從業資格，並受聘於內地的保險營業機構後，從事相關的保險業務。2007 年 6 月簽署的 CEPA 補充協議四進一步規定，同意在香港設立內地保險中介資格考試考點；允許香港的保險代理公司在內地設立獨資公司，為內地的保險公司提供代理服務。不過，在有關開放措施下，香港保險公司到內地的發展差強人意。

2010 年 4 月 7 日，粵港兩地政府簽署的《粵港合作框架協議》提出：「支持香港保險公司進入廣東保險市場，鼓勵香港保險代理機構在廣東設立獨資或合資公司」；「加強粵港保險產品創新合作，共同探索為跨境出險的客戶提供查勘、救援、理賠等後續服務的模式，探索保險業務銜接的途徑和方式」。《框架協議》的有關規定為兩地保險業合作發展提供了空間，有利於推動兩地保險機構實現服務銜接，更好地保障消費者權益。不過，目前廣東方面尚未出臺有關條文的實施細則和具體操作辦法。

目前，粵港澳三地在保險業的合作可以在以下幾方面「先行先試」，取得突破：

（一）降低對香港、澳門從事產險業務的保險公司的進入門檻，允許符合條件的保險公司在珠三角地區從事一般保險業務。

香港保險業的發展，最早從水險、火險、財產險等一般保險業務開始，至今已有170年的歷史，積累了豐富的經驗，具有相當高的管理及服務水平。然而，自20世紀90年代以來，隨著香港製造業北移，香港的保險業市場也開始發生重要變化，一般保險業的地位和比重都在下降[10]。而另一方面，廣東在財產險方面的規模和服務都有待提高。因此，粵港保險業合作「先行先試」，可在廣東率先開放一般保險市場方面起步，通過降低門檻或鼓勵兩地公司組建合資公司，大力引進香港的產險公司。建議對從事產險的香港保險公司的資本要求降至2億人民幣、將經營保險業務30年以上縮減為10年，並省卻在中國境內已經設立代表機構2年以上的要求。在開放市場方面，也可考慮先行開放廣東珠三角的部分城市，例如佛山、中山、廣州、東莞等製造業較發達的城市，准許港資保險公司按照重新規劃的資本要求，以及符合中國保險監督管理委員會其他規定的情況下，在這些城市先開展業務經營，以便積累經驗，為在全省開放做準備[11]。這樣，一方面有利於為珠三角數萬家港資企業和民營企業提供高素質的產險服務，另一方面也促進廣東產險業的發展。

（二）加強粵港澳保險產品的創新合作，「先行先試」互認車險保單，共同探索為跨境出險的客戶提供查勘、救援、理賠等後續服務的模式，探索保險業務銜接的途徑和方式。

粵港兩地山水相連，人文相通，經貿關係密切，有很多居民需要在兩地間頻繁往來。但是，由於目前兩地分屬不同的關稅區、不同的經濟體，造成居民出行的很多不便。例如，目前在廣東珠三角地區的融合中，粵港兩地的陸路交通往來相當頻繁，據香港運輸及房屋局的數據顯示，香港與內地四條跨境道路信道每日的平均交通量約44,000架次。對粵港兩地車輛的保險，目前的做法是車主一般要在粵港兩地保險公司分別購買車險，為車輛及人員在兩地的行駛提供保障。在香港出險，由香港保險

[10] 馮邦彥、饒美蛟著：《厚生利群：香港保險史（1841-2008）》，三聯書店（香港）有限公司，2009年9月，第228-229頁。

[11] 《香港保險業聯會與中國保險監督管理委員會廣東監管局會面綱要》，2010年5月19日。

公司理賠；在內地出險，由廣東保險公司理賠，給車主／司機造成相當的不便。因此，需要粵港兩地保險業加強保險產品的創新合作，探索開展粵港兩地牌照車輛、居港內地公民和居粵香港公民的一張保險單保兩地的新險種，建議兩地「先行先試」互認汽車責任保險保單，令跨境車輛無須「一車兩單」。另外，有關方面應推動兩地保險機構進一步完善服務模式，實現兩地服務的銜接，這樣既可以避免出現「兩不管」的真空地帶，又可以避免雙方條款漏洞導致的騙保騙賠，更完善地保障消費者及保險機構的合法權益。當然，由於兩地的法定保障要求有別，例如特區的法例規定車輛最少須購買保額 1 億港元的責任保險，內地汽車保單的保額需要調整配合；由於兩地法制不同，也需要制訂機制，保障兩地居民申索賠償時的權益。

（三）允許香港、澳門的保險代理機構在廣東設立獨資或合資公司，加強和深化粵港澳保險代理業的合作。

《粵港合作框架協議》規定：「支持香港保險公司進入廣東保險市場，鼓勵香港保險代理機構在廣東設立獨資或合資公司，提供保險代理服務」。這是在目前內地尚未出臺合資保險代理機構設立辦法的情況下具有探索性的突破。開放保險代理市場，可以考慮先從珠三角兩大中心城市深圳和廣州開始試點。深圳作為我國保險創新發展試驗區，保險中介機構發展迅速，領先國內大部分保險中介市場。截至 2011 年 3 月底，深圳共有保險專業中介機構 183 家，兼業代理機構 1,639 家，通過保險中介渠道的保費收入，已佔全市總保費逾四成。2010 年 3 月，中國保監會和深圳市政府簽署的《中國保險監督管理委員會、深圳市人民政府關於深圳保險創新發展試驗區建設的合作備忘錄》指出，作為全國保險業的創新發展試驗區，深圳保險業要充分利用各方面的有利因素，更好地發揮改革創新、示範探路的作用，並將「進一步深化深港保險合作」作為深圳保險業開展改革創新的重點領域之一。

《深圳保險業發展「十二五」規劃綱要》明確指出，將深圳打造成為保險中介之都，積極引進優質保險中介市場主體和大型保險中介集團落戶深圳，鼓勵深圳保險中介企業通過兼併重組壯大企業實力，全面提高深圳保險中介機構的總體水平。深圳保監局也表示，在符合相關法規的前提下，在 CEPA 框架協議內，將實際研究支持香港保險機構進入深圳市場政策、研究放開香港居民及機構進入深圳保險中介市場的准入限制。深圳、廣州對香港率先開放保險業中介市場，有利於鼓勵和推動粵港澳三地保險代理和經紀業在更多領域開展全方位、多層面、縱深化的交流與合作力度，共同促進兩地保險代理和經紀業的發展。進一步的發展，可以考慮放寬香港保險代

理機構在廣東銷售產品的審批權。目前香港保險代理機構銷售的保險產品必須為經過保監會備案審批的產品，可考慮下放到廣東省保監會審批。

（四）「先行先試」妥善處理「地下保單」問題，允許香港保險中介人為廣東的客戶作售後服務，加快對港澳人壽保險市場的開放步伐。

相比較而言，香港保險業成熟，產品規範，一些投資型險種由於投資渠道比國內更寬，可以向投保人提供更高的保險回報。以投資型產品為例，某跨國公司在香港和內地都設立了機構，其在香港地區銷售的投資連結保險，為客戶提供了多達 70 種的國際性基金以供選擇，其中包括 13 家基金公司的基金和 3 隻由該跨國公司自己建立和管理的基金。相比之下，目前廣東地區銷售的投資連結保險均採用由保險公司建立的基金作為投資賬戶供客戶選擇，保險公司一般僅擁有 3 到 4 隻基金投資賬戶。因此，幾年前一些香港保險公司代理人開始在珠三角地區以高性價比回報吸引不少廣東居民投保香港保險。廣東曾經出現較嚴重的「地下保單」問題。地下保單也在客觀上反映出珠三角地區對香港保險的市場需求。

目前，在廣東省內已購買境外保單的國內客戶（或於國內工作之港人），數量和金額都很大。根據香港保險業監理處公布的數據顯示，2009 年，香港保險業個險新單保費收入中約有 30 億港元來自內地訪客，約佔當年香港保險業個險業務新單保費收入 6%。中國人壽佛山分公司總經理陸建明認為，這個數字較數年前已經「縮水」。據反映，2004 年以前，內地出現大量流向香港的地下保單，當時有學者得出結論稱，香港約 30% 的保費收入來自內地居民。由於粵港兩地保險市場的分割，這些境外保單具有許多風險和麻煩，內地投保人、被保險人的利益得不到切實保障，引起了不少糾紛。因此，粵港保險合作「先行先試」，可以考慮優先妥善處理「地下保單」問題，一個可以考慮的選擇是，承認既有現實，允許香港保險公司在廣東省內設立顧客服務辦事處，為居粵港人、在香港購買保單的內地居民提供售後服務。

與此同時，加快廣東對香港人壽保險公司的開放步伐，允許符合資格的香港人壽保險公司在廣東指定城市試點銷售壽險產品。2009 年底，匯豐保險公司進入內地成立了匯豐人壽，是香港保險企業進軍內地市場的里程牌。廣東可以在這方面率先降低門檻。香港壽險公司進入廣東，也會對廣東本地保險公司形成倒逼壓力，促進廣東保險市場更規範發展。此外，應允許廣東保險公司進行保單預定利率市場化改革，在壽險產品的定價方面享有一定預定利率浮動權限；可以自主設計開發港幣美元計

價的壽險產品，並在區域內銷售；可以設計對香港市場進行投資的 QDII 類長期壽險產品，並在區域內進行銷售；對非法定保險產品，經粵港兩地任一保險監管部門審批通過或備案後，即可在區域內銷售，無須另行申保審批。

（五）加大香港與深圳兩地再保險業的交流與合作，聯手打造港深國際再保險中心。

再保險具有保險業「安全閥」和保險市場「調控器」的獨特功能，對保險業發展的獨特支撐作用日益突出。近年來，受到發生在美國的龍捲風以及日本、新西蘭的地震影響，國際再保險業遭受重創。根據瑞士再保險（Swiss Re）2011 年的 sigma 研究報告顯示，2010 年自然災害和人為災難導致的全球經濟損失為 2,180 億美元，達到 2009 年 680 億美元經濟損失的 3 倍以上。全球保險業承擔的損失額超過 430 億美元，較 2009 年增長 60% 以上。有專家認為，這為中國的再保險業發展提供了機遇[12]。然而，從目前發展情況看，中國的再保險業發展總體嚴重滯後。從再保費與總保費之比看，發達國家一般為 20% 左右，2005 年我國再保費與總保費之比僅為 4.3%；從再保險與直接保險在巨災賠付上的佔比看，我國保險賠付佔自然災害損失的比重不到 5%，再保險賠付更少。再保險業發展滯後於直接保險和國際再保險市場發展的現狀，已經成為中國保險業加快發展的瓶頸。深圳毗鄰香港，是國內擁有再保險機構的少數幾個城市之一。隨著保險市場的發展，再保市場的重要性日益凸顯。深圳應加大對國際（包括香港）再保險公司的引進力度，充分利用香港國際再保險市場的承保能力、信息資源和專業技術優勢，聯手打造深港國際再保險中心。

12'
曹莉莉著：《亞洲再保險業前景光明》，《中國保險報》，2011 年 9 月 26 日。

8.5 | 深圳前海:粵港金融合作「先行先試」示範區

8.5.1 / 深圳前海:珠三角地區的「曼哈頓」

前海地區位於深圳西部、珠江口東岸,毗鄰港澳,具有優越的區位優勢,是珠三角區域發展、粵港澳合作特別是深港緊密合作的重要戰略節點。2006 年由深圳市人大批准的《深圳 2030 城市發展策略》提出,要建設前海等重點地區,構建城市中心服務體系。2007 年編制的《深圳市城市總體規劃(2007–2020)》,也把前海地區列為未來城市主中心之一(**圖表 8.4**)。2008 年 10 月,國務院批准在深圳前海設立我國第九個保稅港區——前海保稅港區(佔地約 3.71 平方公里)。2009 年初頒布的《規劃綱要》明確提出,規劃建設深圳前後海地區、深港邊界區等合作區域,作為加強與港澳服務業、高新建設產業等方面合作的載體。以此為基礎出臺的《深圳市綜合配套改革總體方案》,把加快實施「前海計劃」列為近期三年工作任務。2009 年 11 月,深圳市批准的《深圳市第一批擴大內需項目》中,公布 3 年內將向前海深港現代服務業合作區投入 400 億元。至此,前海地區的發展逐漸從概念性規劃轉為實施計劃。

圖表 8.4 | 前海的區位

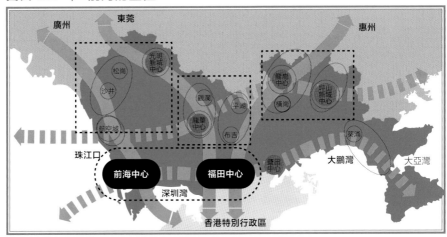

資料來源▼

深圳人民政府:《深圳市城市總體規劃(2007–2020)》,2010 年 9 月。

2010 年 8 月 26 日，國務院批覆《前海深港現代服務業合作區總體發展規劃》。根據該規劃，前海定位為粵港現代服務業創新合作示範區，佔地面積約 15 平方公里，可開發土地約 10 平方公里，主要承擔現代服務業體制機制創新區、現代服務業發展集聚區、香港與內地緊密合作先導區、珠三角地區產業升級引領區等四個方面的功能，重點發展金融業、現代物流業、信息服務業、科技服務和其他專業服務等四大產業領域，沿前海灣將形成特色鮮明、有機聯繫的商務中心片區、保稅港片區、綜合發展片區、濱海休閑帶的「三片一帶」產業布局，到 2020 年成為亞太地區重要的生產性服務業中心和世界服務貿易重要基地，屆時前海地區生產總值將達到 1,500 億元人民幣，即每平方公里產生 100 億元的 GDP。目前，前海深港現代服務業合作區建設，已經正式寫入今年全國人大審議通過的「十二五」規劃之中，上升為國家發展戰略。香港和深圳兩地政府均意識到了前海合作的重要性，於 2009 年 8 月 19 日簽署了《關於推進前海深港現代服務業合作的意向書》，並且成立了前海專責聯絡機構和協調機制，兩地在基礎設施、產業發展、環境保護、要素流動等方面相繼簽署了一系列合作文件，已初步形成了前海深港合作的政策框架。

目前，前海的投資建設也已展開，2010 年 12 月 20 日，在《前海深港現代服務業合作區總體發展規劃》說明會上，包括匯豐銀行、渣打銀行、恒生銀行、香港嘉里集團、香港衛視國際傳媒集團、畢馬威、普華永道等在內的 20 家香港企業與前海管理局正式簽約。匯豐銀行（中國）有限公司行長兼行政總裁黃碧娟表示，匯豐非常關注前海的開發和發展，將認真謀劃在前海的發展藍圖。據統計，截至 2011 年 6 月底，前海已明確意向投資金額的重點項目累計 11 個，意向投資金額達 585.5 億元人民幣，其中超過 100 億項目 2 個，超過 10 億項目 8 個，單個項目平均投資額 53 億元人民幣。

前海現代服務業合作區的戰略發展的重點，是金融服務業，或者說是深港共建全球性金融中心。對此，深圳方面寄於迫切的期待，多位高官提出將前海建成「深圳版」

的浦東、中環乃至珠三角地區的「曼哈頓」。深圳市委書記王榮公開表示，「前海合作區是迄今為止國務院批覆的覆蓋地域面積最小的戰略發展區域，但放在全球視野看，與倫敦金融城（5平方公里）、新加坡CBD（0.82平方公里）、香港中環（1.25平方公里）等世界先進城市CBD（Central Business District）相比，仍具有相當大的空間優勢。因此我們完全有信心，通過集約發展、打造精品，把前海合作區建設好，使之成為深圳發展方式轉變的全新平臺」。香港方面也表達了大致相同的觀點，香港特區政府前政務司司長唐英年公開表示，「前海可成為深圳的『中環』」。他並指出，前海金融合作區對香港而言是非常不錯的配套。香港中央政策組首席顧問劉兆佳也認為，前海的發展應強化作為國家金融發展、改革和創新的試驗基地角色，如果中央給予前海更多在金融方面與香港合作的「先行先試」條件，可以在有效控制風險的情況下為國家的金融開放累積經驗，亦有助於兩地金融業的發展和金融創新。

8.5.2 ／ 深圳前海金融發展的戰略定位

不過，對於前海的發展態勢，目前香港社會有一種擔心，認為港深發展前海，可能會對香港金融業構成正面競爭，甚至會威脅到香港金融中心的地位[13]。因此，前海的粵港合作模式能否真正得到成功，其中的關鍵是能否消除港人、港商以至香港特區政府在這個問題上的疑慮。香港金融業能否突破區域及制度障礙，至少在前海以至廣東獲真正的國民待遇，將是前海能否成為粵港金融深層次合作平臺的試金石。無可否認，與世界上其他國際金融中心相比，香港國際金融中心發展的最大優勢，在於背靠具有龐大金融發展潛質的中國內地。而前海現代服務業合作區，則最有希望成為打通兩地金融市場的業務平臺。港深兩地政府應充分利用國家給予前海發展的特殊政策，爭取將前海作為「資金自由行」的橋頭堡和試驗場，為內地逐步推進金融開放、逐步實現人民幣國際化探索新路徑，積累新經驗。正如有評論所指出，港深兩地如果能夠通過前海發展加強金融合作，不僅不會削弱香港的金融業，反而會大大拓展香港的金融業務，鞏固其國際金融中心的地位[14]。

從上述前提出發，根據我們的分析，深圳前海金融發展的戰略定位應該是：

<u>（一）人民幣國際化的境內橋頭堡／境外後援基地。</u>

現階段，深圳前海金融發展最大的戰略價值，就是充分發揮前海保稅港和毗鄰香港的優勢，在人民幣國際化過程中發揮積極作用。中國人民銀行副行長杜金富公開表

13′

金心異著：《深圳前海定位金融中心引巨大爭議 建深圳版的浦東？》，南方網，2009年10月12日，http://www.huizhou.cn/house/fc_fckx/200910/t20091012_272139.htm。

14′

《突破地域界限 合作發展前海》，《香港文匯報》，2009年8月20日。

示，人民銀行支持前海金融創新和「先行先試」，鼓勵前海區域開展境內人民幣「走出去」和境外人民幣「流進來」兩個方向的跨境人民幣業務創新。人民銀行將通過若干人民幣跨境政策的新安排，來促進前海地區現代服務業合作的深化，只要市場需要、風險可控，不與國家既有法律法規相衝突，符合國家宏觀調控政策的各種政策需求和創新，人民銀行都將予以積極支持。對此，深圳有關方面提出了前海與香港合作共同發展人民幣離岸中心、探索資本開放以及在合作區內實施人民幣自由兌換的設想，建議前海與香港金融市場，以及全球金融市場實施資金流通自由，不受現有金融政策的管制。

時任國家開發銀行副行長李吉平亦建議，要建立前海人民幣跨境業務試驗區，嘗試在區域內實現人民幣資本大範圍的開放，要嘗試不斷拓展境外人民幣的投資渠道，吸引境外人民幣在前海建立產業基金和房地產產業的信託資金，先行開展境外人民幣的一些投資試點，嘗試發行境外人民幣的市政債券，探討在前海建立人民幣離岸資產證券化交易。他還建議，在前海區域內對境外資本逐步地開放國內金融市場，通過對外合作逐步地完善金融衍生品市場，嘗試逐步開放股票、銀行間的債券、拆借，允許境外期貨通過批准進入前海的金融機構，開展匯率、利率的即期、遠期、掉期等金融產品交易，為境外期貨提供人民幣投資和避險工具，逐步將前海建設成為中國的一個金融衍生品交易中心。李吉平認為，可以研究、借鑒香港模式，在前海成立金融監管局，探索創新金融行業的監管模式，提升監管效率。

換言之，深圳前海地區的金融發展，可以考慮在中國尚未放開資本項目、人民幣尚不能自由兌換的總體宏觀背景下，通過中央政府和人民銀行的政策和制度創新安排，在前海「撕開一道口子」，積極試行人民幣有限度的自由兌換，探索人民幣國際化和資本項目的開放路徑及其風險防範措施，為人民幣國際化積累經驗、探索路徑。當然，亦有業界擔心在前海開放人民幣資本項目所帶來的風險。但是，由於開放是一個逐步的過程，在前海小範圍區域試點，影響有限。另一方面，隨著香港人民幣離岸業務中心的建設、發展，前海亦可擔當香港人民幣離岸業務的後臺中心，為香港提供支援服務。目前，一些在港金融機構推出的人民幣產品銷售情況良好，表明人民幣業務在香港市場非常受歡迎。隨著人民幣投資內地渠道打通，企業在香港進行人民幣籌資，或者在港人民幣能夠到內地投資，將極大地刺激港深兩地的金融融合——前海可在這方面發揮積極作用。

（二）國家金融創新的試驗示範窗口，以及連通境內外兩個資本市場的平臺。

金融創新是前海金融發展的核心和關鍵所在。在人民幣尚未完全自由流通的情況下，前海應在金融創新方面的「先行先試」，力求於一些重要領域和關鍵環節取得新突破，成為國家金融創新和對外開放的試驗示範窗口。

深圳應以落實前海金融發展規劃為契機，完善金融創新政策和機制，主動融入國家金融規劃，承接香港國際金融中心的輻射，打造與香港接軌的深港金融創新圈。同時，積極爭取在境內外金融機構入駐、產品創新方面先行先試，其中的重點是推進以跨境人民幣業務為重點的深港金融創新與合作、深港資本市場的合作與對接、以及保險創新領域的試驗區建設，積極推動深港兩地有密切聯繫的金融機構在機構拓展、人力融資、跨境貿易結算、市場證券等方面做出創新安排，探索深港兩地銀行業金融機構參照同城管理模式互設營業網點，提高兩地銀行業經營的融合度，使前海成為連通境內外兩個資本市場的平臺。此外，還應積極爭取成立金融創新專項培訓基金，定期遴選、組織深圳銀行業相關人員赴港培訓、交流，學習香港的金融創新理念和技術，引進香港金融創新人才，鼓勵深圳銀行業到香港創設學習中心、信息中心等。

2011 年 1 月 21 日，深圳市市長許勤指出，深圳非常重視前海的發展，會與香港共同在現代金融、物流以及科技服務等方面的合作，達到互利共贏。深圳前海的金融創新，還應立足於為深圳本地以及包括整個珠三角地區的產業發展和產業升級轉型服務。當前的重點有：

1. 供應鏈金融創新

根據劉小兵的研究，供應鏈金融發展存在兩條路徑：一是以銀行為中心形成的包括物流銀行、物流保險、物流租賃、物流信託、物流基金的現代物流產業金融服務體系；二是以商品交易所為核心的，以商品、信息和定價權之駕馭為特徵的供應鏈金融發展模式。目前，前海灣保稅港區已吸引了 DHL、飛利浦、家樂福、卡西歐、孩之寶、NYK Line、CAFOM 等二十餘家國際知名企業入區，初步形成以出口集拼中心、離岸配送中心、區域／全球配送中心等為核心的多種業務類型的現代物流業聚集地。越海全球物流公司總經理張泉認為，現代物流與金融融合的結果是出現「供應鏈金融」。招商銀行行長馬蔚華也認為，供應鏈金融是新世紀金融發展的重頭戲，是現代金融的引擎，是物流的催化劑、潤滑劑、保健劑。前海的金融創新應和中國現代

化物流業升級的目標結合起來，目標是通過發展供應鏈金融使物流企業向供應鏈企業轉型。

2. 科技金融創新

深圳前海的金融創新，應對接包括生物、新能源、互聯網、新材料、文化創意等戰略性新興產業，使金融服務能夠量身訂做、有的放矢。前海要加快發展私募股權基金、風險投資，大力吸引民間資本參與設立產業投資基金，支持和推動低碳經濟、綠色經濟和環保節能、電子信息、生物醫藥、新能源等新興產業加速發展，實現深圳產業結構的轉型升級。2011 年，為加快培育和發展戰略性新興產業，由科技部、廣東省、深圳市聯合共建的深圳新產業技術產權交易所（簡稱「新產業交易所」）掛牌成立。掛牌儀式上，新產業交易所還發布了中國智能資產指數[15]。新產業交易所還分別與芝加哥知識產權交易所（Intellectual Property Exchange International，簡稱 IPXI）、ICAP Patent Brokerage 簽約，開展國際業務合作；與香港應用科技研究院簽約，開展深港合作；與中科院知識產權公司簽約共建中科院知識產權交易板塊；分別與中國國際金融有限公司、中投證券簽約，開展新三板業務合作。據瞭解，深圳新產業技術產權交易所將充分發揮前海機制體制創新功能，本著「金融 + 科技 + 服務」的理念，以科技金融櫃檯市場和全球併購市場為支撐，打造「技術產權銀行」模式，通過集聚各類投資資源、產業資本和跨國資本，建立全球交易和服務網絡，積極探索促進現代科技服務業發展的體制機制，逐步建成區域性統一互聯的科技金融服務體系。據深圳市政府有關負責人透露，新產業交易所正在向中央相關部委申請，升級為「中國新產業技術產權交易所」，爭取建成國際化、國家級的技術交易平臺。

3. 創建深圳保險交易所

2011 年 7 月，深圳保監局宣布，為加快前海開發建設，將申報設立深圳保險交易所。深圳保監局相關負責人表示，保監局正在積極參與前海開發開放的政策研究，爭取保險業發展的有利政策。目前，深圳保監局已經協助深圳市政府向保監會上報了保險業在前海「先行先試」的專題請示，包括適當地降低香港保險公司和保險中介機構進駐前海的準入條件。同時，深圳也在積極申報在前海設立深圳保險交易所和前海國際再保險交易中心。深圳市保監局局長余龍華介紹，根據規劃，深圳將高起點、高標準打造保險創新發展試驗區，力爭實現深圳保險業全國領先，向成熟市場看齊。到 2015 年，深圳保費收入將達到 600 億元以上，保險總部資產總量保持國內大中

15'

中國智能資產指數是中國第一支基於公司無形資產價值的股票指數，由新產業交易所和中證指數有限公司聯合編制而成。深圳聯交所董事長葉新明表示，中國智能資產指數將引導各類專利技術、創新型企業、風險投資基金、私募股權投資基金落戶廣東，促進各類創新資源向廣東集聚，同時，該指數具有鮮明的主題特色，有較高的投資價值，有利於引導社會資金向創新企業集聚。從 2006 年 6 月 30 日到 2011 年 5 月 23 日，智能資產指數五年間增長了 356.9%，而同期滬深 300 指數增長了約 116.9%，顯示出擁有智能資產優勢的上市公司強勁的發展勢頭。

城市前三位。

4. 扶植中小企業發展的金融創新

目前，深圳大量的中小企業正面臨宏觀調控的情況，前海金融創新，要重視中小企業的特點和需求，通過產品創新、服務創新、制度創新來打造小型金融服務業的市場。

（三）建立區域性的金融資產交易中心和平臺。

據瞭解，目前，中國金融資產交易市場上的需求日趨旺盛，金融資產存量已達 130 萬億元人民幣以上。其中，截至 2010 年年底，深圳的金融資產存量已達 4.2 萬億元人民幣，大部分以金融產品形式存在。2011 年 4 月 7 日，為了進一步增強深圳金融資產及相關金融交易產品的資源配置和集約利用能力，為深圳現代服務業和金融業創新實踐構建有利的發展環境，深圳宣布成立深圳前海金融資產交易所（以下簡稱「金交所」）。在掛牌儀式上，深圳金交所與四大國有商業銀行、四大資產管理公司，以及華潤金控、深圳投控、創新投、高新投等 16 家機構就提供各類金融資產及相關產品、權益、份額等品種的託管、登記、交易、結算等全程式市場服務和併購服務，簽訂了戰略合作協議。

據瞭解，金交所是由深圳聯合產權交易所全資組建的綜合性金融資產及相關產品的專業交易機構，業務體系涵蓋金融資產交易業務、金融產品交易業務以及併購服務。金交所的主要業務領域為三部分：一是金融資產公開交易業務，包括金融企業國有產權轉讓、不良金融資產轉讓，以及其他金融產權轉讓交易；二是金融產品非公開交易業務，包括信貸資產、銀行理財產品、股權投資基金權益、信託產品的募集和憑證、資產權益份額轉讓等金融產品交易；三是投資銀行服務業務，包括併購服務、重組和併購顧問服務、投資管理和諮詢服務等。與此同時，金交所將建立市場投資風險分級推薦機制和合資格投資人制度。合資格投資人制度將以機構投資者為主，個人投資者也可參與，但參與交易品種會有限制。個人投資者參與的門檻目前還在商議中，大致包括資金門檻和風險承受能力及投資背景要求。深圳聯合產權交易所場內合資格的個人投資者的資金門檻是 50 萬元，而金交所個人投資者應高於這一門檻。

金交所負責人表示，希望通過金交所這一金融資產專業化服務平臺，企業和投資者可以進行金融企業國有產權、不良資產等金融產權交易活動和信貸資產、股權投資基金權益、銀行理財產品、實物資產等金融產品交易活動，同時也能在投行、重組和併

購等方面得到專業顧問、管理和諮詢服務，從而為企業發展起到良好的支持和推動作用。可以預料，深圳前海金融資產交易所的成立，不僅為深圳金融市場資產和產品流轉開闢了市場融通渠道，同時也為國內金融領域內的市場機制和品種創新提供了現實的發展基礎。金交所若能進一步集中深圳在全國多層次金融市場體系方面的優勢資源，充分發揮市場創新能力，將可發展成為前海金融發展的一個重要平臺。

8.5.3 / 深圳前海金融發展的制度建設

2010 年 8 月，國務院批覆同意《前海深港現代服務業合作區總體發展規劃》（以下簡稱《發展規劃》）。《發展規劃》指出，前海將「在『一國兩制』框架下，深化與香港合作，構建更具活力的體制機制，以生產性服務業為重點，推動現代服務業集聚發展，促進珠三角地區產業結構優化升級，提升粵港澳合作水平，努力打造粵港現代服務業創新合作示範區。」為此，前海將按照精簡高效、機制靈活的原則創新開發管理模式，營造規範高效的政府服務環境；積極探索促進現代服務業集聚發展的體制機制，借鑒國際經驗，「先行先試」；對特殊領域如金融行業，監管部門可設立專門機構直接監管，支持創新實踐。在政策措施方面，中央政府將在財稅支持政策、土地支持政策等方面給予支持，並創新海關、檢驗檢疫、邊檢等口岸部門監管合作模式，探索建立口岸監管結果共享機制。

2011 年 9 月 27 日，國務院各部在北京召開深圳前海深港現代服務業合作區建設部際聯席會議第一次會議，正式建立前海深港現代服務業合作區建設部際聯席會議制度，並宣布了前海建設部際聯席會議制度的組成單位、工作職責及工作規則。聯席會議總召集人、國家發改委主任張平指出，這次會議建立了部際協調機制，形成了國務院各部門、各相關地區聯動推進前海開發開放的強大合力，構建了在國務院領導下統籌前海開發開放的國家平臺；達成了國家部委支持前海開發開放的多項共識，明晰了支持前海開發開放政策的總體方向。張平強調，前海作為「特區中的特區」、「實驗區中的實驗區」，各成員單位要進一步把思想統一到中央決策部署上來，把推進前海的開發開放當作一份義不容辭的政治責任，要按照國務院提出的「將前海打造成為全球營商環境最佳的地區之一」的要求，本著特別區域予以特別支持的原則，突出「先行先試」和體制機制創新，進一步完善推進前海開發開放的政策體系，為現代服務業集聚前海發展創造良好的政策環境。

前海深港現代服務業合作區建設部際聯席會議制度的建立，有利於推動國務院各部

結合各自職能，形成合力，切實支持前海：

◆ 實行比經濟特區更加特殊的優惠政策；

◆ 在人民幣國際化進程中發揮獨特作用，為香港離岸人民幣業務中心提供有效支撐；

◆ 在探索現代服務業稅收體制改革中「先行先試」；

◆ 借鑒香港法制建設經驗，在法治建設方面進行探索實踐；

◆ 創新人才體制機制，建設具有世界影響力的深港人才特區；

◆ 創新通關制度和開展統計改革國際化試點。

深圳市市長許勤表示，深圳將在中央各部門的指導和支持下，加快構建前海開發開放的「六大體系」，包括創新現代服務業開放式發展的政策支撐體系、互利共贏的深港合作體系、國際一流的基礎設施體系、高端引領的現代服務業體系、規範高效的公共服務體系，以及富有競爭力的人才保障體系，推動前海開發建設取得更大突破。

可以說，前海的政策措施和制度安排，直接決定著港深合作開發前海的成敗。其中的關鍵是能否允許前海在稅制、幣制和市場監管等方面部分引入香港的制度資源，制定相關特殊政策，進而深入挖掘前海新區的金融創新功能，發揮前海作為連接境內外資本市場的平臺作用；以及能否通過採取更加符合國際規範的靈活而有效的金融監管模式，使前海成為香港銀行服務珠三角加工貿易企業融資、結算業務的地區性運作中心，成為服務中國國際貿易、國際投資和區域經貿合作的創新金融試驗區。香港特別行政區政府商務與經濟發展局局長蘇錦樑表示，香港業界期待促進深港合作的具體措施儘快出臺，建議優先工作：積極推動前海積極發展創新金融業務，減低金融機構的准入門檻，支持香港的保險公司設立營業機構或以參股方式進入內地保險市場，這會大大提升前海創新金融業的潛力；確保內地市場實實在在向港商和專業人士開放，在眾多的服務範疇內，建議優先開放香港擅長的金融、會計、法律和工程服務業；在前海打造與國際接軌的營商環境，高素質的法律服務是必要的條件，允許香港仲裁機構為深圳前海直接提供服務；參考香港業界積極參與國家開發

經濟特區以推動改革開放的成功經驗，推出反映香港業界的的稅收政策。

8.6 / 完善粵港澳金融基礎設施的跨境對接與合作

加強跨境金融基礎設施建設，是深化粵港澳金融合作的重要基礎和保障。隨著粵港澳三地更緊密經貿合作的推進，跨境資金流量將進一步增加，流動形式更加多樣化，客觀上迫切要求三地金融部門提供更高效、更便利、更安全的資金結算通道，力爭使粵港澳區域成為中國外匯跨境交易結算的主要通道。

（一）爭取在粵港澳在金融結算合作的關鍵環節取得新進展。

積極推進粵港澳地區跨境貨物貿易人民幣結算試點，爭取在跨境貨物貿易人民幣結算中增加票據結算工具，開通人民幣支票雙向結算業務，支持香港銀行在廣東各商業銀行開設人民幣同業往來賬戶，建立人民幣結算代理行關係，並加強推進人民幣跨境流通的基礎設施建設；探索開展跨境小額支付系統的合作和工具創新，開展粵港澳地區服務和消費代收代付業務的合作，建立服務三地跨境小額電子支付渠道，推動三地銀行卡、小額多用途儲值卡的跨境使用，加強三地電子商務領域的合作；根據支持香港銀行人民幣業務開展，保障人民幣在內地和香港之間有序流通的需要，進一步完善廣東貨幣發行和回籠基礎設施，提高廣東向港澳和海外供應人民幣現金的能力。

（二）進一步加強和完善粵港結算、支付系統的對接與建設。

增加跨境結算系統的清算品種，開通廣東全省與香港美元票據聯合結算，在粵港票據聯合結算系統、外匯實時支付系統中增加歐元等涉外經貿結算量較大的幣種；放寬對參與粵港澳跨境結算系統的主體資格限制，逐步擴大參與粵港澳跨境結算系統的金融機構和企業等主體範圍，積極推進粵港澳跨境直接借記付款雙向結算聯網工程，開展對粵港澳三地居民個人跨境小額代收付款的結算服務；拓展跨境雙向結算業務，逐步實現粵港澳人民幣支票、匯票和銀行本票的雙向結算；配合資本項目漸進開放的需要，逐步將服務貿易項目和資本項目交易納入粵港跨境結算系統服務範圍；實現粵港澳三地外匯跨境結算系統的全面聯網，使粵港澳區域成為我國人民幣和外匯跨境交易清算的重要通道；積極借鑒香港在徵信服務、金融基礎設施、IT技術和法律諮詢等方面的成功經驗，推動廣東銀行機構向國際化服務標準靠攏，可以考慮成立深港、粵港聯合認證的機構，建立起兩地銀行業信用信息的共享機制，包括信息企業信貸信息和違約信息，幫助兩地銀行全面及時掌握跨境企業的整體信譽

情況，聯合監控和制裁信用差的企業，幫助兩地銀行全面及時掌握跨境企業的整體信譽情況。

（三）加大宣傳力度，促進粵港澳跨境金融結算、支付系統的推廣應用。

貫徹落實國務院、中國人民銀行的部署，積極開展有關廣東與香港跨境貨物貿易人民幣結算試點的宣傳工作，為試點的啟動和推進營造良好氣氛；加大對金融機構的引導，鼓勵更多的金融機構創新服務手段，提高金融結算服務合作層次，擴大跨境結算系統在區域內的覆蓋範圍；加強對企業的宣傳和培訓工作，引導更多的廣東企業使用跨境結算系統提供的通道進行貿易結算，促進跨境金融結算服務的發展。

CHAPTER 9.

深化粵港澳金融合作的制度創新

根據我國現有的金融法律、法規，金融監管權限高度集中在國家，涉及金融機構市場准入與業務准入的約有 348 項審批權限，基本集中在國務院及其相關部門，並且許可標準較高，制約了粵港澳金融業合作的展開。

2008 年，廣東省金融工作辦公室牽頭組織完成了一份題為《關於建設粵港澳金融合作與開放試驗區的調研報告》，該調研報告提出了與港澳合作共同建設金融改革綜合試驗區，共同推進粵港澳金融開放與合作，開展匯率改革、利率改革、人民幣國際化試驗，完善包括 OTC 市場、債券交易市場、金融衍生品市場等在內的金融改革創新思路和建議。2008 年 5 月中旬，廣東省政府率團赴北京，就廣東金融改革創新和深化粵港澳金融合作問題與國家發改委、商務部、人民銀行等部門繼續溝通、商談，得到了國家有關部門的肯定和支持。2008 年 9 月，在《規劃綱要》國家編制課題組金融組來廣東調研期間，廣東省有關部門積極向中國人民銀行牽頭的調研組提出了與港澳合作在珠三角地區建設金融綜合改革試驗區等多項重要建議，這些建議基本上被課題組採納，最終被規劃起草小組寫進了《規劃綱要》。

《規劃綱要》明確提出，「允許在金融改革與創新方面『先行先試』，建立金融改革創新綜合試驗區」。這意味著繼上海浦東新區、天津濱海新區之後，珠三角成為中央明確提出建立的第三個金融改革創新綜合試驗區。有評論指出，與上海浦東新區、天津濱海新區這兩個金融綜合試驗區相比，珠三角金融改革創新綜合試驗區有三個鮮明的特點—— 一是突出開放：珠三角地區將在金融改革創新方面「先行先試」，例如在外匯管理體制改革和資本開放等方面「先行先試」；二是突出創新：包括創新金融監管服務體制機制、創新金融機構、創新投融資模式、創新金融企業提供產品和服務方式等；三是突出科學發展：珠三角地區地域廣闊，地區金融發展差異大，金融改革創新綜合試驗，包括城市金融改革創新綜合試驗和農村金融改革創新綜合試驗兩方面內容 [01]。

01′

彭美著：《解讀珠三角發展綱要 2020 年叫響廣東創造》，《南方都市報》，2009 年 1 月 9 日。

根據《規劃綱要》精神，廣東於 2010 年 8 月出臺的《珠江三角洲產業布局一體化規劃（2009-2020 年）》，對珠三角金融一體化提出金融規劃新布局：「兩中心、三節點」，即以廣州、深圳為兩個區域金融中心，佛山、東莞和珠海三地為節點，整合資源、推進粵港澳合作。其後，廣東省制訂《廣東省建設珠江三角洲金融改革創新綜合試驗區總體方案》，並上報國務院。據瞭解，該總體方案提出，廣東省將在珠三角地區創建金融改革創新綜合試驗區，開展金融市場、金融機構、金融產品與服務、金融合作，以及統籌城鄉金融協調發展等全方位的改革創新試驗。金融改革創新綜合試驗區的範圍，主要包括廣州和深圳的區域金融中心試點，佛山市南海區的廣東金融高新技術服務區試點，珠海、中山、東莞的科技金融試點，港澳臺金融合作試點，珠海橫琴新區和深圳前海經濟合作區的金融創新試點，以及中山的城鄉金融服務一體化試點等。在這些試點中，關鍵是深圳、廣州兩大中心城市的試點。廣州將重點發展銀行業和保險業，發展成為華南財富管理中心、股權投資中心、產權交易中心和商品期貨交易中心。而深圳的重點是證券業和粵港合作，在前海深港現代服務業合作區試行離岸金融業務、人民幣有限度的自由兌換等，為中國金融開放與人民幣國際化提供創新案例與經驗。同時，深圳將鞏固其在全國資本市場中的地位，支持深圳證券交易所在創業板、中小板，以及代辦股份轉讓系統的試點，建設多層次的資本市場。佛山將重點建設廣東金融高新技術服務區，發展金融後台服務，並引入創業投資和私募投資機構；而東莞、中山等地區中心城市，則是鼓勵其在金融創新上的競爭。東莞開展中小企業融資創新和粵臺金融合作試點；中山則開展城鄉金融服務一體化試驗。

其實，在創建金融改革創新綜合試驗區方面，毗鄰香港的深圳已搶先一步。2009 年 5 月 26 日，深圳市政府出臺《深圳市綜合配套改革總體方案》，根據該方案，深圳要與香港功能互補，錯位發展，推動形成全球性的物流中心、貿易中心、創新中心和國際文化創意中心，並建立金融改革創新綜合試驗區。隨後，深圳市金融辦牽頭

調研，擬出《深圳市金融配套改革綜合試驗區方案（草案）》，並上報深圳市政府。據瞭解，深圳的金融改革創新，將從九個方面推進：一是加快建設多層次資本市場，積極支持在深圳設立創業板；二是探索在深圳設立本外幣債券市場；三是大力發展期貨交易；四是支持銀行、證券、保險、基金、期貨等機構，在符合法律法規及行業監管要求的情況下，創新金融產品和經營模式；五是積極探索房地產、高速公路、碼頭、電力等資產的證券化；六是加快發展金融後臺服務產業，建設輻射亞太地區的金融後臺服務基地；七是積極探索發展創業投資引導基金、股權投資基金；八是發展小額貸款公司和民營中小銀行，完善中小企業融資服務體系；九是探索建立加強金融監管有效模式，防範和化解金融風險。而在證券市場領域的合作，主要涉及「BH 互掛」、在深推出港股組合 ETF、紅籌回歸在深試點、深港兩地交易所連綫交易，及產品開發、技術支持、人才交流等方面的合作。

廣州市也急起直追。2011 年 7 月，廣州市政府原則通過《廣州區域金融中心建設規劃（2011—2020 年）》和《關於加快建設廣州區域金融中心的實施意見（2011—2015 年）》，廣州將全面布局區域金融中心建設，目標是到 2020 年把廣州打造成為與香港功能互補、在國內外具有重要影響力、與廣州國際大都市地位相適應的國際化區域金融中心。根據規劃，廣州金融業將在五方面實現突破：一、在金融功能區建設上，在優化提升現有金融空間布局的同時，把珠江新城—員村打造成國內一流的金融商務區，把科學城—知識城建成在國內有示範作用的金融創新服務區，要在南沙謀劃未來的現代金融功能區；二、在金融市場平臺建設上，加快發展產權交易所，爭取設立期貨交易所和碳排放權交易所；三、發展金融總部經濟上，大力吸引金融總部落戶廣州，培植一批有全國影響力、綜合實力排前列的金融機構；四、在資本市場建設上，推動更多的企業上市發展，上市公司數量達到 200 家以上；五、在金融改革創新方面，在體制機制上積極加強探索，形成優勢。

廣州市市長萬慶良表示，廣州金融發展要重點打好「六張牌」：一是抓緊出臺今後 10 年的區域金融中心建設規劃和 5 年實施意見，全面布局和推進區域金融中心建設工作；二是加快各項金融改革創新，包括配合省推進構建珠三角金融改革創新綜合試驗區，加快推進廣州市保險綜合改革試驗，加快村鎮銀行、小額貸款公司發展等；三是大力推進企業上市「雙百」工程，即爭取在 2 年內上市公司數量接近或達到 100 家，未來 5 年內，爭取再新增 100 家企業上市；四是加快建設金融市場平臺，爭取廣州高新區列入國家代辦股份轉讓系統擴大試點園區，加快推進廣州產權交易

市場綜合發展，繼續爭取恢復設立廣州期貨交易所；五是加快員村金融商務區的規劃建設步伐，努力把珠江新城—員村金融商務區和廣州金融創新服務區建設成為全國一流的金融總部基地和產業金融創新基地；六是加快建立聯席會議機制，爭取「一行三局」在新型金融機構設立、金融產品和服務創新、企業上市、保險業綜合改革試驗等方面繼續給予支持，積極開展金融改革創新「先行先試」。

總體而言，在國家金融開放和金融安全的總戰略下，深化粵港澳金融合作，必須借鑒當年創辦經濟特區的經驗，先易後難、由點及面逐步推進。鑒於創建「金融改革創新綜合試驗區」是我國改革、開放的大事，是一項複雜的系統工程，應由國家根據「主動性、可控性和漸進性」的原則，分階段下放部分金融開放權限給廣東省政府，屬於中央金融監管部門的權限下放駐粵金融監管機構，授權廣東先行先試開展是項工作。至於「金融改革創新綜合試驗區」的區域範圍，可在「一國兩制」方針前提下，按照「科學發展，先行先試」的精神，以及「先易後難，逐步推進」的原則，授權廣東從深圳、廣州與香港對接的「點」開始試驗，然後再由「點」到「面」逐步推進，取得經驗之後，再向整個廣東珠三角地區推廣。在創建「金融改革創新綜合試驗區」的同時，要雙管齊下，充分利用 CEPA「先行先試」的制度安排，利用 CEPA 每年簽訂一份「補充協議」的制度框架，有步驟、分階段地開放廣東金融市場，逐步深化兩地間的金融合作和融合。

9.2 | 以制度創新實現粵港澳 金融體制的基本接軌

9.2.1 / 借鑒港澳經驗，加快金融體制改革，率先實現與國際接軌

當前，我國金融業正進入重要的轉折期和發展期，各地區都在加大金融改革開放力度。在新一輪金融改革中，廣東要突破制約瓶頸，再創發展新優勢，就必須積極學習和借鑒港澳地區金融改革的經驗。

近年來，港澳地區，特別是香港，在經濟全球化背景下積極借鑒和推動金融制度改革，不斷完善與國際接軌的金融體制、運作機制和監管制度，創造了許多新經驗和做法。2010 年 5 月，香港財經事務及庫務局局長陳家強公開表示，2008 年全球金融海嘯爆發以來，香港的金融監管制度雖然也暴露出一些問題，但總體而言表現突出。他指出：「大體來說香港金融監管制度在這次的金融海嘯裏面表現得是非常優勢的。很多時候我訪問歐美國家，他們對香港的金融監管制度非常稱讚。為什麼？我們的銀行方面，銀行體系沒有出現什麼問題，我們的股票交易，賣空制度沒有出現問題。我們的基金管理都沒有問題。整體來說，我們的金融體系沒有受到創傷。」[02] 他表示，香港在很多方面，尤其是在金融方面對內地的示範作用是非常重要的。

02'

呂冰編：《陳家強談抗擊金融海嘯：香港監管經驗可供內地借鑒》，人民網，2010年 5 月 28 日，http://hm.people.com.cn/GB/42273/11725115.html。

事實上，自 1997 年回歸以來，香港金融監管制度進行了一系列改革，其中最顯著的就是對銀行業管制的放鬆，業內人士形容為有如一場港式的「金融大爆炸」。從 1994 至 2001 年間，香港分階段全部撤消實施了 30 年的「利率協議」，解除了透過銀行公會對利率市場的管制；對外資銀行擴展分支網絡的限制，以及對外資銀行進入本地市場設立的門檻也大幅放寬。香港特區政府還採取各種措施，包括引入存款保障制度、促進業界共享商業及個人信貸資料、制定《銀行營運守則》以及其他不同的監管措施。這些措施有效保證了香港銀行體系的穩健程度及效率水平，使香港銀行體系在全球榜上位於前列位置。陳家強就指出，在這次金融危機中，香港對銀行業的管理做得好，控制銀行按揭風險做得好，這是歐美沒有做得遠不及香港的方面。

在證券市場監管方面的改革，香港也進行了一系列的改革，包括調整香港證監會的管理架構，將原證監會主席職能分拆為主席及行政總裁，以更好地兼顧市場監管與市場發展戰略；加強對香港交易所履行上市職能的監察，同時增強交易所的調查權利；加強跨境執法力度等。這些措施對增強投資者對香港證券市場的信心、提升市場競爭力均有積極作用。

香港推出的一連串改革措施，在促進了金融市場的自由競爭的同時，也使得金融監管更趨完善，使香港金融體系的效率獲得提升。香港金融市場有一個顯著的特點，就是高度開放，例如基金流通是完全沒有管制的，但監管當局相關機構在風險防範的要求很高。這種監管模式的好處是，從資金配置效率看，資本市場的發展令企業融資管道更加多元化，利率協議解除令資金價格更加市場化，這些均促進了企業及個人更方便、自由地選擇較低成本的融資管道；從運作效率看，金融市場進入障礙的大幅降低，以及金融基建的改善降低了金融市場的交易成本及交易風險，同時亦提升了市場效率及透明度。當然，這次金融危機中也暴露了香港金融監管存在的一些問題，需要引為借鑒。

廣東在深化粵港澳金融合作中，最重要的，就是要學習、研究和借鑒香港金融改革的新經驗、新做法以及危機中的教訓，在「先行先試」的制度框架下，全方位推進地方金融體制改革，特別是在大幅加快對金融業的開放步伐，積極引進港澳金融機構，同時加強風險防範和監管管理，做到「放而不亂，管而不死」，爭取率先實行與港澳和國際接軌，為我國的金融改革、金融開放和金融安全探索新路徑、新經驗。從開放的地域範圍來看，可以由「點」到「面」逐步推進，先在深圳前海試點，取得成功後推向深圳、廣州兩大中心城市，進而在珠三角地區乃至全廣東全面展開。

9.2.2 / 完善金融產業政策，推進金融產業化

1997 年亞洲金融危機對廣東造成一定的衝擊，致使廣東部分官員出現「談金（金融）色變」現象，部分地區出現不願、不敢面對金融發展的客觀事實，導致金融發展一度滯後於全國平均水平。「十一五」規劃以來，隨著經濟增長方式的轉變和產業升級轉型，廣東領導層在金融發展的重要性方面逐漸取得共識，並且給予高度重視，金融產業化開始起步。目前，廣東要充分把握《規劃綱要》出臺實施的歷史機遇，將深化粵港澳金融合作與加快廣東金融強省建設結合起來。廣東應在積極推進粵港澳金融合作中進一步完善和強化金融產業的支持政策，大力推動金融產業化。

根據中國人民銀行總行金融研究所所長秦池江教授於 1995 年的研究：「金融產業政策，同金融體改、貨幣政策、金融法規不是同一範疇，它是直接以金融產業為對象，為促進金融發展而制訂的有關金融的產業布局政策、產業結構政策、產業組織政策、產業優化政策、產業成長政策、金融資源開發政策等等。這些政策，體現了整體經濟目標和管理原則，發揮指導、評價、約束和監管作用。」[03] 孫偉祖、黃寧等在進一步的研究指出，金融產業政策的一個重要組成部分，還包括金融產業與其他關係的政策內容。基於金融業的特殊性，具有強大的滲透性、支配性，所以表現規制金融產業與其他產業的關係，主要是金融產業與其他產業資本結合問題。另外，金融產業具有基礎性的特徵，經濟運動基礎性的關鍵地位，要求其與其他產業保持協調發展，即在量上有個合適的度[04]。

實際上，2007 年以來，廣東已開始逐步制定和改進金融產業政策。2007 年，廣東首次召開全省金融工作會議，確立了大力發展金融產業，加快建設金融強省的發展戰略。不過，「十一五」時期時，廣東金融業雖然取得了長足的發展，金融業「大而不強」的問題並未得到解決，金融發展尚未能與經濟社會發展形成良性互動。目前，廣東省政府、深圳市、廣州市政府等儘管已先後出臺一系列的發展規劃、扶持政策，包括由廣東省金融辦牽頭制訂的《廣東省金融改革發展「十二五」規劃》，但客觀而言，尚需在此基礎上進一步完善金融產業政策，要借鑒國內外，包括香港、上海、北京、天津等地政府支持金融發展的優惠政策，制定廣東扶持金融發展的政策措施，利用土地成本、稅收優惠、信用環境、人才吸引等各方面創造新的競爭優勢，另要擴大對外開放，加快吸引港澳資金融機構和跨國金融機構到廣東發展，加快資金、金融企業、金融人才等各種資源向廣東集聚，強化金融聚集效應。廣東可考慮設立金融發展專項基金，納入廣東省產業發展資金總體計劃，專項用於支持廣

03

秦池江著：《論金融產業與金融產業政策》，《財貿經濟》，1995 年第 9 期，第 26 頁。

04

孫偉祖、黃寧著：《金融產業政策與金融發展：歷史、原理與現實》，《上海金融》，2007 年第 11 期，第 21 頁。

東省金融業的發展，主要用途包括：獎勵金融產品和服務創新活動成果顯著的金融機構及有關人員；降低金融行業的商務成本；吸引優秀金融人才前往廣州、深圳落戶。

財稅支持是推進金融產業化必不可少的手段。要進一步改善財稅政策環境。例如，由於港澳保險市場較為成熟，針對保險機構、保險產品的財稅政策較完善，在推動粵港澳保險業合作中，需要進一步完善廣東地區的財稅政策，減輕保險公司、保險中介機構、保險從業人員的稅收負擔；同時研究針對補充養老保險、補充嚴屬保險、農業保險及其他政策性保險、各類責任保險等具體險種的稅收優惠、財政補貼政策，為內地保險機構營造相對公平的稅收環境。

9.2.3 / 建設公平、便利的金融生態環境。

金融生態環境（Financial Ecological Environment），主要指微觀層面的金融環境，包括地方政府和企業、金融機構的經營服務理念和管理水平，涉及到法律、社會信用體系、會計與審計準則、中介服務體系和企業改革，以及銀企關係等諸多方面。從廣義角度看，金融生態環境包括與金融業生存、發展具有互動關係的社會、自然因素的總和，諸如政治、經濟、文化、地理、人口等一切與金融業相互影響、相互作用的方面。總體而言，金融生態環境是指金融業生存發展的外部環境，包括法律制度、社會信用體系、經濟發展狀況、銀企關係、政府對金融的支持程度等。

從 2005 年起，中國社會科學院啟動了中國城市／地區金融生態環境評價的專題研究項目，並於 2005 年和 2007 年兩次發布了《中國地區金融生態環境評價》。正如中國人民銀行行長周小川所指出：「作為一個大國經濟體，我國的地區金融生態環境呈現出明顯的地區差異，這種地區差異導致了各地在金融條件上的差異，從而直接影響到地方融資的可獲得性和融資成本。」[05] 他認為，評價一個地方的金融生態環境好壞，地方政府對金融的行政干預強弱是一個重要指標；信用建設也是衡量金融生態環境的一個重要標準。此外，金融生態的概念可以進一步延伸到標準執行、執法公正性，以及對欺詐案件的處理等問題上。

從廣東金融業發展的歷程和現狀看，包括區域經濟環境、政策環境、信用環境和法制環境在內的金融生態環境對金融業的發展始終產生決定性的影響。廣東金融業之所以「大」而不「強」，與金融生態環境的欠缺有直接關係。正如中國人民銀行廣州分行行長馬經所指出，經濟增長方式粗放造成金融運行的低效，區域信用體系建

05

周小川著：《區域金融生態環境建設與地方融資的關係》，中國金融網，2009 年 8 月 21 日，http://www.p5w.net/news/gncj/200908/t2523767.htm。

06′

馬經著：《建設廣東金融強省關鍵在於改善金融生態環境》，《南方金融》，2005年第9期，第6頁。

設滯後導致金融資源配置結構扭曲，區域法制環境欠佳使得金融債權得不到充分、有效的法律保護[06]。因此，廣東要大力發展金融產業，必須轉變經濟增長方式，加強信用環境建設和法制環境建設。現代金融市場規模巨大，交易複雜，基於市場的各種金融交易活動依存於一定的法律規則。因此，政府發展金融業的根本努力在於踐行法治方針，不斷完善各種交易法則，創造一個公開、公正、公平的競爭環境。

信用是一切金融活動的基礎，決定著區域金融的生存與發展。要汲取2008年全球金融危機的教訓，以徵信體系建設和風險隱患處置為核心，加強對廣東省金融生態環境的監控和治理：包括建立失信懲戒機制和守信增益機制，通過依法對逃廢債企業採取懲戒措施、大力支持守信企業發展等方式，提高廣東企業及整個廣東社會的信用意識；繼續加大廣東商業承兌匯票的試點工作，重構良好的銀企關係，讓企業充分認識到「信用就是財富」、「信用就是無形資產」；完善和增強銀行信貸登記諮詢系統的功能，進一步建立完善還款記錄制度，充實借款企業信息；制定、修改、完善金融信用行為法，建立企業資信制度、個人信用制度以及失信懲罰制度；完善廣東社會監督網絡，加強社會對銀行信用的監督，強化信息披露、市場約束，以及提高透明度[07]。

07′

周高雄著：《廣東金融發展中的幾個問題》，《學術研究》，2009年第7期，第105-106頁。

此外，要重視推動金融發展的政務環境的優化，從而為金融企業創造便利、公正的經營環境。工商部門應當簡化相關手續，為金融機構辦理註冊登記提供「一站式」服務；人事、外事、公安部門應當在職責權限內，為金融機構人員赴境外培訓、商務旅行實行優先辦理，以提供便利；積極為金融機構向公安廳申辦粵港兩地車牌提供支持和服務。由於牽涉政府多個部門，這些措施需要有省政府的強力主導方可落到實處。

9.2.4 / 積極培育和引進中高級金融人才資源

高素質金融人才資源是粵港澳金融合作中最活躍、最關鍵的因素。培養一大批精通金融業務、熟悉粵港澳地區情況的複合型金融人才對推進粵港澳金融合作具有重要意義。因此，要加大培養中高級金融人才的力度，積極爭取與港澳合作籌建廣東國際金融研究院，聘請三地高級金融專家和世界一流金融學者為駐院或兼職教授，作為能為深化粵港澳金融合作出謀劃策的高級國際化金融人才。

同時，還要出臺優惠政策，建立粵港澳金融人才交流制度，推動三地增強培訓合作，

並相互認可從業資格，吸引香港金融人才來廣東就業；開展香港專業培訓機構為廣東金融從業人員進行人才培訓合作；聘請港澳金融專家到廣東金融機構擔任高級管理人員或顧問；鼓勵省內優秀金融人才參加香港「輸入內地專才」計劃，選派省內金融骨幹到港澳交流、培訓、實習，鼓勵省內高校畢業生到香港高等院校學習、深造；鼓勵金融從業人員參加內地和香港相關資格考試，通過香港相關金融機構培訓廣東高級金融管理人才。香港作為留學人才港，擁有京、滬無法比擬的大量高級金融人才，廣東應利用毗鄰香港的優勢，加大政策力度吸引這批高級金融人才到廣東發展。

9.3 | 建立金融合作協調機制與風險防範機制

9.3.1 / 建立和完善粵港澳三地金融合作協調機制

1997 年和 1999 年香港、澳門相繼回歸以來，粵港澳三地政府間關於金融事務的合作日趨密切。特別是近年來，粵港澳三地金融監管當局的合作交流日益密切，如廣東省金融辦就曾多次組團，赴香港同香港財經事務及庫務局和其他金融監管機構就深化粵港金融合作問題進行商討；香港方面也積極響應，先後多次進行回訪。

為積極有效推進粵港金融合作，粵港雙方在粵港合作聯席會議框架下成立了專責合作小組。當時，金融業置於服務業合作專責小組之下，使得粵港金融合作存在溝通聯絡機制不健全、不緊密，合作層次較低的問題。2009 年 1 月，粵港雙方共同宣布成立「粵港金融合作專責小組」，將金融業從粵港服務業合作專責小組中單列出來。該專責小組的成立，標誌著粵港金融合作進入了建立更加緊密的合作機制的階段。與此同時，粵澳雙方建立更加緊密的合作機制也在進一步謀劃中。此外，自 2004 年粵港合作聯席會議第七次會議以來，粵港政府部門一直都將粵港合作聯席會議上議定的金融合作列為重點合作項目加以落實，如在促進廣東企業赴港上市、拓展金融合作領域、加強人才交流、支持兩地金融界開展交流活動等項目展開深入合作。在歷次粵港合作聯席會議及工作會議上，粵港兩地政府管理部門積極溝通、共同為謀劃粵港金融合作發展。粵澳兩地政府管理部門之間的交流與合作也日趨密切。2009年 5 月，廣東省金融辦接待澳門金融管理局行政委員會主席丁連星率澳門金融代表團一行四十餘人到粵訪問，雙方對當前世界經濟金融發展形勢、如何推進深化粵澳金融發展進行了深入交流。

隨著粵港澳金融合作的逐步深化，粵港澳三地政府及金融監管當局有必要進一步建立和完善粵港澳三地金融合作協調機制，協調擬訂粵港澳區域金融合作戰略規劃，共同研究廣東金融業率先對港澳開放的政策設施。從國家層面看，可將現階段為深圳前海建立的國務院前海深港現代服務業合作區建設部際聯席會議制度，擴展至對

整個廣東金融改革創新試驗區的管理、指導模式,可考慮在國務院統一領導下,成立由國家發展改革委員會、財政部、商務部、中國人民銀行、國家稅務總局、中國銀監會、中國證監會、中國保監會組成的粵港澳金融合作指導委員會,負責加強對粵港澳金融合作的指導,密切與香港、澳門特區政府溝通和協調;利用 CEPA 的機制,共同研究制定推進粵港澳金融合作「先行先試」的制度安排;指導粵港澳三地共同編制貫徹落實《規劃綱要》中的粵港澳金融合作專項規劃;協調解決粵港澳金融合作中遇到的重大問題。

在三地政府層面,可在粵港澳合作聯席會議的框架下,利用粵港澳金融合作專責小組合作機制,具體負責落實推進粵港澳金融合作項目,共同編制粵港澳金融合作專項規劃。為積極、有效推動粵港澳金融合作,可在粵港金融合作總體框架下,將廣州、深圳、佛山作為核心城市,列為粵港金融合作機制的成員單位,直接參與粵港金融合作的具體事項;在粵澳金融合作總體框架下,將珠海,包括橫琴新區列為粵澳金融合作長效機制的成員單位,直接參與粵澳金融合作的具體事項。

可考慮參照 CEPA 協調模式,建立粵港澳金融合作的三級協調組織架構。該架構可由三層次組成:最高層次是粵港澳金融業聯合指導委員會,由中國人民銀行、國家金融監督機構、廣東省政府、香港及澳門特區政府派代表組成,負責制定和完善推動粵港澳金融合作的短、中、長期規劃,監督規劃的執行,協調解決規劃執行中出現的問題;第二層次為三地的聯絡辦公室,分別設在中國人民銀行廣州分行、香港金融管理局和澳門金融管理局,負責協調、落實聯合指導委員會制訂的工作規劃,處理推進粵港澳金融合作的日常事務,進行信息溝通和資料交換;第三層次為工作組,根據推進粵港澳金融合作的實際需要設立若干專門的工作組,負責組織落實深化粵港澳金融合作的各項具體工作。

9.3.2 / 建立和完善粵港澳聯動防範金融風險、反洗錢合作機制

隨著三地金融機構跨境設立分支機構／參股機構的增加，為了全面瞭解機構併表情況，有必要加強三地之間被監管機構的信息溝通。但是，目前香港《銀行業條例》第120條規定，「對於他在根據本條例行使任何職能時獲悉與任何人的事務有關的一切事宜，均須保密與協助保密；不得將該等事宜傳達他人，但與該等事宜有關的人除外；及不得容受或准許任何人取用由本款適用的人所管有、保管或控制的任何記錄」。因此，有必要通過修訂相關法律條款，建立和完善三地的金融業信息共享機制，以加強三地之間被監管機構的信息溝通。

有關方面要高度重視跨境金融風險的防範問題，重視通過強化金融風險防範機制的建設，避免、減緩國際金融風險對粵港澳三地的衝擊，共同維護內地和香港、澳門的金融穩定；充分利用國際收支申報系統和跨境支付系統，加強對跨境資金流向和流量的監測，特別是完善短期資本跨境流動監測和預警體系；建立粵港澳三地銀行業客戶信息共享機制，使銀行機構能夠全面、及時掌握跨境港資企業整體的信用情況；建立粵港澳客戶「黑名單」制度，聯合抵制、制裁惡意逃廢債、信用記錄差的客戶，對粵港澳跨境客戶的風險實行聯合監控；健全跨境反洗錢協作組織架構，加大對跨境洗錢活動的打擊力度；加強跨境金融風險預警和處理方面的合作，建立金融機構跨境經營風險、跨境上市公司財務風險預警機制和突發性重大風險事件的應急處理機制。

由於粵港澳三地聯繫緊密，相互之間的經貿聯繫、資金跨境流動，以及人員往來頻繁，但三地分處不同法域，在反洗錢監管和司法協助方面，存在不少問題和障礙，為犯罪分子跨區洗錢創造了條件。不過，目前三地已經建立了反洗錢主管部門聯席會議制度，以及反洗錢信息交換機制、調查合作機制和司法合作機制。三地警方也已建立起情報通報、協查和聯合破案打擊經濟犯罪的工作機制，為三地合作建立了很好的基礎。近十幾年來，香港在反洗錢方面取得很好的成效，積累了豐富的經驗。澳門特區政府對離岸公司的監控也建立了一套行之有效的制度和措施。廣東應充分吸收港澳地區的反洗錢制度、操作方法以及經驗，加強溝通、合作，制定和出臺一些更為具體的實施細則或地方規章，以提高自身反洗錢水平及全面地開展三地之間的反洗錢合作。

此外，由於粵港澳三地聯繫緊密，銀行常常面臨跨境抵押的問題，如境外公司將其

所有的香港或內地的物業或者其他資產作為貸款抵押，或者反之。因此，三地之間亦應加強司法領域的合作，制定詳細和易操作的管理辦法，解決有關問題。

參考資料

英文

◆ Anderson, P. W., Arrow, K. J., & Pines, D. (Eds.). (1988). *The Economy as an Evolving Complex System* (pp. 9–31). New York, NY: Addison–Wesley.

◆ Bartram, S. M., Dufey, G. (1997). The impact of offshore financial centers on international financial markets. *Thunderbird International Business Review, 39 (5)*, 535–579.

◆ Chalkley, A. B. (1985). *Adventure and Perils: The First Hundred and Fifty Years of Union Insurance Society of Canton, Ltd.* (p.28). Hong Kong: Ogilvy & Mather Public Relations (Asia) Ltd.

◆ *Euromoney.* (1987), 4(5).

◆ G30 Working Group. (1985). *The Foreign Exchange Market of the 1980s.* Washington, DC: Group of Thirty.

◆ Garten, J. (2009, May 13). Amid the Economic Rubble, Shangkong Will Rise. *Financial Times.* Retrieved from http://www.ftchinese.com/story/001026384/en

◆ Ghose, T. K. (1987). *The Banking System of Hong Kong* (pp. 65–66). Charlottesville, VA: Lexis Law Publishing.

◆ Green, C. M. (1965). *The Rise of Urban America* (p. 66). New York, NY: Harper & Row.

◆ Jao, Y. C. (1984). The Financial Structure In D. Lethbridge (Ed.), *The Business Environment in Hong Kong* (p. 125). Oxford: Oxford University Press.

◆ King, F. H. H. (1988). *The History of the Hongkong and Shanghai Banking Corporation: Volume IV, The Hongkong Bank in the Period of Development and Nationalism, 1941–1984* (pp. 351–352). Cambridge: Cambridge University Press.

◆ Laulajainen, R. (1998). Financial geography: a banker's view. GeoJournal, 48 (2), 146–147.

◆ Monetary and Economic Department. (2010). *Triennial Central Bank Survey: Report on global foreign exchange market activity in 2010* (p.7). Basel: Bank for International Settlements. http://www.bis.org/publ/rpfxf10t.pdf

◆ Pricewaterhousecoopers: (2010). Cities of opportunity. Retrieved from http://www.pwc.com/us/en/cities-of-opportunity

◆ PRS Group. (2011). *Table 1: Country Risk, Ranked by Composite Risk Rating* [Data File]. Retrieved from http://www.prsgroup.com/ICRG_TableDef.aspx

◆ Reed, H. C. (1980). The ascent of Tokyo as an international financial center. *Journal of International Business Studies, 11(3)*, 19–35.

◆ Reed, H. C. (1981). *The Preeminence of International Financial Centres*. New York: Praeger.

◆ Research Republic. (2008). *The Future of Asian Financial Centres – Challenges and Opportunities for the City of London*. London: City of London.

◆ Schwab, K. (Ed.). (2011). *The Global Competitiveness Report 2011–2012*. Geneva: World Economic Forum. http://www3.weforum.org/docs/WEF_GCR_Report_2011-12.pdf

◆ Seese, D., Weinhardt, C., & Schlottmann, F. (Eds.). (2008). *Handbook on Information Technology in Finance*. Germany: Springer.

◆ *The Global Financial Centres Index 8* (2010). Retrieved from http://www.zyen.com/GFCI/GFCI%208.pdf

◆ The International Bank for Reconstruction and Development., & The World Bank. (2010). *Doing Business 2011*. Retrieved from http://www.doingbusiness.org/~/media/FPDKM/Doing%20Business/Documents/Annual-Reports/English/DB11-FullReport.pdf

◆ World Federation of Exchanges. (2011). *2010 WFE Market Highlights* (p.13). Paris. www.pwc.com/us/en/cities-of-opportunity.

◆ Zhao, X. B., Zhang, L., & Wang, T. (2004). Determining factors of the development of a national financial center: the case of China. *Geoforum, 35 (4)*, 127–139.

中文

◆《1999 年港元債務市場的發展》,《金融管理局季報》,2000 年第 5 期,第 11-12 頁。

◆《2007 年上海統計年鑒》

◆《2010 年中國區域金融運行報告》

◆《2010 年廣東統計年鑒》

◆《2010 年上海統計年鑒》

◆《2010 年江蘇統計年鑒》

◆《2010 年深圳統計年鑒》

◆《2010 年廣州統計年鑒》

◆《2010 年廣東國民經濟和社會發展統計公報》

◆《2010 廣州金融白皮書》

◆《2011 年廣州市政府工作報告》

◆《人民幣離岸業務是支撐香港金融中心未來的關鍵》,新華社,2011 年 5 月 2 日。

◆《大國崛起的金融地圖》,《領導文萃》,2008 年第 12 期,第 142-145 頁。

◆《中國企業海外上市法律政策回顧與展望》,山東英良泰業律師事務所,http://www.yingliang-law.com/jiang/html/?389.html。

◆《中國區域金融運行報告》

◆《中國證券期貨統計年鑒 2010》

◆《中銀籲港深二板合作》,《香港商報》,2007 年 8 月 15 日。

◆《加快廣州市創業投資發展的研究》,2007 年。

◆《央行:香港是中國金融開放重要支點》,中新網,2011 年 2 月 8 日,http://news.xinhuanet.com/gangao/2011-02/08/c_121054040.htm。

◆《央行專家:香港是中國金融有序開放戰略重要支點》,中新網,2011 年 2 月 8 日,http://www.china.com.cn/economic/txt/2011-02/07/content_21875634.htm。

◆《金融數據月報》,香港金融管理局,2011 年 12 月(第 208 期)。

◆《突破地域界限 合作發展前海》,《香港文匯報》,2009 年 8 月 20 日。

◆《香港金融十年》編委會編:《香港金融十年》,中國金融出版社,2007 年,第 72 頁。

◆《香港金融十年》編委會編:《香港金融十年》,中國金融出版社,2007 年,第 83 頁。

◆《香港保險業聯會與中國保險監督管理委員會廣東監管局會面綱要》,2010 年 5 月 19 日。

◆《香港略志》,載《香港華僑工商業年鑒》,1939 年,第 3 頁。

◆《香港新加坡倫敦競爭人民幣需要幾個離岸中心》,《中國經濟周刊》,2011 年第 17 期。

◆《陳應春:深圳將出臺打造財富管理中心專項規劃》,21 世紀網,2011 年 9 月 15 日,

http://www.21cbh.com/HTML/2011-9-15/3OMTQ3XzM2ODM3OA.html。

◆《深莞惠抱團大搞金融 業界建言廣州建跨境期交所》,《南方都市報》,2009 年 6 月 17 日。

◆《港澳經濟年鑒》,港澳經濟年鑒社,2001-2010 年。

◆《粵港澳三地貨幣跨境流通問題研究》,《金融研究》,2002 年第 6 期,第 87-94 頁。

◆《聚焦港交所和上交所深度合作》, 騰訊財經,http://finance.qq.com/zt/2009/hketf/。

◆《廣東小額貸款不及江浙兩成 中小企業資金短缺》,《羊城晚報》,2011 年 8 月 1 日。

◆《廣東推進粵港金融合作 三大"合作門檻"需跨越》,新華網,2011 年 5 月 6 日,http://www.gd.xinhuanet.com/xinhua/2011-05/06/content_22697479.htm。

◆《澳門全面搭建中國與葡語國家貿易交流平臺》,新華社,2011 年 3 月 22 日。

◆ SRI 國際公司項目小組:《共建繁榮:香港邁向未來的五個經濟策略》,SRI 國際公司,1989 年,第 7 頁。

◆ 2003-2010 年各市統計年鑒

◆ 中國人民銀行:《中國區域金融運行報告》(2002-2009)。

◆ 中國人民銀行調查統計司:《人民幣現金在周邊地區接壤國家和港澳地區跨境流動的調查報告》,《中國金融年鑒(2007)》,中國金融年鑒社,2007 年。

◆ 中國經濟網財經部,http://finance.ce.cn/sub/2011/zqhb/index.shtml。

◆ 中華人民共和國商務部:《專題:內地與港澳關於建立更緊密經貿關係的安排》。

◆ 中銀集團編:《香港銀行業離岸業務的發展》,《港澳經濟 · 季刊》,1997 年第 4 期,第 6-7 頁。

◆ 天勤:《陳志武:如何看待香港的金融地位》,《國際融資》,2007 年第 8 期,第 37 頁。

◆ 王力、黃育華著:《國際金融中心研究》,中國財政經濟出版社,2004 年。

◆ 王士君、馮章獻、張石磊著:《經濟地域系統理論視角下的中心地及其擴散域》,《地理科學》,2010 年第 6 期,第 803-809 頁。

◆ 王文越、楊婷、張祥著:《歐洲金融中心布局結構變化趨勢及對中國的啓示》,《開放導報》,2011 年第 3 期,第 27-31 頁。

◆ 王志軍、李新平著:《國際金融中心發展史》,南開大學出版社,2009 年,第 10 頁。

◆ 王志軍、李新平著:《國際金融中心發展史》,南開大學出版社,2009 年,第 14 頁。

◆ 王志軍、李新平著:《國際金融中心發展史》,南開大學出版社,2009 年,第 74-77 頁

◆ 王志軍、李新平著:《國際金融中心發展史》,南開大學出版社,2009 年,第 156 頁。

◆ 王志軍、李新平著:《國際金融中心發展史》,南開大學出版社,2009 年,第 167 頁。

◆ 王新奎著:《東京金融市場的崛起與西太平洋經濟(上)》,《國際商務研究》,1990 年第 1 期,第 15-18 頁。

◆ 王巍、李明著:《國際金融中心的形成機理及歷史考評》,《廣西社會科學》,2007 年第 4 期,

第 65-68 頁。

◆ 田地著:《回歸十年澳門金融業持續穩健發展》,《中國金融》,2009 年第 24 期,第 65-66 頁。

◆ 石建勛著:《人民幣國際化「加速跑」》,《人民日報》海外版,2011 年 5 月 5 日。

◆ 任英華、徐玲、游萬海著:《金融集聚影響因素空間計量模型及其應用》,《數量經濟技術經濟研究》,2010 年第 5 期,第 104-114 頁。

◆ 江曉美著:《水城的泡沫——威尼斯金融戰役史》,中國科學技術出版社,2009 年,第 1、5、7、29 頁。

◆ 江曉美著:《海上馬車夫——荷蘭金融戰役史》,中國科學技術出版社,2009 年,第 1、3 頁。

◆ 何帆、張斌、張明、徐奇淵、鄭聯盛著:《人民幣跨境結算的現狀和問題——基于廣東的實地調研》,《國際經濟評論》,2011 年 5 月 30 日。

◆ 何漢傑、石明翰、施燕玲著:《再探港元的境外需求》,《金融管理局季報》,2006 年第 3 期,第 87-94 頁。

◆ 呂冰編:《陳家強談抗擊金融海嘯: 香港監管經驗可供内地借鑒》,人民網,2010 年 5 月 28 日,http://hm.people.com.cn/GB/42273/11725115.html。

◆ 呂汝漢著:《香港金融體系》,商務印書館,1993 年。

◆ 李凌霞著:《周健男:創業板問題的存在具必然性》,和訊網,2011 年 6 月 25 日,http://stock.hexun.com/2011-06-25/130885246.html。

◆ 李銀著:《全球多城市爭建伊斯蘭金融中心,香港寧夏欲參與》,21 世紀經濟報道,2010 年 5 月 26 日。

◆ 汪增群、張玉芳著:《分散化:紐約倫敦金融機構布局新特點》,《銀行家》,2007 年第 1 期。

◆ 沈聯濤著:《管理衍生工具市場的風險》,《香港金融管理局季報》,1997 年 8 月,第 80 頁。

◆ 周小川著:《區域金融生態環境建設與地方融資的關係》,中國金融網,2009 年 8 月 21 日,http://www.p5w.net/news/gncj/200908/t2523767.htm。

◆ 周天芸著:《香港國際金融中心研究》,北京大學出版社,2008 年,第 82 頁。

◆ 周高雄著:《廣東金融發展中的幾個問題》,《學術研究》,2009 年第 7 期,第 105-106 頁。

◆ 怡富證券有限公司編著:《盈科保險集團有限公司配售、發售新股及售股建議》,1999 年,第 29-31 頁。

◆ 林平編著:《區域金融發展探索》,暨南大學出版社,2006 年,第 515 頁。

◆ 法國農業信貸銀行,轉引自:《華爾街日報》http://cn.wsj.com/photo/Yuan_0601h.jpg。

◆ 祁保、劉國英、John Newson、李銘普著:《十載挑戰與發展》,香港聯合交易所,1996 年,第 54 頁。

◆ 金心異著:《深圳前海定位金融中心引巨大爭議 建深圳版的浦東?》,南方網,2009 年 10 月 12 日,http://www.huizhou.cn/house/fc_fckx/200910/t20091012_272139.htm。

◆ 恒生銀行經濟研究部著:《香港國際金融中心的市場策略》,《SHANGHAI & HONG KONG

ECONOMY》，2007 年 3 月，第 26 頁。

◆ 胡佩霞著：《深圳欲打造財富管理中心》，《深圳商報》，2011 年 9 月 9 日。

◆ 胡劉繼著：《PVC 期貨基準交割地初定廣州》，《第一財經日報》，2009 年 4 月 27 日。

◆ 香港交易所，轉引至郭國燦著：《回歸十年的香港經濟》，三聯書店（香港）有限公司，2007 年，第 214-5 頁。

◆ 香港金融管理局，轉引自尹世昌：《香港，距人民幣離岸中心有多遠》，《人民日報》人民網，2011 年 5 月 25 日，http://hm.people.com.cn/GB/14729496.html。

◆ 香港金融管理局：《2010 年香港債券市場概況》，《金融管理局季報》，2011 年第 1 期，第 4 頁。

◆ 香港金融管理局：《2010 年香港債券市場概況》，《金融管理局季報》，2011 年第 1 期，第 6 頁。

◆ 香港金融管理局：《2010 年香港債券市場概況》，《金融管理局季報》，2011 年第 1 期，第 7 頁。

◆ 香港金融管理局：《金融數據月報》。

◆ 香港政府統計處：《就業及空缺按季統計報告》。

◆ 香港華商銀行公會研究小組著、饒餘慶編：《香港銀行制度之現況與前瞻》，香港華商銀行公會，1988 年，第 3 頁。

◆ 香港華商銀行公會研究小組著、饒餘慶編：《香港銀行制度之現況與前瞻》，香港華商銀行公會，1988 年，第 8-11 頁。

◆ 香港華商銀行公會研究小組著、饒餘慶編：《香港銀行制度之現況與前瞻》，香港華商銀行公會，1988 年，第 61 頁。

◆ 香港證券及期貨監察委員會：《2010 年基金管理活動調查》，2011 年 7 月，第 10 頁。

◆ 香港證券及期貨監察委員會：《2010 年基金管理活動調查》，2011 年 7 月，第 25 頁。

◆ 香港證券及期貨監察委員會：《香港基金管理活動調查》，2003 年至 2010 年。

◆ 原毅軍、盧林著：《離岸金融中心的建設與發展》，大連理工大學出版社，2010 年，第 44 頁。

◆ 夏斌：《利用香港人民幣離岸市場發展深圳金融》，深圳市人民政府和中國經濟 50 人論壇共同主辦的 "第二屆中國經濟 50 人論壇深圳經濟特區研討會" 發言，2011 年 2 月 27 日。

◆ 孫偉祖、黃寧著：《金融產業政策與金融產業發展：歷史、原理與現實》，《上海金融》，2007 年第 11 期， 第 21 頁。

◆ 孫健、王東編著：《每天讀點金融史 IV：金融霸權與大國崛起》，新世界出版社，2008 年，第 87 頁。

◆ 孫健、王東編著：《每天讀點金融史 IV：金融霸權與大國崛起》，新世界出版社，2008 年，第 167 頁。

◆ 孫健、王東編著：《每天讀點金融史 IV：金融霸權與大國崛起》，新世界出版社，2008 年，第 282 頁。

◆ 秦池江著：《論金融產業與金融產業政策》，《財貿經濟》，1995 年第 9 期，第 26 頁。

◆ 馬經著：《建設廣東金融強省關鍵在於改善金融生態環境》，《南方金融》，2005 年第 9 期，

第 6 頁。

◆ 馬經著：《粵港澳金融合作與發展研究》，中國金融出版社，2008 年，第 187 頁。

◆ 馬經著：《粵港澳金融合作與發展研究》，中國金融出版社，2008 年，第 218 頁。

◆ 馬經著：《粵港澳金融合作與發展研究》，中國金融出版社，2008 年，第 241 頁。

◆ 馬經著：《粵港澳金融合作與發展研究》，中國金融出版社，2008 年，第 246 頁。

◆ 馬經著：《構建粵港澳金融共同市場》，中國人民銀行廣州分行調研報告，2008 年第 6 期，第 1 頁。

◆ 馬經著：《邁向金融強省：廣東金融改革發展研究》，中國金融出版社，2007 年，第 277 頁。

◆ 馬蓉、王文帥：《回流機制建設成跨境貿易人民幣結算發展突破口》，新華網， 2011 年 7 月 6 日，http://finance.stockstar.com/SS2011070600003041.shtml。

◆ 馬慶泉編：《中國證券史（1978−1998）》，中信出版社，2003 年，第 27 頁。

◆ 高山著：《國際金融中心競爭力比較研究》，《南京財經大學學報》，2009 第 2 期；英國銀行家年鑒，http://www.bankersalmanac.com/addcon/infobank/bankrankings.aspx。

◆ 高長春著：《戰略金融》，機械工業出版社，2007 年，第 156 頁。

◆ 國家發展和改革委員會編著：《珠江三角洲地區改革發展規劃綱要（2008−2020 年）》，國家發展和改革委員會文件，發改地區 [2009]29 號，第 9−11 頁。

◆ 張灼華著：《拓展香港人民幣投資產品市場正當時》，《中國證券報》，2011 年 9 月 8 日。

◆ 張建軍著：《深圳金融服務外包產業發展現狀及政策建議》，深圳金融，2010 年 11 月 18 日，http://www.zgjrw.com/News/20101118/home/376401437801.shtml。

◆ 張建森編：《CDI 中國金融中心指數 (CDI CFCI) 報告（第二期）》，中國經濟出版社，2009 年，第 65 頁。

◆ 張望著：《金融爭霸：當代國際金融中心的競爭、風險和監督》，上海人民出版社，2008 年。

◆ 張許君、陳怡、蔣樂進著：《澳門銀行將到佛山開支行》，《南方都市報》，2010 年 7 月 30 日。

◆ 張鳳超著：《金融地域系統研究》，人民出版社，2006 年。

◆ 張鳳超著：《金融等別城市及其空間運動規律》，《東北師大學報 (自然科學版)》，2005 年第 1 期，第 125−129 頁。

◆ 張麗玲、楊信提供：《評估香港的國際金融中心地位》，《金融管理局季報》，2007 年第 3 期，第 7 頁。

◆ 曹莉莉著：《亞洲再保險業前景光明》，《中國保險報》 ，2011 年 9 月 26 日。

◆ 梁穎、羅霄著：《金融產業集聚的形成模式研究：全球視角與中國的選擇》，《南京財經大學報》，2006 年第 5 期。

◆ 深圳市人民政府：《深圳市城市總體規劃（2007−2020）》，2010 年 9 月。

◆ 深圳市統計局編著：《深圳市 2010 年國民經濟和社會發展統計公報》，2011 年。

◆ 深圳金融發展報告編委會編著：《深圳金融發展報告（2009）》，人民出版社，2010 年，第

39 頁。

◆ 深圳金融發展報告編委會編著：《深圳金融發展報告（2009）》，人民出版社，2010 年，第 52 頁。

◆ 深圳金融發展報告編委會編著：《深圳金融發展報告（2009）》，人民出版社，2010 年，第 124 頁。

◆ 深圳金融發展報告編委會編著：《深圳金融發展報告（2009）》，人民出版社，2010 年，第 178–179 頁。

◆ 清科研究中心：《2010 年中國企業上市研究報告》，2011 年 1 月，www.zdbchina.com。

◆ 畢馬威會計師行、Barents Group LLC 著：《香港銀行業新紀元——香港銀行業顧問研究報告（概要）》，1998 年，第 22–27 頁。

◆ 畢馬威會計師行、Barents Group LLC 著：《香港銀行業新紀元——香港銀行業顧問研究報告（概要）》，1998 年，第 33 頁。

◆ 郭國燦著：《回歸十年的香港經濟》，三聯書店（香港）有限公司，2007 年，第 211 頁。

◆ 郭國燦著：《回歸十年的香港經濟》，三聯書店（香港）有限公司，2007 年，第 214–215 頁。

◆ 陳德霖著：《香港離岸人民幣業務和港元地位》，香港金融管理局，2011 年 5 月 30 日，http://www.hkma.gov.hk/chi/key-information/insight/20110530.shtml。

◆ 焦瑾璞著：《中國銀行業競爭力比較》，中國金融出版社，2002 年。

◆ 程書芹、王春艷著：《金融產業集聚研究綜述》，《金融理論與實踐》，2008 年第 4 期。

◆ 華僑日報編印：《香港年鑒（1951）》上卷《金融》篇，第 17 頁。

◆ 華僑日報編印：《香港年鑒（1952）》上卷《金融》篇，第 9 頁。

◆ 華僑日報編印：《香港年鑒（1953）》上卷《金融》篇，第 17 頁。

◆ 馮邦彥、饒美蛟著：《厚生利群：香港保險史（1841–2008）》，三聯書店（香港）有限公司，2009 年 9 月，第 228–229 頁。

◆ 馮邦彥著：《香港金融業百年》，三聯書店（香港）有限公司，2002 年，第 146 頁。

◆ 馮邦彥著：《香港金融業百年》，三聯書店（香港）有限公司，2002 年，第 178–179 頁。

◆ 馮邦彥著：《香港金融業百年》，三聯書店（香港）有限公司，2002 年，第 215–224 頁。

◆ 馮邦彥著：《香港金融業百年》，三聯書店（香港）有限公司，2002 年，第 293–308 頁。

◆ 馮邦彥著：《香港英資財團（1841–1996）》，三聯書店（香港）有限公司，1996 年，第 287–352 頁。

◆ 黃志強著：《香港人民幣離岸市場迎來發展新契機》，《金融時報》，2011 年 8 月 19 日。

◆ 黃啟聰著：《打造世界級資産管理中心》，《香港商報》，2011 年 8 月 1 日。

◆ 黃解宇、楊再斌著：《金融集聚論：金融中心形成的理論與實踐解析》，線裝書局，2006 年。

◆ 楊長江、謝玲玲著：《國際金融中心理論研究》，復旦大學出版社，2011 年。

◆ 瑞斯托・勞拉詹南著、孟曉晨等譯：《金融地理學：金融家的視角》，商務印書館，2001 年，第 399 頁。

◆ 雷達著：《人民幣國際化進程決定香港離岸市場定位》，《中國證券報》，2011 年 9 月 29 日。

◆ 廖群著：《香港人民幣業務的發展現狀及展望》，《證券時報》，2010 年 6 月 30 日。

◆ 熊國平著：《創新與融合——珠三角金融發展研究》，新華出版社，2010 年，第 82 頁。

◆ 趙春梅著：《90 年代香港保險市場的保險創新》，《南開經濟研究》，1997 年第 5 期，第 65-66 頁。

◆ 趙曉輝、陶俊潔著：《資本市場補位中小企業融資》，《國際商報》，2011 年 9 月 29 日。

◆ 遠東貿易服務中心駐香港辦事處著：《香港仍是中國企業境外上市首選》，《中華工商時報》，2008 年 2 月 4 日。

◆ 劉柳著：《港迎來國際資產管理中心大發展機遇》，紫荊雜誌網絡版，2011 年 5 月 6 日，http://www.zijing.org。

◆ 廣州市金融辦副主任陳平提供的數據，轉引自：《廣州將大力推進區域金融中心規劃建設》，《上海證券報》，2009 年 04 月 16 日。

◆ 廣州市金融辦編著：《借鑒滬、渝經驗，大力拓展保險業社會管理功能》，《2010 廣州金融白皮書》，廣州出版社，2010 年，第 199-204 頁。

◆ 廣州產權交易所：《2009 年廣州產權交易市場發展情況與 2010 年展望》，《2010 廣州金融白皮書》，廣州出版社，2010 年，第 105 頁。

◆ 潘英麗等著：《國際金融中心：歷史經驗與未來中國（上卷）》，格致出版社，2009 年，第 23 頁。

◆ 潘英麗等著：《國際金融中心：歷史經驗與未來中國（中卷）》，格致出版社，2009 年，第 138 頁。

◆ 潘英麗等著：《國際金融中心：歷史經驗與未來中國（中卷）》，格致出版社，2009 年，第 265、273 頁。

◆ 蔣炤坪、鄭漢傑：《剖析期貨期權》，香港期貨交易所，1999 年，第 124 頁。

◆ 鄭文華著：《衍生工具與股票投資》，商務印書館（香港）有限公司，1998 年，第 98 頁。

◆ 薛波、楊小軍、彭晗蓉著：《國際金融中心的理論研究》，上海財經大學出版社，2009 年。

◆ 證券業檢討委員會著：《香港證券業的運作與監察——證券業檢討委員會報告書》（中文版），1988 年，第 4 頁。

◆ 證券業檢討委員會著：《香港證券業的運作與監察——證券業檢討委員會報告書》（中文版），1988 年，第 15 頁。

◆ 饒餘慶著：《香港——國際金融中心》，商務印書館（香港）有限公司，1997 年，第 3 頁。

◆ 饒餘慶著：《香港——國際金融中心》，商務印書館（香港）有限公司，1997 年，第 73 頁。

◆ 饒餘慶著：《香港——國際金融中心》，商務印書館（香港）有限公司，1997 年，第 80-93 頁。

香港：
打造全球性
金融中心

兼論構建大珠三角金融中心圈

責任編輯 / 　李浩銘

書籍設計 / 　陳曦成

書名 / 　香港：打造全球性金融中心——兼論構建大珠三角金融中心圈

著者 / 　馮邦彥

出版 / 　三聯書店（香港）有限公司
香港鰂魚涌英皇道 1065 號東達中心 1304 室
Joint Publishing（H.K.）Co., Ltd.
Rm. 1304, Eastern Centre, 1065 King's Road, Quarry Bay, H.K.

發行 / 　香港聯合書刊物流有限公司
香港新界大埔汀麗路 36 號 3 字樓

印刷 / 　中華商務彩色印刷有限公司
香港新界大埔汀麗路 36 號 14 字樓

印次 / 　2012 年 5 月香港第一版第一次印刷

規格 / 　16 開（180mm× 240mm）344 面

國際書號 / 　ISBN 978-962-04-3223-1